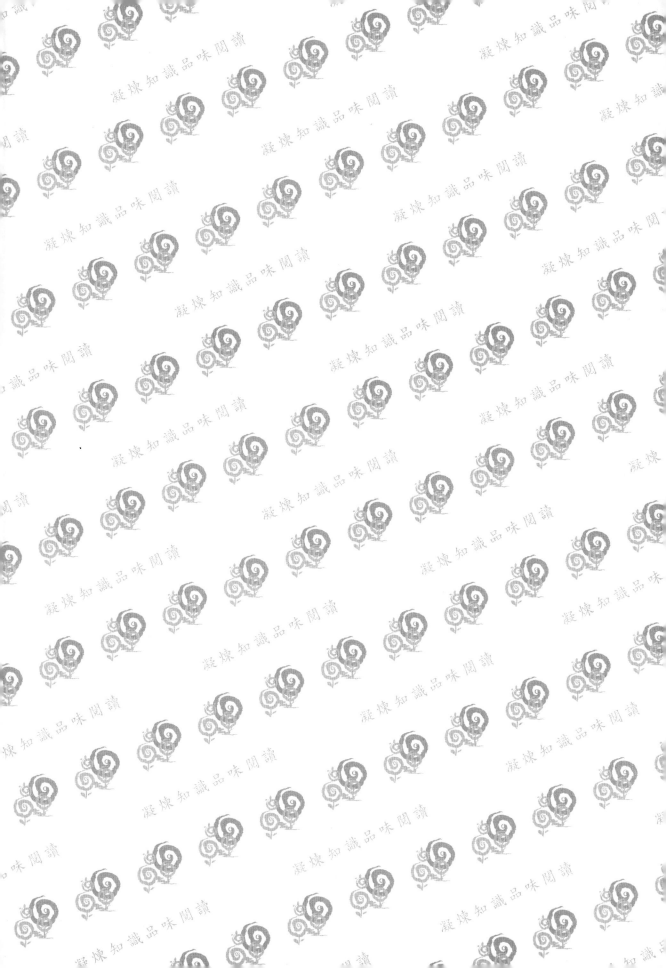

數位系統設計

Digital System Design

吳毓恩 著

本書
特色

★ 完整銜接「數位邏輯」與「數位系統設計」，學習無斷層！

★ 理論完整，可配合實習課硬體實作驗證，讓理論與實務相輔相成。

★ 循序漸進、由簡入繁，多樣化的例題與習題，全方位熟悉數位系統設計。

自 序

　　「數位系統設計」對於學電子、電機或是資工的人是一門極為重要的科目，其範圍可從最簡單的數字系統、數碼檢測、補數運算、資料表示法，進入到數位邏輯的領域中。

　　而「數位邏輯」一直以來是理工科系學生的重點課程，在技職體系的學生中，早在高職或綜合高中時便已接觸，也是升學考試的重點，由此可見其重要性。在「數位邏輯」中我們會學習布林函數的表示、基本邏輯閘，甚至組合邏輯與序向邏輯的設計等，這些均與日常的邏輯設計有極大的關係。另外，加法器、減法器、乘法器等，則是讓學習者了解算術運算在計算機系統實際的執行方式，可說與日常的應用息息相關。

　　從「數位邏輯」進入「數位系統設計」又是更深一層的課程領域。如何將所學的數位邏輯概念應用在計算機系統設計上，讓學生在學習電腦軟硬體之餘，能對計算機內部的運作有更深一層的了解，便是「數位系統設計」課程的主要目標。這門課程偏重理論，但卻可以配合如實習課的硬體實作來驗證；或是利用 VHDL 等軟體來模擬，此均是開設課程上相輔相成的安排，也可以讓學生在枯燥的理論課程中，學習一點實務的經驗。

　　本書不像坊間的「數位系統設計」書籍把理論部分與軟體介紹（如 VHDL語言）合在一起，導致整本書的份量過重，在選取教科書時又不知是要當理論書還是實驗課的書，且一學期下來往往一本書只教了一半，是一大浪費。筆者編著此書偏重在理論部分，因大部分的學校實習課另有實習的教科書與課程，依個人的經驗，實習課所上的內容始終有限，倒是理論課程可以很完整交代「數位系統設計」的內容，所以不論是學校中所開設的「數位邏輯設計」，或是「數位系統設計」課程，均可以本書為主要課程依據，如此可使學生獲得更

完整的學習，以及提起對「數位系統設計」的興趣。

　　筆者編著此書時一直本著循序漸進、由簡入繁的原則，期盼學習者使用本書時也會有漸入佳境之感。讓學生不致因理論課而覺得枯燥乏味是筆者寫書的自我期許，也希望這份期許能幫助學生學好「數位系統設計」。

　　筆者編著此書內容雖力求完美、清晰，唯筆者才疏學淺，編著之時，恐有疏漏或謬誤之處，尚祈各位先進不吝指教，謝謝！

吳毓恩

2008 年初冬于嘉義

目錄

CHAPTER 1

數字系統

1-1 簡介

在日常的研究與應用上，我們常會面臨一些「數量」的問題，而這些數量可能經由測量、統計或運算而得，若能正確而有效的表示這些「數值」並加以處理，整個值才具有意義。目前數量的表示方式有兩種：類比（Analog）與數位（Digital），分別說明如下：

一、類比表示法

即用來表示類比式訊號的表示方式。所謂的類比式訊號乃是一種連續不斷的訊號類型，其數值是以一種與其成正比的數量來表示的，例如：溫度、聲音頻率、電壓變動等皆是。這是日常生活中最普通的表示方式。

二、數位表示法

用來表示數位式訊號的表示方式。所謂數位訊號乃是一種不連續的訊號類型，其數值與其表示的數量並非成正比關係，由於數位表示法的不連續特性，所以其數值較能精確的表示出來，這是類比表示法無法辦到的。目前的電腦系統中，幾乎都是以數位表示來表示訊號。

對於兼具類比訊號與數位訊號的混合系統而言，其處理方式如圖1-1所示。

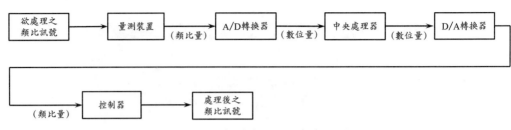

圖 1-1　混合系統之訊號處理流程

　　以類比裝置量測出欲處理之類比訊號大小後，透過類比對數位轉換器（Analog-to-digital Converter），將其轉換爲數位訊號再送至中央處理機（CPU）來處理，處理後所得的結果仍爲數位訊號，需經數位對類比轉換器（Digital-to-analog Converter）轉換成類比訊號後，再由控制器控制輸出。

1-2　各種數字系統之介紹與轉換

　　數字系統是數位邏輯的基礎，在數位系統中，常用的數字系統有二進制、八進制、十進制及十六進制等，透過這幾種進制，可使我們進一步了解其他的數字系統。

一、常見的數字系統

1. 二進制：由 0 與 1 兩個符號所組成，例如：$1011.10_{(2)}$，$0101.01_{(2)}$ 等。
2. 八進制：由 0、1、2、3、4、5、6、7 等八個符號所組成，例如：$132.7_{(8)}$，$472.16_{(8)}$ 等。
3. 十進制：由 0、1、2、3、4、5、6、7、8、9 等十個符號所組成，例如：$491.2_{(10)}$，$132.9_{(10)}$ 等。
4. 十六進制：由 0～9、A、B、C、D、E、F 等十六個符號所組成，例如：$A3C.B_{(16)}$，$21D.F_{(16)}$ 等。

各種數字系統均可包含整數與小數兩部分，若以一通式表示，如下式所示：

$$N = \sum_{i=-m}^{n} a_i \times i^i = (a_n a_{n-1}...a_1 a_0 a_{-1}...a_{-m})_r$$

$$= a_n r^n + a_{n-1} r^{n-1} + ... + a_1 r^1 + a_{-1} r^{-1} + ... + a_{-m} r^{-m} \qquad (1)$$

式中 a_n 代表第 n 位的數字，r 為所使用的進制，即基底，a_{-m} 代表第 m 位小數部分的數字。

二、各進制間之轉換方法

（一）r進制對十進制之轉換

任何進制轉換成十進制的方法即利用式 (1) 來求出 $(N)_{10}$ 值。

例 1：$(147)_9$ 等於 (A) $(443)_5$　(B) $(323)_6$　(C) $(235)_7$　(D) $(173)_8$

解 (C)

先將各數轉成十進制再比較之即得。

$(147)_9 = 1 \times 9^2 + 4 \times 9^1 + 7 \times 9^0 = (124)_{10}$

$(443)_5 = 4 \times 5^2 + 4 \times 5^1 + 3 \times 5^0 = (123)_{10}$

$(323)_6 = 3 \times 6^2 + 2 \times 6^1 + 3 \times 6^0 = (123)_{10}$

$(235)_7 = 2 \times 7^2 + 3 \times 7^1 + 5 \times 7^0 = (124)_{10}$

$(173)_8 = 1 \times 8^2 + 7 \times 8^1 + 3 \times 8^0 = (123)_{10}$

例 2：將二進制數 $(10.101)_2$ 轉成十進制。

解 $(10.101)_2 = 1 \times 2^1 + 0 \times 2^0 + 1 \times 2^{-1} + 0 \times 2^{-2} + 1 \times 2^{-3} = (2.625)_{10}$

（二）十進制對r進制的轉換

1. 整數部分：

❖ 步驟

(1) 將十進制數之整數部分連除以 r，並將每次相除後之餘數寫於旁邊。

(2) 重複步驟 (1)，直到被除數小於 r 為止。

(3) 將所有的餘數由左至右排列，先得者在右，即得。

2. 小數部分：

❖ **步驟**

(1) 將十進制數之小數部分連乘以 r，並將每次所得之積的整數部分取出排列，先取出者在左。

(2) 剩餘之小數部分再重複步驟 (1)，直到小數部分為 0 或依題意取至小數點後幾位為止。

例 1：將 $(11.75)_{10}$ 轉化成二進制時，其值為

　　(A) 1011.1101　　(B) 1011.1100　　(C) 1001.1101　　(D) 1011.0110

　🔲　(B)

　　(1) 整數部分：$(11)_{10} = (1101)_2$

　　(2) 小數部分：$(0.75)_{10} = (0.11)_2$

$$
\begin{array}{r}
0.75 \\
\times \quad 2 \\
\hline
1.50 \\
\times \quad 2 \\
\hline
1.00 \\
\end{array}
$$

　　　　1　1

　　　∴ $(11.75)_{10} = (1101.1100)_2$

例 2：將 $(140.625)_{10}$ 轉成十六進制。

　🔲　(1) 整數部分：$(140)_{10} = (8C)_{16}$

$$
16 \,\big|\, 140
$$
　　　　8 ——— C ↑

(2) 小數部分：$(0.625)_{10} = (0.A)_{16}$

$$
\begin{array}{r}
0.625 \\
\times \quad 16 \\
\hline
\underline{10}.000 \\
A
\end{array}
$$

∴ $(140.625)_{10} = (8C.A)_{16}$

例 3：將十進制 $(100.75)_{10}$ 轉換成二進制表示。

解　(1) 整數部分：$(100)_{10} = (1100100)_2$

$$
\begin{array}{r|r|l}
2 & 100 & 0 \\
2 & 50 & 0 \\
2 & 25 & 1 \\
2 & 12 & 0 \\
2 & 6 & 0 \\
2 & 3 & 1 \\
\hline
& 1 &
\end{array}
$$

(2) 小數部分：$(0.75)_{10} = (0.11)_2$

$$
\begin{array}{r}
0.75 \\
\times \quad 2 \\
\hline
1.50 \\
\times \quad 2 \\
\hline
1 \quad 1 \leftarrow \quad 1.00
\end{array}
$$

∴ $(100.75)_{10} = (1100100.11)_2$

CHAPTER

1

（三）2的冪次方類數字系統之互換

1. 將二進制轉成 2^n 進制 (n = 1, 2...)

方法 以小數點為基準，分別向左、向右取 n 個位元為單元，然後依表 1-1 轉換成相對應的進制，整數部分若不滿 n 位，則向前補 0；小數部分若不滿 n 位，則向後補 0。

2. 將 2^n 進制轉成二進制

方法 將每一個 2^n 進制之數轉成 n 個位元之二進制數，即得。

表 1-1　二進制、八進制、十進制與十六進制之對照表

十進制	二進制	十六進制
0	0000	0
1	0001	1
2	0010	2
3	0011	3
4	0100	4
5	0101	5
6	0110	6
7	0111	7
8	1000	8
9	1001	9
10	1010	A
11	1011	B
12	1100	C
13	1101	D
14	1110	E
15	1111	F

十進制	二進制	八進制
0	000	0
1	001	1
2	010	2
3	011	3
4	100	4
5	101	5
6	110	6
7	111	7

例 1：二進制數 $(10010110)_2$ 以十六進制表示爲何？

解　$\Rightarrow \dfrac{1001}{9} \dfrac{0110}{6}$

$\therefore (10010110)_2 = (96)_{16}$

例 2：變換十進制數 1984 爲二進制數、四進制數、八進制數及十六進制數。

解　$(1984)_{10} = (11111000000)_2$

$= (133000)_4$ 　（取兩位元爲一位）

$= (3700)_8$ 　（取三位元爲一位）

$= (7C0)_{16}$ 　（取四位元爲一位）

（四）八進制與十六進制之轉換

方法　八進制 $\Leftrightarrow$ 二進制 $\Leftrightarrow$ 十六進制

例 1：將 $(23576)_8$ 化爲十六進制數。

解　$(23576)_8 = (010\ 011\ 101\ 111\ 110)_2 = (277E)_{16}$

例 2：將 $(25.7)_8$ 轉換十六進制數。

解　$(25.7)_8 = (010\ 101.111)_2 = (15.E)_{16}$

例 3：將 $(1AB.C)_{16}$ 轉換成八進制數。

解　$(1AB.C)_{16} = (0001\ 1010\ 1011.1100)_2$

$= (0653.60)_8$

（五）非2的冪次方之數字系統互換

r 進制數轉換成 s 進制數之方法：

1. 將 r 進制數轉成十進制數。

2. 再將十進制數轉換成 s 進制數。

CHAPTER

1

例 1：將 $(1234.5678)_9$ 轉換成七進制數。

解　$(1234.5678)_9$

　　$= 1 \times 9^3 + 2 \times 9^2 + 3 \times 9^1 + 4 \times 9^0 + 5 \times 9^{-1} + 6 \times 9^{-2} + 7 \times 9^{-3} + 8 \times 9^{-4}$

　　$= (922.64045)_{10}$

　　$= (2455.43245)_7$

例 2：下列轉換何者正確？

　　(A) $(1011001)_2 = (73)_{10}$　　　(B) $(53)_8 = (41)_{10}$

　　(C) $(F4C)_{16} = (386)_{10}$　　　(D) $(442)_5 = (101)_{11}$

解　(D)

　　(A) $(1011001)_2 = (89)_{10}$

　　(B) $(53)_8 = (43)_{10}$

　　(C) $(F4C)_{16} = (316)_{10}$

　　(D) $(442)_5 = (122)_{10} = (101)_{11}$

例 3：若 $(211)_x = (152)_8$，則底數 X 為何？

解　$(152)_8 = (106)_{10} = (2X^2 + X + 1)_{10}$

　　即：$2X^2 + X - 105 = 0$

　　　　$(X - 7)(2X + 15) = 0$

　　　　$\therefore X = 7$ 或 $-\dfrac{15}{2}$（不合）

例 4：若一十進制數 $(35\dfrac{m}{9})_{10}$ 轉成三進制數為 $(11pn.1\overline{1})_3$，求 m、p、n 之值（$\overline{1}$ 代表 -1）。

解　$(35\dfrac{m}{9})_{10} = (11pn.1\overline{1})_3$

　　(1) $35 = 1 \times 3^3 + 1 \times 3^2 + p \times 3^1 + n \times 3^0$

　　　　$\Rightarrow 35 = 36 + 3p + n$

　　(2) $\dfrac{m}{9} = 1 \times 3^{-1} + (-1) \times 3^{-2}$

$$\Rightarrow \frac{m}{9} = \frac{2}{9}$$

$$\therefore m = 2 , p = 0 , n = -1$$

1-3　各種數字系統之運算

一、加法運算

r 進制的加法運算與十進制類似，唯一不同的是逢 r 進一。

例 1：(1) 將下列二個十進制數先轉成二進制，而後以二進制加法運算之，再把結果化為八進制。

$$(35)_{10} + (99)_{10} = ?$$

(2) 十六進制加法：$(7B4)_{16} + (36A)_{16}$

(3) 八進制加法：$(375)_8 + (104)_8 + (361)_8$

解　(1) $(35)_{10} = (100011)_2$，$(99)_{10} = (1100011)_2$

$$\begin{array}{r} 100011 \\ + \quad 1100011 \\ \hline 10000110 \end{array} \Rightarrow (10000110)_2 = (206)_8$$

(2) $\begin{array}{r} 7B4 \\ + \quad 36A \\ \hline (B1E)_{16} \end{array}$

(3) $\begin{array}{r} 375 \\ 104 \\ + \quad 361 \\ \hline (1062)_8 \end{array}$

例 2：$(1C.5)_{16} + (45.5)_8 + (1010.1111)_2 = (\boxed{})_4$

解　先全部化為二進制相加後，再轉成四進制。

$$(11011.0101)_2 + (100101.101)_2 + (1010.1111)_2$$

$$= (1001100.1110)_2 = (1030.32)_4$$

二、減法運算

r 進制的減法與十進制類似，但借位時，是向前借 r。

例 1：不具符號位元之十六進制減法 $(A95D)_{16} - (8AB1)_{16}$。

解
$$
\begin{array}{r}
A95D \\
-\ 8AB1 \\
\hline
1EAC
\end{array}
$$

例 2：設某計算機的主記憶體以位元組（Byte）來定其記憶位址，今有一程式佔用該計算機主記憶體連續自十進位位址 16382 至十進位位址 36861，試計算該程式佔用多少 K Byte 的主記憶體。

解　$(16382)_{10} = (3FFE)_{16}$

$(36861)_{10} = (8FFD)_{16}$

$36861 - 16382 + 1 = 20480$

$20480 \div 1024 = 20K$ Byte $(1K = 1024)$

三、乘法運算

方法有二：

1. 直接以 r 進制相乘：每次相乘後，必須先轉成 r 進制才能填入運算式中，而且最後的相加也須以 r 進制的加法運算。
2. 先轉成二進制或十進制後，再進行乘法運算，相乘之後的積再轉成 r 進制。

例 1：(1) 六進制乘法：$(432)_6 \times (234)_6$

(2) 八進制乘法：$(126)_8 \times (25)_8$

解　(1)
$$
\begin{array}{r}
432 \\
\times\ \ 234 \\
\hline
3012 \\
2140 \\
+\ 1304 \\
\hline
(155212)_6
\end{array}
$$
　3012 ←先以十進制方式相乘，乘積轉成六進制後，再寫入運算式中。

$(155212)_6$ ←相加時，也需以六進制之加法運算。

(2)
$$
\begin{array}{r}
126 \\
\times \quad 25 \\
\hline
656 \\
+ \quad 254 \\
\hline
(3416)_8
\end{array}
$$
←以十進制相乘後，再轉成八進制數，寫入運算式中。

←相加時，也需以六進制之加法運算。

四、除法運算

方法也有二：

1. 直接以 r 進制相除：需注意在進行乘除運算後，必須轉成 r 進制才能填入運算式中，相減時，也須以 r 進制減法運算之。

2. 將除數與被除數先轉成二進制或十進制數，做除法運算後，再轉回 r 進制。

例 1： 下列計算式先轉換成二進制後，以二進制求算結果，並將結果再轉化為八進制數。

(1) $(12.5)_{10} \div (2.5)_{10}$

(2) $(28)_{10} \div (10)_{10}$

解　(1) $(12.5)_{10} = (1100.1)_2$

$(2.5)_{10} = (10.1)_2$

$$
\begin{array}{r}
101 \\
101 \overline{\smash{)}11001} \\
\underline{101} \\
101 \\
\underline{101} \\
0
\end{array}
$$

$\therefore (1100.1) \div (10.1) = (101)_2 = (5)_8$

(2) $(28)_{10} = (11100)_2$

$(10)_{10} = (1010)_2$

$$\begin{array}{r}
10.11 \\
1010\overline{)11100.00} \\
1010 \\
\hline
10000 \\
1010 \\
\hline
1100 \\
1010 \\
\hline
10
\end{array}$$

$$\therefore (11100)_2 \div (1010)_2 = (10.11)_2 = (2.6)_8$$

1-4　負數與補數

在電腦系統中，為了減化硬體電路的設計，一般均使用「補數」（Complement）來表示負數，更以補數的技巧來取代減法運算。例如：

$$A - B = A + (-B) = A + （B 的補數）$$

所以補數的計算，在計算機系統占了極重要的地位。

一、補數的定義

對任何一種 r 進制系統而言，均有兩種補數的表示方式：

r's 補數與 (r − 1)'s 補數

例如二進制系統有 2 補數與 1 補數兩種，而十進制系統有 10 補數與 9 補數兩種。其求法如下：

若 N 為一以 r 為基底（即 r 進制）的非負數，設其整數部分有 n 個位元，小數部分有 m 個位元，則：

1. N 的 r's 補數定義為：$r^n - N$
2. N 的 (r − 1)'s 補數為：$r^n - r^{-m} - N$

例 1：十進制數 $(1239876)_{10}$ 的 9's 補數與 10's 補數為何？

　解　9's 補數：$10^7 - 10^0 - 1239876 = 8760123$

　　　10's 補數：$10^7 - 1239876 = 8760124$

例2：二進制數 $(1011.01)_2$ 之 1's 補數與 2's 補數各為何？

解　1's 補數：$2^4 - 2^{-2} - 1011.01 = (0100.10)_2$

2's 補數：$2^4 - 1011.01 = (1011.11)_2$

> 註：r's 補數與 (r − 1)'s 補數之另一種求法：
>
> 　　1.r's 補數：從右邊最低位元（LSB）開始，第一個非 0 的位元以 r 減之，之前的各個 0 保持不變，之後的各位元則以 (r − 1) 減之，即得。
>
> 　　2.(r − 1)'s 補數：將所欲轉換之數之每個位元以 (r − 1) 減之，即得。
>
> 　　3.對整數而言，r's 補數 = (r − 1)'s 補數 + 1；對帶小數的數而言，r's 補數等於 (r − 1)'s 整數 + (最小位元（LSB）+ 1)。

例3：若 $X = (0654204)_8$，則 X 之 8's 補數為何？

解　8's 補數 = $(777777 - 0654204 + 1)_8 = (7123574)_8$

例4：試求下列各題之值：

(1) $(BCD)_{16}$ 的 16's 補數與 15's 補數。

(2) $(104.6)_7$ 的 7's 補數與 6's 補數。

解　(1) 15's 補數 = $(FFF - BCD)_{16} = (432)_{16}$

　　　16's 補數 = $(432)_{16} + 1 = (433)_{16}$

(2) 6's 補數 = $(666.6 - 104.6)_7 = (562.0)_7$

　　　7's 補數 = $(562.0)_7 + (0.1)_7 = (562.1)_7$

例5：一個 32 位元暫存器存有資料內容為 FFFFFFFC，若該微處理機使用 2 補數代表負數時，此值為十進制之何值？

(A) 4　(B) −3　(C) 3　(D) 4

解　(D)

$$
\begin{array}{ccccccccc}
 & F & F & F & F & F & F & F & C & (16) \\
= & 1111 & 1111 & 1111 & 1111 & 1111 & 1111 & 1111 & 1100 & (2) \\
\xrightarrow{1's} & 0000 & 0000 & 0000 & 0000 & 0000 & 0000 & 0000 & 0011 & \\
\xrightarrow{2's} & 0000 & 0000 & 0000 & 0000 & 0000 & 0000 & 0000 & 0100 & \\
= & -4_{(10)} & & & & & & & &
\end{array}
$$

例6：上題中，若以指令將該暫存器以邏輯右移2位元，則該暫存器之內容變為何值？

(A) -1　(B) 1　(C) $2^{30}-1$　(D) 2^{30}

解　(C)

右移2位元後值變為 0011　1111　1111　1111　1111　1111　1111 1111 即為 $2^{30}-1$

例7：16位元資料採 2's 補救表示法，FF0F（16進制）代表：

(A) -240　(B) -241　(C) -242　(D) -243

解　(B)

$FF0F_{(16)} = (1111\ 1111\ 0000\ 1111)_2$

$\xrightarrow{\ 2's\ } (0000\ 0000\ 1111\ 0001)_2 = (241)_{10}$

$\therefore (FF0F)_{16} = (-241)_{10}$

二、補數的減法

1. 以 r's 補數做減法運算

❖ **步驟**

(1) 先將減數取 r's 補數，再與被減數相加。

(2) 若相加的結果沒有產生端迴進位，則代表結果為負，將結果再取一次 r's 補數，然後前面加個負號，即得。若相加的結果有產生端迴進位，則結果為正，將此進位捨棄即得。

> 註：此處對進位是指最高位元（MSB）產生的進位，此謂之端迴進位。

2. 以 (r − 1)'s 補數做減法運算

❖ **步驟**

(1) 先將減數取 (r − 1)'s 補數，再與被減數相加。

(2) 若相加的結果沒有產生端迴進位，則代表結果為負，將結果再取一次

$(r-1)$'s 補數，然後前面加個負號，即得。若相加的結果產生端迴進位，則結果為正，將進位加入結果中，即得。

例 1：令 $M = (785)_{10}$，$N = (342)_{10}$，試求下列三小題之結果。

　　(1) 求 M、N 兩數之二進位數 M_1、N_1

　　(2) 以 2's 補數求 $M_1 - N_1$

　　(3) 以 1's 補數求 $N_1 - M_1$

解　(1) $M_1 = (1100010001)_2$，$N_1 = (101010110)_2$

　　(2) $M_1 - N_1 = (1100010001)_2 - (0101010110)_2$

　　　　$N_1 \xrightarrow{\ 2's\ } (1010101010)_2$

$$
\begin{array}{r}
1100010001 \\
+\quad 1010101010 \\
\hline
\end{array}
$$

端迴進位捨棄 $\underline{1}$　0110111011

　　　　$\therefore M_1 - N_1 = (0110111011)_2$

　　(3) $N_1 - M_1 = (0101010110)_2 - (1100010001)_2$

　　　　$M_1 \xrightarrow{\ 1's\ } (0011101110)_2$

$$
\begin{array}{r}
0101010110 \\
+\quad 0011101110 \\
\hline
1001000100
\end{array}
$$
$\Rightarrow$ 沒有產生端迴進位，代表結果為負，再取一次 1's 補數

　　　　$\therefore N_1 - M_1 = -(0110111011)_2$

1-5　二進制之負整數的表示方式

常見的二進制負整數之表示方式有三種：

1. 符號一大小法（Sign-magnitude）；

2. 符號一1's 補數法（Sign-1's Complement）；

3. 符號一2's 補數法（Sign-2's Complement）。

茲分別介紹如下：

（一）符號－大小法

格式：

```
      n    n-1         1
    ┌────┬──────────────┐
    │ 1  │  大       小  │
    └────┴──────────────┘
```

說明：第 n 個位元爲符號位元（Sign Bit），等於 1 代表爲負數。而大小部分
　　　則爲二進制數之大小值。

表示範圍：$- (2^{n-1} - 1) \sim 2^{n-1} - 1$

（二）符號－1's補數法

格式：

```
      n    n-1            1
    ┌────┬──────────────────┐
    │ 1  │  1's 補數之大小    │
    └────┴──────────────────┘
```

說明：第 n 位元也是符號位元，而 1's 補數之大小代表原二進制數取 1's 補數
　　　表示。

表示範圍：$- (2^{n-1} - 1) \sim (2^{n-1} - 1)$

（三）符號－2's補數法

格式：

```
      n    n-1            1
    ┌────┬──────────────────┐
    │ 1  │  2's 補數之大小    │
    └────┴──────────────────┘
```

說明：第 n 位元也是符號位元，而 2's 補數之大小代表原二進制數取 2's 補數
　　　表示。

表示範圍：$-2^{n-1} \sim 2^{n-1} - 1$

> 註：對於 n 個位元之二進制正整數而言，其表示之範圍為：
> $$0 \sim 2^n - 1$$

（四）2's補數與1's補數之比較

1. 2's 補數具有較大的表示範圍：1's 補數之 +0 與 –0 有兩種不同的表示方式。

2. 2's 補數不需做端迴進位的加法，但 1's 補數要。

3. 就處理的流程來說，2's 補數只需以加法即可代替減法，設計上較簡單。

例 1：將十進制負數 –256 以 2 個位元組儲存，且負數以 2's 補數表示時，記憶體之內容為何？

解　$256 = (0000000100000000)_2$

$\xrightarrow{\text{2's}} (1111111100000000)_2$

$= (FF00)_{16}$

例 2：將下列各數以 16 位元 2's 補數方式表示出來。

(1) $(-101)_{10}$

(2) $(-3AE)_{16}$

解　(1) $(101)_{10} = (1100101)_2 = (000000001100101)_2$

$\xrightarrow{\text{2's}} (1111111110011011)_2$

(2) $(3AE)_{16} = (001110101110)_2 = (0000001110101110)_2$

$\xrightarrow{\text{2's}} (1111110001010010)_2$

例 3：試將一組 4 位元內容為 $(1001)_2$ 的內碼，分別以不同的方法計算其對應的整數值：

(1) Unsigned Integer　　　　(2) Sign-magnitude

(3) Sign-1's Complement　　　(4) Sign-2's Complement

解　(1) $(1001)_1 = (9)_{10}$

(2) $(1001)_2$ 符號大小對應的整數為 $(-1)_{10}$

(3) $(1001)_2$ 符號 1's 補數對應的整數為

$(001)_2 \xrightarrow{1's} (110)_2 = (-6)_{10}$

(4) $(1001)_2$ 符號 2's 補數對應的整數為

$(001)_2 \xrightarrow{2's} (111)_2 = (-7)_{10}$

例 4：(1) 請以 8 個位元的二進位數表示正整數 27。

(2) 請以 8 個位元的二進位符號值表示法來表示負整數 –27。

(3) 請以 8 個位元的二進位 1's 補數表示法來表示負整數 –27。

(4) 請以 8 個位元的二進位 2's 補數表示法來表示負整數 –27。

解　(1) $(27)_{10} = (00011011)_2$

(2) $(-27)_{10} = (10011011)_2$（符號大小）

(3) $(-27)_{10} = (11100100)_2$（符號－1's 補數）

(4) $(-27)_{10} = (11100101)_2$（符號－2's 補數）

1-6　補數之加減法運算與溢位關係

　　不論是 1's 補數或 2's 補數，若其長度固定，則其表示的範圍也就固定，所以在進行加減法運算時，當運算結果超過其表示範圍，就產生所謂的溢位（Overflow）。一般可能產生溢位的情況有以下四種：

1. 正數＋正數　
2. 正數 – 負數　｝超出正數的表示範圍（正溢位）

3. 負數＋負數　
4. 負數 – 正數　｝超出負數的表示範圍（負溢位）

　　如上節所述，任何一個二進制數，會因其表示方式之不同而導致其表示範圍的不同。就一個 n 位元未帶符號的二進制正數而言，可以表示的範圍為 0～$2^n - 1$，表 1-2 列出四位元二進制數分別以不同方式表示所顯示的不同範圍，由表中可知未帶符號數與帶符號數之表示範圍差異極大。

表 1-2　四位元二進制的各種表示方式

二進制數	未帶符號數	符號—大小	符號—1's補數	符號—2's補數
0000	0	0	0	0
0001	1	1	1	1
0010	2	2	2	2
0011	3	3	3	3
0100	4	4	4	4
0101	5	5	5	5
0110	6	6	6	6
0111	7	7	7	7
1000	8	–0	–7	–8
1001	9	–1	–6	–7
1010	10	–2	–5	–6
1011	11	–3	–4	–5
1100	12	–4	–3	–4
1101	13	–5	–2	–3
1110	14	–6	–1	–2
1111	15	–7	–0	–1

CHAPTER

1

　　由表 1-2 中發現符號—大小與符號 1's 補數法會有 +0 與 –0 兩種不同表示法，而符號—2's 補數則只有一種 0 的表示法方式，所以大多數數位系統都是使用 2's 補數來表示負數。

例 1：以 2's 補數執行下列帶符號之 8 位元加法運算，何者將產生溢位（Overflow）？

(A) $(52)_{16} + (40)_{16}$　　(B) $(C2)_{16} + (E2)_{16}$

(C) $(A0)_{16} + (42)_{16}$　　(D) $(32)_{16} + (41)_{16}$

解　(A)

2's 補數 8 位元之運算可表示的範圍為 –128～127。

$$(A)\ (52)_{16} + (40)_{16} = (01010010)_2 + (01000000)_2$$
$$= (82 + 64)_{10} = (146)_{10} > 127\ 溢位$$

$$(B)\ (C2)_{16} + (E2)_{16} = (11000010)_2 + (11110010)_2$$
$$= (-62)_{10} + (-30)_{10} = (-92)_{10}$$

$$(C)\ (A0)_{16} + (42)_{16} = (10100000)_2 + (01000010)_2$$
$$= (-96)_{10} + (66)_{10} = (-30)_{10}$$

$$(D)\ (32)_{16} + (41)_{16} = (00110010)_2 + (01000001)_2$$
$$= (50)_{10} + (65)_{10} = (115)_{10}$$

例 2：16 位元的整數以 2 的補數表示負數，則最小值為

(A) –32768　(B) –32767　(C) –65535　(D) –65536

解　(A)

　　16 位元 2's 補數之表示範圍為：$-2^{15} \sim -2^{15} - 1$，即 $-32768 \sim -32767$

例 3：與 1's 補數比較，以下何者是 2's 補數具有的特性？

(A) +0 與 –0 表示法相同

(B) +0 與 –0 表示法不同

(C) 取一數的補數所需之步驟較少

(D) 不適合用於二進制編碼的加減運算

解　(A)

　　2's 補數之 0 的表示：+0 = –0

例 4：以 2's 補數編碼的 8 位元數做減法運算，下列何者將發生溢位？

(A) $(FF)_{16} - (7F)_{16}$　　(B) $(7F)_{16} - (FF)_{16}$

(C) $(88)_{16} - (AB)_{16}$　　(D) $(AB)_{16} - (88)_{16}$

解　(B)

$$(A)\ (FF)_{16} - (7F)_{16} = (11111111)_2 - (01111111)_2$$
$$= (-1)_{10} + (-127)_{10} = (-128)_{10} \Rightarrow 無溢位$$

$$(B)\ (7F)_{16} - (FF)_{16} = (01111111)_2 + (11111111)_2$$
$$= 127 - (-1) = 128 \Rightarrow 溢位$$

(C) $(88)_{16} - (AB)_{16} = (10001000)_2 - (10101011)_2$

　　　$= (-120)_{10} - (-85)_{10} = (-35)_{10} \Rightarrow$ 無溢位

(D) 同理 $(AB)_{16} - (88)_{16}$ 無溢位

例 5：若最多以四位元來代表一個二進位的數目，對下列計算結果之敘述何者正確？（以 2's 補數代表負數）

(A) $(1001)_2 + (1001)_2$ 不帶符號（Unsigned）之結果沒有溢位，而帶符號者（Signed）則溢位。

(B) $(0001)_2 + (1110)_2$ 不帶符號（Unsigned）之結果沒有溢位，而帶符號者（Signed）則溢位。

(C) $(1001)_2 + (0111)_2$ 不帶符號（Unsigned）之結果沒有溢位，而帶符號者（Signed）則溢位。

(D) $(0101)_2 + (1010)_2$ 不帶符號（Unsigned）之結果沒有溢位，而帶符號者（Signed）則溢位。

解　(D)

(A) $(1001)_2 + (1001)_2$ 不帶符號為 $(18)_{10}$ 產生溢位

(B) $(0001)_2 + (1110)_2$ 帶符號為 $(-15)_{10} + (-2)_{10}$ 產生溢位

(C) $(1001)_2 + (0111)_2$ 不帶符號為 $9 + 7 = 16$ 產生溢位

(D) $(0101)_2 + (1010)_2$ 不帶符號為 $5 + 10 = 15$ 沒有溢位，

　　　　　　帶符號為 $(-11)_{10} + (-6)_{10} = (-17)_{10}$ 產生溢位。

四位元不帶符號之表示範圍為 0～15，帶符號（2's 補數）之表示範圍為 -8～7。

1-7　資料的表示法

1-7-1　基本單位定義

常用的資料表示單位由小到大如下：

1. Bit（位元）：電腦儲存資料的最基本單位，係由二進制符號 0 或 1 組成一個數字，全名為 Binary Digit，縮寫為 Bit。

2. Byte（位元組）：1 Byte = 8 Bits

3. Word（字組）：電腦系統實際處理的基本長度。字組的長度隨處理機存取資料之長度而定，一般均由數個 Byte 組成。

4. Character（字元）：用來表示文、數字及特殊符號的編碼系統，可分為英文系統與中文系統兩種，英文系統中每一文、數字或符號佔一個 Byte，稱為單元組編碼系統（Single Byte Code System, SBCS）。而中文系統中，每一文、數字或符號佔兩個 Byte，稱為雙位元組編碼系統（Double Byte Code System, DBCS）。常見的英文系統文、數字編碼如 ASCII Code 與 EBCDIC Code 等。

5. Field（欄位）：許多字組成一個欄位。

6. Record（記錄）：許多欄位組成一個記錄。

7. File（檔案）：許多記錄組成一個檔案。

8. DataBase（資料庫）：許多檔案組成一個資料庫。

在電子電機領域中，常需以特殊符號來表示極大或極小的值，下表即為常見的單位符號。

表 1-3　常見的單位符號

符號	實際值	近似值		符號	代表值
K	2^{10}	10^3		m	10^{-3}
M	2^{20}	10^6		μ	10^{-6}
G	2^{30}	10^9		n	10^{-9}
T	2^{40}	10^{12}		p	10^{-12}

例 1：假設有一記憶儲存單位叫 tit，每一 tit 可以有三種不同的狀態以儲存資料，定義從 a 到 z，26 個小寫英文字母最少需要幾個 tit？

(A) 3　(B) 4　(C) 5　(D) 6

解　(A)

原題意即求 $3^n \geq 26$

∴ n 取 3。

例 2：設某計算機的主記憶體是以位元組來定其記憶住址，今有一程式佔用該計算機記憶體連續自十進位住址 16382 至十進位住址 36861，試將上述

十進位記憶住址轉成十六進位，並計算該程式佔用多少 K Bytes 的主記憶體。

解　(1) $(16382)_{10} = (3FFE)_{16}$

$(36861)_{10} = (8FFD)_{16}$

(2) $36861 - 16382 + 1 = (20480)_{10}$

$(20480)_{10} \div 1024 = 20K$ Bytes

例 3：下列有關位組（Bytes）和字組（Word）的敘述何者是不正確的？

(A) 一個電腦的字組越長，資料處理的速度愈快。

(B) 一個 GB 的記憶體容量是指 10 億位元組的容量。

(C) 一個字組長為 16 位元的 CPU 中，其資料匯流排電路每次可傳遞 16 位元的資料。

(D) 電腦在記憶體找尋資料時，如果每次讀取一個字元，這個處理方式稱為固定長度的字組。

解　(D)

在存取記憶體中的資料時，每次存取是以字組為單位。

1-7-2　資料表示方式

一、整數（Integer）

即不含小數點的數，通常以符號大小、符號 1's 補數或符號 2's 補數來表示，如前一節所述，在此不再贅述。

二、浮點數（Floating-point Number）

即含有小數點的數，其表示的方式與整數完全不同，如下所述。

1. 浮點數的格式：$N = \pm M \times r^E$

其中 N 為所表之浮點數，M 為分數或尾數部分，r 為所使用的進制，E 為指數部分，以格式表示如下：

S	指數	尾數

S 為符號位元，0 代表正數，1 代表負數。

2. 浮點數的正規化（Normalization）或標準化

浮點數必須正規化才能儲存於電腦中，所謂正規化即是將浮點數化成滿足的格式，一般來說可分成三種：

(1) 二進制正規化

經正規化的尾數其第一個位元必須為 1，使其尾數的範圍 $(0.1)_2 \sim (0.111...)_2$ 之間。

(2) 十六進制的正規化

正規化後的尾數其第一個十六進制數字不得為 0，亦即尾數的範圍介於 $(0.1)_{16} \sim (0.FFF...)_{16}$

(3) 八進制的正規化

正規化後的尾數第一個八進制數值不得為 0，亦即尾數的範圍介於 $(0.1)_8 \sim (0.777...)_8$ 之間。

3. 指數部分的表示

若浮點數的表示格式如下：

0	1　　　　7	8　　　　31
S	指數	尾數

尾數部分由正規化得到之後，指數部分一般以偏移表示法（即 Excess-X）來表示。此處的 X 值與指數部分的位元數有關，若 n 為指數部分的位元數，則需以 Excess-2^{n-1} 來表示指數，此即將指數部分加上 X 值後，再填入格式中。如上例中，指數部分有 7 個位元，所以需使用 Excess-64 的方式。

4. 有效位數的求法

欲求浮點表示格式之有效位數其方法如下：

$$r^n = 2^m$$

其中 r 為所使用的進制，n 為此數之有效位數，m 為浮點格式之尾數部分位元數，如此取對數運算即可求得 n 之值。

例 1：有一部電腦，其浮點表示法的格式如下：

0	1　　　5	6　　　15
S	指數	尾數

若以二進制表示，問：

(1) 最大的表示範圍為何？

(2) 最小及最大正數為何？

(3) 十進制的有效位數？

解 (1) 所謂最大的表示範圍代表由最大的負數與最大的正數所組成的範圍。

∵指數為 5 個位元，其表示的範圍為：$-2^{5-1} \sim 2^{5-1} - 1 (-16 \sim 15)$

∴最大的負數 $= -0.1111111111 \times 2^{15}$

最大的正數 $= 0.11111111 \times 2^{15}$

所以最大表示範圍：$\pm 0.1111111111 \times 2^{15}$

(2) ∵最小的正數代表分數最小，指數也最小

∴最小正數 $= 0.1 \times 2^{-16} = 2^{-17}$

最大正數 $= 0.111111111 \times 2^{15}$

(3) 由格中得知尾數部分有 10 位，代表二進制的有效位數有 10 位，轉換成十進制得：

$10^n = 2^{10}$，兩邊取對數

$$\log_{10} 10^n = \log_{10} 2^{10}$$

$$\Rightarrow n = \frac{10 \log_{10} 2}{\log_{10} 10} = 10 \log_{10} 2 \doteq 3 \text{ 位}$$

例 2：設一計算機浮點數（Floating-point Numbers）的型式如下：

其中 S = 0 為正，S = 1 為負，C = Exponent + 16，小數點在 Mantissa 最左端，且小數點右第一位（Bit）恆不為 0，試問：

0	1	5	6	15
S		C		Mantissa

(1) 浮點數的精確度（Precision）是多少位元（Bits）？

(2) 冪數（Exponent）的範圍是多少？

(3) 所能表示的最大及最小正數各為多少？

(4) 1023 及 17.6875 二數的八及十六進位內碼（Internal Representation）各為何？

(5) 內碼 $(043000)_8 + (035000)_8 = ?$

　　內碼 $(043000)_8 \times (035000)_8 = ?$

解 (1) 因尾數部分為 10 個位元，所以浮點數的精確度為 10 Bits。

(2) 因指數部分有 5 個位元，所以表示範圍為 $-2^{5-1} \sim 2^{5-1} - 1 = -16 \sim 15$

(3) 最小的正數：$0.1 \times 2^{-16} = 2^{-17}$

(4) ① $(1023)_{10} = (3FF)_{16} = (001111111111)_2 = 0.1111111111 \times 2^{10}$

　　　指數部分：$16 + 10 = 26 = (11010)_2$

　　　S = 0，所以內碼為：

　　　$(0110101111111111)_2 = (065777)_8 = (6BFF)_{16}$

② $(17.6875)_{10} = (11.B)_{16} = (00010001.1011)_2 = 0.100011011 \times 2^5$

　　$\Rightarrow$ S = 0，指數部分 C = $16 + 5 = 21 = (10101)_2$

　　$\therefore$ 內碼為 $(0101011000110110)_2 = (53066)_8 = (5636)_{16}$

(5) ① $(043000)_8 = (0100011000000000)_2 = (0.1)_2 \times 2^1$

　　　$(035000)_8 = (0011101000000000)_2 = (0.1)_2 \times 2^{-2}$

$\therefore (043000)_8 + (035000)_8$

$= (0.1)_1 \times 2^1 + (0.1)_2 \times 2^{-2}$

$= (0.1)_2 \times 2^1 + (0.001)_2 \times 2^1$

$= (0.1001)_2 \times 2^1$

$= (0100011001000000)_2 = (043100)_8$

② $(043000)_8 \times (035000)_8$

$= (0.1)_2 \times 2^1 \times (0.1)_2 \times 2^{-2} = (0.1)_2 \times 2^{-2}$

$= (0011101000000000)_2 = (035000)_8$

1-7-3　IEEE754浮點格式

若 IEEE 之浮點格式如下所示：

0	1	8	9	31
S	E	E	M	M

(1) S 為符號位元，M 為尾數部分共 23 位元，E 為指數部分共 8 位元，其範圍是以 Excess-127 運算。

(2) IEEE 之浮點格式之正規化與上述所介紹的浮點格式不大相同，其正規化表示式為：

$$N = \pm 1.M \times r^E$$

要注意正規化後之尾數部分需化成 1.M 的形式。其中：M 代表尾數部分，E 代表指數部分，r 代表所使用之進制，而 1 為隱藏位元（Hidden Bit），在正規化後填入格式中時，此 1 是隱藏的；相反的，若從格式中要轉成原浮點數，則此 1 必須自動加入。

(3) 最大的表示範圍：$\pm(1.11111111111111111111111)_2 \times 2^{127}$。

(4) 最小的正數：2^{-126}。

例 1：將 5.625 轉換成正規化的 32 位元 IEEE 浮點標準表示成正負號佔 1 位元，指數佔 8 位元（採用 Excess-127），有效數佔 23 位元（不隱藏第一個 1）。

解　$(5.625)_{10} = (101.101)_2 = (1.01101)_2 \times 2^2$

∴指數部分 $= 127 + 2 = 129 = (10000001)_2$

尾數部分 $= (01101000000000000000000)_2$

符號位元 $= 0$

∴格式 $= (01000000101101000000000000000000)_2$

$= (40B40000)_{16}$

例 2：IEEE 單精確度浮點標準格式如下：

S	E	F

$X = (-1)^S \times 2^{(C-127)} \times (1.F)$

$E = C - 127$

(1) $(C2C00000)_{16}$ 所表示的十進制數為何？

(2) $(41B20000)_{16} \times (C1200000)_{16} = ?$

(3) $(C1400000)_{16} \div (41200000)_{16} = ?$

解　(1) $(C2C00000)_{16}$ 的二進制內碼如下：

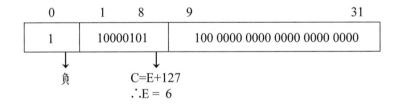

∴其對應的十進制值為：$-(1.1) \times 2^6 = -96$

(2) 同理可得 $(41B20000)_{16}$ 所表示的值為：$(1.011001)_2 \times 2^4$

$(C1200000)_{16}$ 所表示的值為：$-(1.01)_2 \times 2^3$

所以 $(1.011001)_2 \times 2^4 \times -(1.01)_2 \times 2^3 = -(1.10111101)_2 \times 2^7$

填入格式中得：

0	1	8	9		31
1		10000110		10111101000000000000000	

對應的十六進制爲 $(C35E8000)_{16}$

(3) $(C1400000)_{16}$ 所表示的值爲 $(-12)_{10}$

$(41200000)_{16}$ 所表示的值爲 $(10)_{10}$

$\therefore -12/10 = (-1.2)_{10} = (-1.00\overline{110})_2$

填入格式中得：

0	1	8	9		31
1		01111111		001 1001 1001 1001 1001 1001	

$$\begin{array}{rl} 0.2 & \\ \times\ 2 & \\ \hline 0.4 & 0 \\ \times\ 2 & \\ \hline 0.8 & 0 \\ \times\ 2 & \\ \hline 1.6 & -1 \\ \times\ 2 & \\ \hline 1.2 & -1 \end{array}$$

$\Rightarrow$ 對應的十六進制爲 $(BF999999)_{16}$

1-8　習題

1. 試解出下列式中 W、X、Y、Z 值

   (1) $(3C)_{16} = (W)_2 = (X)_{10}$

   (2) $(13)_{10} = (Y)_2$

   (3) $(1011.1111)_2 = (Z)_8$

2. 說明電腦系統只使用十六進制而不使用十進制的原因。

3. 轉換下列數字系統：

   (1) 令 $(X)_2 = (12.012)_3$，求 X 至小數點以下第三位。

   (2) 令 $(Y)_3 = (10.101)_2$，求 Y 至小數點以下第三位。

4. (1) $(175.25)_{10} = (\underline{\hspace{2cm}})_2 = (\underline{\hspace{2cm}})_8 = (\underline{\hspace{2cm}})_{16}$

$(2) (42.75)_8 = (\boxed{})_{16}$

$(3) (132.5)_6 = (\boxed{})_7$

5. 某一程式在記憶體內之位置是 $(DC20)_{16}$ 至 $(E0B9)_{16}$，試問該程式所佔的記憶體容量為多少 K 位元元組？

6. (1)十六進制乘法：$(28)_{16} \times (B5)_{16}$
   (2)八進制乘法：$(512)_8 \times (17)_8$

7. (1)兩個八進制整數 $(0657)_8$ 與 $(1776)_8$ 相加後，以十六進制表示出來。
   (2)十六進制除法：$(25A.C)_{16} \div (15.2)_{16}$

8. 某指令為 32 位元，其格式如下：opcode[31...26]##，r_2 6[25...21]##，r_1[20...16]##offset[15...0]，其中 ## 代表位元串接，若 opcode[31...26] = 26H，$r_2 = r_1 = 7H$，offset = −1，則其對應的機器碼為何？（2's 補數代替負數）

9. 將浮點數以 12 位元的格式表示如下：

11	10		6	5		0
S		指數			分數	

指數部分以 Excess-16 表示，則：
(1)此格式的表示範圍為何？
(2)以此格式來表示 $+1.5$、-1.012、$\frac{1}{8}$。

10. 試比較 2's 補數與 1's 補數之優缺點。

11. 請以符號—1's 補數及符號—2's 補數求出 $(-93)_{10}$ 對應的八位元二進制值。

12. IEEE 單精確度之浮點格式如下：

0	1		8	9		31
S		E			M	

試將 $35.625_{(10)}$ 轉成正規化的 32 位元 IEEE 浮點格式。

數碼與錯誤檢測方式

2-1 前言

一、數碼系統

數碼系統的種類如下圖所示:

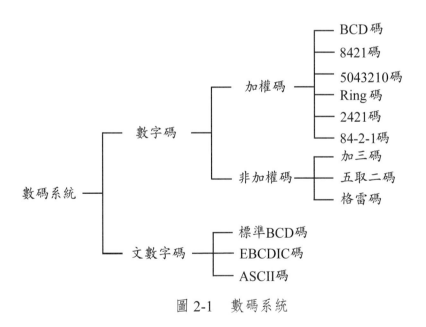

圖 2-1 數碼系統

數碼系統其使用方式的不同可分為兩大類:數字碼與文數字碼。數字碼
(Numeric Code)是用來表示數字資料;文數字碼(Alphanumeric Code)除

表示數字資料外，還可表示英文字母及符號等。

　　其中數字碼又有加權碼（Weighted Code）與非加權碼之分，所謂的加權碼是指所表示的數值可由數碼系統中每一位元的加權值（Weight）相加而得。例如：

$$(1010)_{8421} = 8 + 4 = 10$$
$$(1100)_{2421} = 2 + 4 = 6$$

　　常見的加權碼如：BCD 碼、8421 碼、2421 碼、84-2-1 碼等等。

　　相反地，若無法以每一位元的加權值相加來表示的數碼，謂之非加權碼。常見的非加權碼如格雷碼、加三碼等等。

二、錯誤檢測法

　　在系統中進行資料傳輸，為了確保資料的正確性，通常會在所傳送的資料中，加入一些錯誤檢測技術，以使接收端能從技術中判斷所收到的資料正確與否。常用的錯誤檢測法如下圖所示：

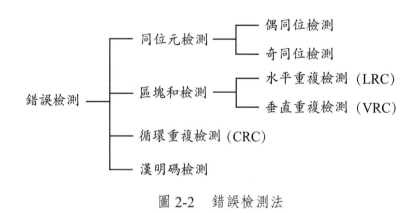

圖 2-2　錯誤檢測法

本章後面將陸續介紹。

2-2 數碼系統

一、數字碼

常用的數字碼與十進制之關係，如表 2-1 所示：

表 2-1 各種數碼與十進制之對照

十進制	8421碼	BCD碼	加三碼	84-2-1碼	2421碼	5043210碼	五取二碼
0	0000	0000	0011	0000	0000	0100001	00011
1	0001	0001	0100	0111	0001	0100010	00101
2	0010	0010	0101	0110	0010	0100100	00110
3	0011	0011	0110	0101	0011	0101000	01001
4	0100	0100	0111	0110	0100	0110000	01010
5	0101	0101	1000	1011	1011	1000001	01100
6	0110	0110	1001	1010	1100	1000010	10001
7	0111	0111	1010	1001	1101	1000100	10010
8	1000	1000	1011	1000	1110	1001000	10100
9	1001	1001	1100	1111	1111	1010000	11000

茲分別介紹如下：

（一）BCD碼

(1) 是一種十進制碼，以四個位元來表示每一個十進制數。

(2) 是一種加權碼。

有六種沒有使用的狀態（Don't Care State）：1010、1011、1100、1101、1110、1111。

例 1：(1) $(35)_{10} = (00110101)_{BCD}$

　　　(2) $(10010110)_{BCD} = (96)_{10}$

CHAPTER

2

方法　直接把每一位十進制數轉成二進位數。

注意　BCD 碼只能表示 0~9 十個數字，當以 BCD 碼進行運算時，若運算的結果超過 9，則需加 6 以進行修正。

例 2：$(00110101)_{BCD} + (01100101)_{BCD}$

$$
\begin{array}{r}
0011\ 0101 \\
+\quad 0110\ 0101 \\
\hline
1001\ 1010 \quad\leftarrow\text{超過 9，進行加 6 修正} \\
+\quad 0000\ 0110 \\
\hline
1010\ 0000 \quad\leftarrow\text{再一次加 6 修正} \\
+\quad 0110\ 0000 \\
\hline
1\quad 0000\ 0000
\end{array}
$$

∴結果為 $(0001000000000)_{BCD} = (100)_{10}$

即：$(35)_{10} + (65)_{10} = (100)_{10}$

BCD 碼的優缺點：

優點：較容易轉換成或反轉換成十進位數。

缺點：BCD 碼比直接二進制數需較多的位元，效率較差。

目前的高速數位計算機系統不常用 BCD 碼的理由：

(1) BCD 碼比直接二進制碼需較多位，較佔記憶體空間，且沒有效率。

(2) 以 BCD 碼表示的數目其運算過程較複雜，需較多的硬體線路。

（二）84-2-1碼

此為 BCD 碼的變形，也是一種加權碼，每一位十進制數可以由四位正負加權之 84-2-1 碼組合而成，如表 2-1 所示。

例 3：(1) $9 = 8 + 4 + (-2) + (-1) \Rightarrow (1111)_{84\text{-}2\text{-}1}$

(2) $5 = 8 + 0 + (-2) + (-1) \Rightarrow (1011)_{84\text{-}2\text{-}1}$

(3) $(352)_{10} = (010110110110)_{84\text{-}2\text{-}1}$

（三）加三碼（Excess-3 Code）

也是一種 BCD 碼的變形，但它並非加權碼，而是將 BCD 碼加 3 後所得的另一種數碼，如表 2-1 所示。

1. 特性：

(1) 以四位元來表 0～9 十個十進制數，有六種沒有使用的狀態（0000、0001、0010、1101、1110、1111）。

(2) 具有自我補數（Self-complement）的特性，亦即每一數值之 1's 補數與 9's 補數相等。

例 4：(1) $(5)_{10} = (1000)_{XS-3} \xrightarrow{\text{1's}} (0111)_{XS-3} = (4)_{10}$

$\qquad (5)_{10} \xrightarrow{\text{9's}} (4)_{10} = (0111)_{XS-3}$

(2) $(761)_{10} = (101010010100)_{XS-3}$

（四）2421碼

是一種加權碼，一樣利用四個位元之加權組合來構成另一種數碼，如表 2-1 所示。

例 5：(1) $7 = 2 + 4 + 1 = (1101)_{2421}$

$\qquad 5 = 2 + 2 + 1 = (1011)_{2421}$

(2) $(342)_{10} = (001101000010)_{2421}$

（五）二五碼（Biquinary Code）

又稱 5043210 碼，由七個位元組成，分成兩組，一組含二個位元，其加權值為 50，另一組含五個位元，其加權值為 43210，所以在表示數值資料時，每一組中僅有一個位元為 1，可用來做偵錯，如表 2-1 所示。

（六）格雷碼（Gray Code）

格雷碼是一種非加權碼（Unweighted Code），數碼組中的各位元位置並沒有特定的數值（Weight），所以並不適於算術運算。

格雷碼的特性：相鄰的數碼只有一個位元不同，所以各位元間不會產生競賽（Race）的問題。一般用於 I/O 設備的應用與 A/D 轉換器上。

如下表所示為十進制碼、二進制碼與格雷碼之關係：

表 2-2　格雷碼與二進制碼

十進制	二進制	格雷碼	十進制	二進制	格雷碼
0	0000	0000	8	1000	1100
1	0001	0001	9	1001	1101
2	0010	0011	10	1010	1111
3	0011	0010	11	1011	1110
4	0100	0110	12	1100	1010
5	0101	0111	13	1101	1011
6	0110	0101	14	1110	1001
7	0111	0100	15	1111	1000

格雷碼與二進制碼之轉換：

1. 二進制碼→格雷碼（以四個位元為例）

方法

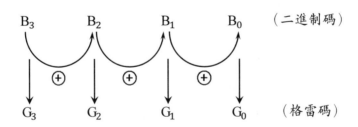

亦即 $G_0 = B_0 \oplus B_1$，$G_1 = B_2 \oplus B_1$，$G_2 = B_3 \oplus B_2$，$G_3 = B_3$

註：$\oplus$ 代表互斥或閘，當兩位元不同時，輸出為 1，否則為 0。

例 6：將 (1)(37)₁₀；(2)(71)₁₀ 化成格雷碼。

　　解　(1) $(37)_{10} = (100101)_2$

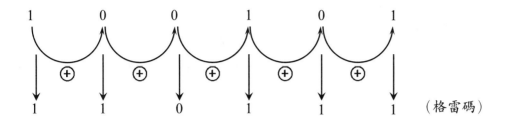

　　　　　　　　　　　　　　　　　　　　　　　　（格雷碼）

　　　　(b) $(71)_{10} = (1000111)_2$

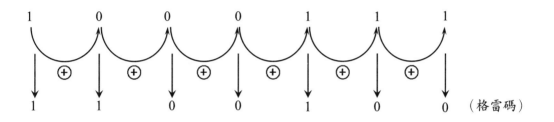

　　　　　　　　　　　　　　　　　　　　　　　　（格雷碼）

2. 格雷碼 → 二進制碼（以四個位元為例）

方法　G_3　G_2　G_1　G_0　（格雷碼）

　　　　B_3　B_2　B_1　B_0　（二進制碼）

　　即：$B_3 = G_3$

　　　　$B_2 = B_3 \oplus G_2 = G_3 \oplus G_2$

　　　　$B_1 = B_2 \oplus G_1 = G_3 \oplus G_2 \oplus G_2$

　　　　$B_0 = B_1 \oplus G_0 = G_3 \oplus G_2 \oplus G_1 \oplus G_0$

例 7：將下列格雷碼 (1)1011101₍G₎；(2)1001101₍G₎ 化成二進制碼、八進制、
　　　十六進制、BCD 碼及十進制。

解 (1)

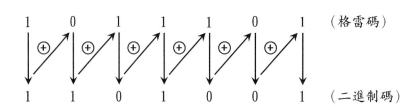

$(1101001)_2 = (151)_8 = (69)_{16} = (105)_{10}$

$= (000100000101)_{BCD} = (010000111000)_{EX-3}$

(2)

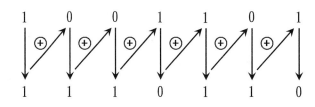

$(1001101)_G = (1110110)_2 = (166)_8 = (76)_{16} = (118)_{10}$

$= (000100011000)_{BCD} = (010001001100)_{EX-3}$

（七）五取二碼（2-out-of-5）

　　以五個位元為一組來表示十進制數，其特性為 5 個位元中固定有兩個位元為「1」，是一種非加權碼，適合於資料偵錯，如表 2-1 所示。

二、文數字碼（Alphanumeric Code）

　　電腦系統所處理的資料中，除了數字外，尚包含許多的文字（如英文字母）與符號（如 +、-、×、/、?、%、# 等），為了能順利對這整文字或符號編碼，就有了許多文數字碼，底下將介紹幾種較常用的文數字系統。

（一）標準BCD碼（Stardard BCD Code）

由六個位元組成，格式如下，可表示 $64(2^6)$ 種文數字字元與符號。每個字元區分爲區域位元（Zone Bit）與數字位元（Digit Bit）兩部分。

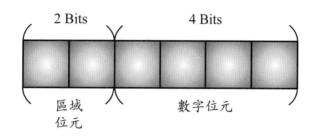

（二）ASCII碼

ASCII Code 全名爲 American Standard Code for Information Interchange；美國標準資訊交換碼的縮寫，一般使用來表示文字或數字性資料，是目前使用最普遍的文數字碼。

ASCII Code 的表示有 7 個位元與 8 個位元兩種；即 ASCII-7 與 ASCII-8，7 個位元最多可組合出 128 種不同的文數字或符號，8 個位元則可組合成 256 種文數字及符號，如下表 2-3 所示。其中常用的控制字元有 BS（Backspace）、CR（Carriage Return）、DEL（Delete）、FF（Form Feed）與 LF（Line Feed）等。其意義簡述如下：

表 2-3　ASCII Code

最小有效數字

二進制		0000	0001	0010	0011	0100	0101	0110	0111	1010	0101	0100	1011	1100	1101	1110	1111
十六進制		0	1	2	3	4	5	6	7	8	9	A	B	C	D	E	F
最大有效數字	0000 0	NUL	SOH	STX	ETX	EOT	ENQ	ACK	BEL	BS	HT	LF	VT	FF	CR	SO	SI
	0001 1	DLE	DCI	DC2	DC3	DC4	NAK	SYN	ETB	CAN	EM	SUB	ESC	FS	GS	RS	US
	0010 2	SP	!	"	#	$	%	&	'	(	)	*	+	'	—	·	/
	0011 3	0	1	2	3	4	5	6	7	8	9	:	;	<	=	>	?
	0100 4	@	A	B	C	D	E	F	G	H	I	J	K	L	M	N	O
	0101 5	P	Q	R	S	T	U	V	W	X	Y	Z	[	\	]	^	—
	0110 6	'	a	b	c	d	e	f	g	h	i	j	k	l	m	n	o
	0111 7	p	q	r	s	t	u	v	w	x	y	z	{	|	}	~	DEL

(1)ASCII-7

最小有效數字

二進制		0000	0001	0010	0011	0100	0101	0110	0111	1010	0101	0100	1011	1100	1101	1110	1111
十六進制		0	1	2	3	4	5	6	7	8	9	A	B	C	D	E	F
0000	0	NUL	SOH	STX	ETX	EOT	ENQ	ACK	BEL	BS	HT	LF	VT	FF	CR	SO	SI
0001	1	DLE	DCI	DC2	DC3	DC4	NAK	SYN	ETB	CAN	EM	SUB	ESC	FS	GS	RS	US
0010	2																
0011	3																
0100	4	SP	!	"	#	$	%	&	'	(	)	*	+	'	—	·	/
0101	5	0	1	2	3	4	5	6	7	8	9	:	;	<	=	>	?
0110	6																
0111	7																
1000	8																
1001	9																
1010	A	@	A	B	C	D	E	F	G	H	I	J	K	L	M	N	O
1011	B	P	Q	R	S	T	U	V	W	X	Y	Z	[	\	]	^	—
1100	C																
1101	D																
1110	E	'	a	b	c	d	e	f	g	h	i	j	k	l	m	n	o
1111	F	p	q	r	s	t	u	v	w	x	y	z	{			}	~	DEL

（左側：最大有效數字）

(2)ASCII-8

BS：使游標左移一格，並刪除其位置上的字元。

CR：使游標移至該行的開頭位置。

DEL：刪除游標所在的位元。

FF：使游標移至下一頁開頭位置。

LF：使游標移至下一行的位置。

　　7 個位元的 ACSII Code 在使用上會加入一個同位檢查位元（Parity Check Bit），以用來檢查資料之正確性。所以其格式如下：

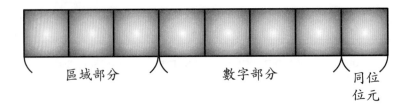

區域部分　　　　數字部分　　　　同位位元

　　ASCII Code 的編碼順序為：

阿拉伯數字 < 大寫英文字母 < 小寫英文字母

例如：A 的 ASCII Code 為 $(41)_{16}$，a 的 ASCII Code 為 $(61)_{16}$，而 0 的 ASCII Code 為 $(30)_{16}$。

例 8：試將下列字串以 ASCII Code 表示出來：

Computer System

解

ASCII-7	43 6F 6D 70 75 74 65 72	：Computer
	53 79 73 74 65 6D	：System
ASCII-8	A3 EF ED F0 F5 F4 E5 F2	：Computer
	B3 F9 F3 F4 E5 ED	：System

（三）EBCDIC碼

EBCDIC 碼的全名為 Extended BCD Interchagne Code，擴展式 BCD 交換碼，係由 8 個位元組成，能表示 256 種不同的文數字符號。依其格式可分成兩種：

1. 未聚集格式（Unpacked Format）：

格式如下：

ZD	ZD	ZD	SD

Z 為區域部分，D 為數值部分
S 為 ＋/－ 符號，C 代表正，D 代表負

2. 聚集格式（Packed Format）：

其格式為：

DD	DZ	或	DD	DS

Z：為區域部分，D 為數字部分，S 為符號部分

CHAPTER

2

二者之間的轉換方式如下圖所示：

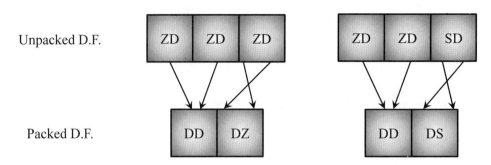

圖 2-3　未聚集格式與聚集格式之轉換方式

　　一般所用的 EBCDIC Code 格式都稱為未聚集（Unpacked）格式，其主要的缺點是在表示十進位資料時，每個數值的區域位元均相同，所以浪費儲存空間，因此有了聚集式十進位格式。

注意　① 在轉換過程中，應先規定資料轉換的長度，若聚集格式的長度太短，則會發生左邊位元「截斷」（Truncation）的情況，反之若聚集格式的長度太長，則會發生「填補」（Padding）的情況。不論截斷或填補均發生在格式的左邊。
　　　② 在上述的格式中，Z 代表區域位元，D 代表數字位元，S 代表符號位元，若為「+」號，則 S = C，若為「−」號，則 S = D。

EBCDIC 的編碼順序為：

小寫英文字母 ＜ 大寫英文字母 ＜ 阿拉伯數字

　　例如：A 的 EBCDIC Code 為 $(c1)_{16}$，a 的 EBCDIC Code 為 $(81)_{16}$，0 的 EBCDIC Code 為 $(F0)_{16}$。

註：ASCII Code 與 EBCDIC Code 的比較

1.使用處：ASCII Code 一般用於通信傳輸設備或個人電腦上。

EBCDIC Code 一般用於 IBM、FAGOM 等電腦系統。

2.位元編號：ASCII Code 由右而左。

EBCDIC Code 由左而右。

例 9：Unpack 轉換成 Byte Pack Decimal 對照表

Decimal	Unpacked Format （十六進位表示）	Packed Format （十六進位表示且只有2 Byte）
023	F0F2F3	023F
+175	F1F7C5	175C
−329	F3F2D9	329D
680	F+F8F0	680F
1234	F1F2F3F4	234F
+2549	F2F5F4C9	549C
−5678	F5F6F7D8	678D

EBCDIC 碼的區域位元的區分方式如下表所示。

表 2-4　EBCDIC Code 的區域位元

區域位元	表示的文數字符號
00**	未使用
01**	特殊符號
1000	a～i
1001	j～r
1010	s～z
1011	未使用
1100	A～I
1101	J～R
1110	S～Z
1111	0～9

CHAPTER

2

EBCDIC 碼如下表所示。

表 2-5　　EBCDIC 碼

高序位元				b_7	0	0	0	0	0	0	0	0	1	1	1	1	1	1	1	1
				b_6	0	0	0	0	1	1	1	1	0	0	0	0	1	1	1	1
				b_5	0	1	1	1	0	0	1	1	0	0	1	1	0	0	1	1
低序位元				b_4	0	1	0	1	0	1	0	1	0	1	0	1	0	1	0	1
b_3	b_2	b_1	b_0		0	1	2	3	4	5	6	7	8	9	A	B	C	D	E	F
0	0	0	0	0	NUL	DLE	DS		SP	&	—			.			{	}	\	0
0	0	0	1	1	SOH	DCI	SOS				/		a	j	~		A	J		1
0	0	1	0	2	STX	DC2							b	k	s		B	K	S	2
0	0	1	1	3	ETX	DC3							c	l	t		C	L	T	3
0	1	0	0	4	PF	RES							d	m	u		D	M	U	4
0	1	0	1	5	HT	NL							e	n	v		E	N	V	5
0	1	1	0	6	LC	BS							f	o	w		F	O	W	6
0	1	1	1	7	DEL	IDL							g	p	x		G	P	X	7
1	0	0	0	8	.	CAM							h	q	y		H	Q	Y	8
1	0	0	1	9	RLF	EM					\		i	r	z		I	R	Z	9
1	0	1	0	A	SMM	CC			¢	|	|	:								LVM
1	0	1	1	B	VT	CU1	CU2	CU3	'	$	·	#								
1	1	0	0	C	FF	IFS		DC4	<	*	%	@								
1	1	0	1	D	CR	IGS	ENQ	NAK	(	)	—									
1	1	1	0	E	SO	IRS	ACK		+	;	>	=								
1	1	1	1	F	SI	IUS	BEL	SUB	|		?	*								

例 10：若以 ASCII Code 代表數字時，使用 21 位元所能表示的數值最大為：

(A) 2097151　(B) 1048575　(C) 999　(D) 99

解　(C)

因 1 個 ASCII Code 佔 7 個位元，21 個位元共可存 3 個 ASCII Codes，而在 ASCII Code 中最大數為 9，所以 21 位元所能表示的最大值為 999。

例 11：以 EBCDIC 所表示的數字，每一位元組是由_____個區域位元與_____個數字位元所組成，上列兩個空格中，應填的數字為：

(A) 2, 6　(B) 3, 5　(C) 4, 4　(D) 1, 7

解　(C)

2-3 錯誤檢測與更正

原始資料在透過各種數碼編組與轉換之後，一般即經由通訊網路傳送到目的地（即接收端），然而資訊在傳送或儲存的過程中，常常會受到一些如雜訊（Noise）、人為因素或其他不明白原因的影響而造成錯誤。所以一般會在使用的數碼中加入錯誤檢測的能力，此種數碼稱為錯誤檢測碼（Error-detecting Code）。相對的，若一數碼不但具有檢測錯誤的能力，而且可以指出錯誤的位元位置時，則稱為錯誤更正碼（Error-correcting Code）。

本節將介紹一些常見錯誤檢測與更正的方法。一般而言，一個錯誤檢測碼的特性是具有將任何錯誤的成立碼語轉變為不成立碼語的能力。為達此特性，對於一個 n 位元的數碼，只能使用其所有可能的碼語 2^n 個的一半，即 2^{n-1} 個碼語，如此才能使一成立的碼語轉變為另一不成立的碼語。

2-3-1 同位元檢查（Parity Check）

同位元檢查分成兩種：

(1) 奇同位檢查（Odd-parity Check）：在數碼資料後面加上一個同位位元，使數碼資料內「1」的個數和為奇數，稱之。

(2) 偶同位檢查（Even-parity Check）：若數碼資料加上同位位元後，其內「1」的個數和為偶數，則稱為偶同位檢查。

一般而言，同位元檢查只能偵測出資料中奇數個位元的錯誤，且無法告知錯誤的位元位置，這是它的缺點。但它僅需一個額外的同位位元，成本低廉，故廣泛使用於數位系統中。下圖為同位元傳送系統的方塊圖，同位元產生器與同位元偵測器，本書將在數位邏輯設計介紹。

CHAPTER

2

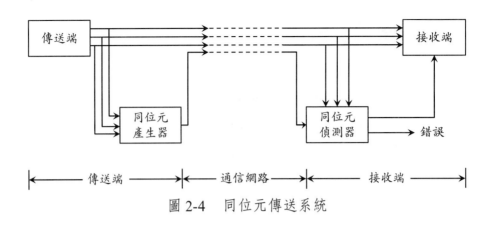

圖 2-4　同位元傳送系統

例如：若數碼資料 1011001，則分別以偶同位與奇同位檢查，求得的同位位元
為：偶同位檢查 = 0（「1」的個數和為偶數），奇同位檢查 = 1。

例 1：有一信號原來的 Bit Pattern 表示如下：

0111010　　1100100

如果以 7 個位元為一單元，使用 Even-parity Bit 的偵錯方式，則新的信
號的 Bit Pattern 該如何（即原來的 Bit Pattern 加入 Parity Bit）？

解　原來 Bit Pattern 中，前一個單元之「1」的個數為偶數，後一個單元之
「1」的個數為奇數，∵使用 Even-parity Bit 的偵錯方式，∴前一個單
元之同位元為「0」，後一個單元之同位元為「1」。新的信號之 Bit Pat-
tern 為：0111010011001001。

例 2：採用偶同位錯誤偵測來傳送 7 位元資料，以下為接送端收到的各筆資料，
何者可確知在傳送中已有錯誤發生？

(A)1011001　(B)0000000　(C)1111110　(D)10101011

解　(D)

∵有奇數「1」，對偶同位偵測而言是錯誤的。

2-3-2　區塊和檢查（Block Sum Check）

區塊和檢查實際上是由水平重複檢查（Longitudinal Redundancy Check, LRC）與垂直重複檢查（Vertical Redundancy Check, VRC）所組成，其方法分別說明如下：

(1) VRC：在傳送的 Data 中，每一字元加入一同位位元，以檢查 Data 的正確性，稱之。

(2) LRC：在傳送的 Data 中，於 Data 內加入一同位元區塊（Parity Block），以檢查 Data 區段的正確性。

例如：

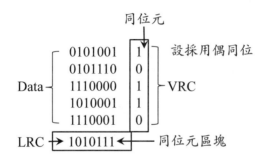

LRC 與 VRC 配合使用，可用來改善同位元檢測無法找出偶數個位元錯誤的缺點。但檢測方式較複雜，也無法明確檢查出錯誤位元的位置。

例 12：有一個信號原來的 Bit Pattern 表示如下：

$$0111010 \quad 1100100$$

現使用二度空間的 Longitudinal Redundancy Check（LRC），Even-parity Bit Check 的偵錯方式，則新的信號其 Bit Pattern 該如何？

解　二度空間的 Longitudinal Redundancy Check（LRC）的偵錯方式係加入新的一列於各數碼資料之後，由題意知為偶同位元檢查。此新的信號的 Bit Pattern 可如下求出：

01110100
11001001
10111101 ← LRC

故新的 Bit Pattern 為

01110100　11001001　1011101

2-3-3　CRC（Cycle Redundancy Check，循環重複檢查）

CRC 是一種資料區段（Data Block）的檢測技術，其檢測方式如下：

資料區段中的 0 與 1 設為多項式之係數，將此多項式除以一特定多項式後，所得的餘數即為 CRC 碼，將此 CRC 碼與原多項式組合，即為所傳送出去的資料。在接收端將所接收的資料除以先前的特定多項式，若餘數為 0，則代表資料無誤，否則表示資料已不正確。

方法　假設 M(x) 代表 m 個位元的訊號，G(x) 代表 n 階的特定多項式。

則產生傳送訊號的步驟為：

(1) $X^a \cdot M(x)$（此處的 $a = n - 1$，代表訊號後補上 a 個「0」）。

(2) $\dfrac{X^a \cdot M(x)}{G(x)} = Q(x)......R(x)$（使用互斥或閘運算來取代減法），

其中 Q(x) 為商，R(x) 為餘數。

(3) $T(x) = X^G M(x) + R(x) \Rightarrow$ 傳送出去的訊號。

接收端所接收的訊號正確與否的判斷方法：

將所接收的訊號除以特定多項式 G(x)，若餘數 R(x) 為 0，則代表訊號正確，否則有誤。

註：1. CRC 相當於 LRC 與 VRC 之組合，其優點是可以檢測出偶數個位元產生的錯誤，改善了同位檢查、LRC 與 VRC 之無法檢測出的缺點。

2. 目前幾種常用的 G(x) 多項式：

① $CRC - 12 = X^{12} + X^{11} + X^3 + X^2 + X + 1$

② $CRC - 16 = X^{16} + X^{15} + X^2 + 1$

③ $CRC - CCITT = X^{16} + X^{12} + X^5 + 1$

3. 相除的操作是以互斥或閘運算來取代原來的減法。

例 13：若資料爲 10110011，編碼多項式爲 $X^5 + X^3 + X^2 + 1$，則

　　(1) 產生的 CRC 碼爲何？

　　(2) 如何作錯誤偵測？

解　編碼時，將 $X^5 M(x) = X^{12} + X^{10} + X^9 + X^6 + X^5$，除以

$G(x) = X^5 + X^3 + X^2 + 1$

$$
\begin{array}{r}
10000110 \\
101101\ \overline{\smash{)}\ 1011001100000} \\
101101 \\
\hline
111000 \\
101101 \\
\hline
101010 \\
101101 \\
\hline
1110 \Rightarrow R(x)
\end{array}
$$

$\because G(x) = 101101$（6 個位元）

$\therefore a = n - 1 = 5$

$\therefore X^5 M(x) = 1011001100000$

$T(x) = X^5 M(x) + R(x)$

　　　$= 1011001101110$

故 CRC 碼爲 $1110 = R(x)$

檢查時，將所接收的資料（假設爲 T(X)），除以 G(x)：

$$
\begin{array}{r}
10000110 \\
101101\ \overline{\smash{)}\ 1011001101110} \\
101101 \\
\hline
111001 \\
101101 \\
\hline
101101 \\
101101 \\
\hline
0
\end{array}
$$

整除，故爲正確之 CRC 碼，原訊息爲 10110011。

例 14：(1) 若 $M(x) = 1010101_{(2)}$（訊號），特定多項式 $G(x) = 1001_{(2)}$，求以 CRC 方式所送出的訊號爲何？

　　(2) 若接收到訊號爲 $1010101110_{(2)}$，特定多項式爲 $1001_{(2)}$，是否有錯？

　　　　　　　若無錯，則原資料訊號為何？

解　(1) ∵ $G(x) = 1001$（n 為 4 個位元）

　　　∴ $a = n - 1 = 3$

　　　∴ $X^3 \cdot M(x) \div G(x) = 1011110_{(2)} \cdots\cdots$ 餘 $110_{(2)}$（$R(x)$）

　　　∴ $T(x) = X^3 M(x) + R(x) = 1010101110_{(2)}$（所傳送的訊號）

　　(2) $1010101110_{(2)} \div 1001_{(2)} = 101110_{(2)}$ 餘 0，代表資料無誤，將所接收到的資料後 3 個位元去掉（$a = 3$），即為原資料訊號。

　　　∴原資料 $= 1010101_{(2)}$

2-4　錯誤校正

　　半導體記憶體可能發生錯誤，一般分為硬體故障（Hard Failures）和軟體錯誤（Soft Errors）。所謂硬體故障是指永久存在的物理缺陷，該缺陷可能導致儲存單元永遠處於 0 或 1 狀態，或來回在 0 與 1 之間跳動，無法可靠地儲存資料。通常發生硬體故障的原因可能是：工作環境不良、製程缺失或材料老化等因素的影響。至於軟體錯誤則是一種隨機、非破壞性的事件，通常只竄改到某些儲存單元的內容，不會損壞記憶體。導致軟體錯誤的原因可能是電源供應問題，或 X 微粒子影響。特別注意的是這些 X 微粒子是因為輻射衰減所造成的影響。幾乎所有的材料中，都會找到一些相當困擾的輻射核酸。顯然地，硬體故障和軟體錯誤都不是我們所樂見的情況，因此大部分的現代主記憶體系統中，都會配備偵錯校正的邏輯電路。

　　圖 2-5 說明如何實現偵錯校正方式。當資料輸入時，函數 f 會對資料進行計算，並產生一個檢查碼，該檢查碼和資料都會被儲存在記憶體；例如原資料有 M 位元，檢查碼有 K 位元時，則實際儲存的字組大小為 M + K 位元。

　　此時如果要傳輸這筆資料，則必須將先前儲存於記憶體的資料和檢查碼（共 M + K 位元）一併送出，收到傳輸後，檢查碼便可以用來偵測錯誤，甚至於校正錯誤。一般的方式，會先分開資料和檢查碼，把接收的 M 位元資料再經過函數 f 計算，得出另外一組合新的 K 位元組合，把這個 K 位元組合跟先前的檢查碼作比較，就可得知傳輸是否正確，這種比較有三種可能：

　　1. 沒有錯誤，送出資料。

2. 偵測到可以校正的錯誤，此時將資料和錯誤校正位元一起送到校正器，然後由校正器送出一組完成校正的 M 位元資料。

3. 偵測到無法校正的錯誤，通常只能回報此種狀況。

依照這種方式運作的數碼稱為錯誤校正碼（Error-Correcting Code, ECC），ECC 最大的特色就是能自我偵測並更正錯誤位元。

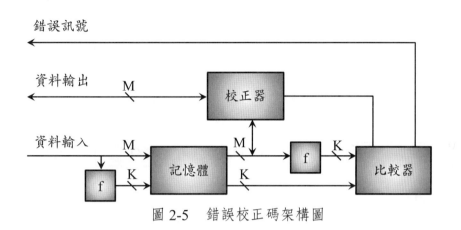

圖 2-5　錯誤校正碼架構圖

一數碼為錯誤校正碼的條件：其內部每一正確且成立的碼語均可以由錯誤的碼語推導而得，例如漢明碼。

錯誤校正的方法：先偵測與決定出錯誤的位元位置，接著將該位元取補數，即得正確的碼語。

錯誤校正法有二：

1. 前向錯誤校正（Forward Error Correction, FEC）：提供足夠而多餘的碼語空間，讓接收電路可以在錯誤發生時，重新建造碼語。

2. 自動重複要求（Automatic Repeat Request, ARQ）：使用錯誤偵測技術，一旦檢測出錯誤，即刻要求重新傳送。

(1) 在 FEC 碼中，以漢明碼為代表，它是採用 CRC 技術的特例。

錯誤校正碼的代價是附帶許多核對位元，通常 N 個核對位元允許對 $2^N - 1$ 長度的訊息做某位元的校正工作。

⇒FEC 碼僅適用於低錯誤率通道，或是沒有反向通道（Reverse

Channel）可使用的場合中。典型的應用場合：無線電及衛星電信。

(2) ARQ 最常用於電話通道之錯誤的處理或控制方面。

Stop-and-wait 或 ARQ：傳送端送完一訊息後即停住並等待接收端送來一個認可訊號，若送來良好認可信號，代表資訊無誤，可以繼續送下一個訊息。否則必須重新再送上一訊息給接收端。

一般的 ARQ 均配合監時針（Watchdog Timer）來決定（限制）重新傳送的次數。

ARQ 的缺點：通信線路使用效率低，尤其在長距離傳輸時，更無效率。

解決之道：連續的 ARQ 方式（無等待週期）。

2-5　漢明碼檢查（Hamming Code Check）

1. 屬 FEC 的一種，其基本原理：

在一 m 位元之資料位元中，插入 k 個同位檢查位元 H_0、H_1、……、H_{k-1}，而形成 m + k 個位元訊息。在一碼語內，m + k 個位元的每一個位元位置均給予一十進位值，位元位置值為 1，代表 LSB 有誤，而位元位置為 m + k 時，代表 MSB 有誤。

2. 插入的同位元檢查位元（K）必須滿足下式：

$$2^k \geq m + k + 1$$

此處的 k 為所插入的同位元個數，m 為訊息的長度。

3. k 個同位檢查位元必須插在訊息資料中的第 1、2、4、8、……、2^{k-1} 個位置中。

以 BCD 漢明碼為例：

∵ BCD 資料為 4 個位元，∴ k 取 3，其插入的位置如下表：

十進制	位元位置	7	6	5	4	3	2	1
	位元名稱	D_3	D_2	D_1	H_2	D_0	H_1	H_0
0		0	0	0	0	0	0	0
1		0	0	0	0	1	1	1
2		0	0	1	1	0	0	1
3		0	0	1	1	1	1	0
4		0	1	0	1	0	1	0
5		0	1	0	1	1	0	1
6		0	1	1	0	0	1	1
7		0	1	1	0	1	0	0
8		1	0	0	1	0	1	1
9		0	0	0	1	1	0	0

表中 H_0、H_1、H_2 之值的方法：

H_0 = 位元位置 1、3、5、7 所建立的偶同位之值。

H_1 = 位元位置 2、3、6、7 所建立的偶同位之值。

H_2 = 位元位置 4、5、6、7 所建立的偶同位之值。

> 註：有的文獻中寫位元位置是由左而右，其求漢明碼的步驟一樣，但所求得漢明碼結果可能不同，所以在解題時要特別注意。

4. 錯誤位置的決定與校正方式：

　由所求得的漢明碼中之同位位元排列出錯誤位元之位置，並將之取補數即完成校正。

5. 特性：

　(1) 漢明碼是一種具有偵錯及除錯能力的數碼。

　(2) 若訊息中有兩個錯誤發生，則只能偵錯，無法得知哪兩個位元故障，所以也無法校正。

例 15：若訊息為 10101110，其產生的漢明碼為何？

解　① ∵ m = 8，$2^k \geq m + k + 1$，∴ k = 4

②

位元位置	12	11	10	9	8	7	6	5	4	3	2	1
位元名稱	D_7	D_6	D_5	D_4	H_3	D_3	D_2	D_1	H_2	D_0	H_1	H_0
	1	0	1	0		1	1	1		0		

③ H_0 = 位元位置 1、3、5、7、9、11 之偶同位值 ⇒ $H_0 = 0$

　　H_1 = 位元位置 2、3、6、7、10、11 之偶同位值 ⇒ $H_1 = 1$

　　H_2 = 位元位置 4、5、6、7、12 之偶同位值 ⇒ $H_2 = 0$

　　H_3 = 位元位置 8、9、10、11、12 之偶同位值 ⇒ $H_3 = 0$

④ 所以漢明碼為 101001110010。

例 16：若接收端所接收到的資料訊息為 101000110010，請問有沒有錯誤？若有，錯在第幾位元，正確的資料為何？

解　①

位元位置	12	11	10	9	8	7	6	5	4	3	2	1
位元名稱	D_7	D_6	D_5	D_4	H_3	D_3	D_2	D_1	H_2	D_0	H_1	H_0
	1	0	1	0	0	0	1	1	0	0	1	0

② 進行偶同位核對：

　　$P_0 = H_0 \oplus D_0 \oplus D_1 \oplus D_3 \oplus D_4 \oplus D_6 = 1$

　　$P_1 = H_1 \oplus D_0 \oplus D_2 \oplus D_3 \oplus D_5 \oplus D_6 = 1$

　　$P_2 = H_2 \oplus D_1 \oplus D_2 \oplus D_3 \oplus D_7 = 1$

　　$P_3 = H_3 \oplus D_4 \oplus D_5 \oplus D_6 \oplus D_7 = 0$

　　由 $P_3 P_2 P_1 P_0 = (0111)_2 = 7_{10}$ 代表 7 個位元故障，將之取補數後，原來的資料為：101001110010。

5. (1) 一個 n 位元之錯誤偵測碼，可用碼數不會超過 $\dfrac{2^n}{2}$。

(2) 漢明距離（Hamming Distance）：指任何二個數碼之間所相差的位元數。

(3) 最小距離（Minimum Distance）：在一組數中，任何二個數碼之 Distance 最小者。

例 17：Explain "Hamming Distance" and compute the Hamming distance for the following two pairs: (1) A and B；(2) B and C, where

A：000000　B：001111　C：010011

解 漢明碼（Hamming Distance）係指不同位元串（Bit String）間相同位置的位元值不同的個數總和。

(1) A and B 的漢明碼距離為 4。

(2) B and C 的漢明碼距離為 3。

例 18：If we have an error correcting code (Based on Hamming distance concept) presented as:

symbol	code
A	00000
B	11100
C	01111
D	10011

Could errors have corrected in the following message?

(i) 10001　(ii) 01001　(iii) 11001　(iv) 01101

Explain your answer in (A).

解 (i) 和 (iv) 可以被更正。

因 (i) 和 Symbol D 只差一個位元不同，(iv) 和 Symbol C 只差一個位元不同，因此均可被更正，其餘均差距過大無法順利更正，亦即漢明碼距離超過 1。

例 19：(1) BCD 碼之 Minimum Distance 為何？

　　　(2) 加上偶同位之 BCD 碼，其 Minimum Distance 為何？

解　(1)

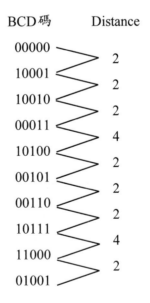

BCD碼	Distance		BCD碼	Distance
0000			0100	
	1			1
0001			0101	
	2			2
0010			0110	
	1			1
0011			0111	
	3			4
0100			1000	
				1
			1001	

$\Rightarrow \therefore$ Minimum Distance = 1

(2) 加上偶同位元後：

BCD碼	Distance
00000	
	2
10001	
	2
10010	
	2
00011	
	4
10100	
	2
00101	
	2
00110	
	2
10111	
	4
11000	
	2
01001	

$\Rightarrow \therefore$ Minimum Distance = 2

2-6 習題

1. 若有一信號多項式 $M(X) = 110011(X^5 + X^4 + X^1 + X^0)$，一個特定多項式 $G(X) = 11001(X^4 + X^3 + X^0)$，求此多項式被送出的檢查和 Check Sum 訊息為多少？

2. 進行下列的數碼轉換：

   (1) $751_{10} = $ _____ $_{(BCD)} = $ _____ $_{(ex-3)}$

   (2) $101101.11_{(2)} = $ _____ $_{(G)}$

   (3) $100101.01_{(G)} = $ _____ $_{(2)}$

3. 分別說明加三碼與格雷碼有何特性。

4. 試將下列字串轉成 ASCII code 與 EBCDIC code。
   "PENTIUM 586 CPU"

5. 比較 ASCII code 與 EBCDIC code 之相異處。

6. 將下表之十進制數轉成非聚集格式與聚集格式，注意：聚集格式之表示長為 2 Bytes。

十進位數	非聚集格式	聚集格式
142		
+ 235		
− 439		
1357		
−3678		

7. (1) 若訊息為 10011001，求其產生的漢明碼為何？

   (2) 若接收端收到的訊息為 100111000001，請問有沒有錯？若有錯，錯在第幾個位元？正確的資料為何？

布林代數與邏輯閘

3-1 布林代數

布林代數與其他數學系統一樣,是由一些基本的元素集合及運算子集合,配合一些公理與假設組合而成的。其與數位邏輯的關係密不可分,可說是數位邏輯的基礎。

一、布林代數的公理(Axiom)

所謂公理係指不用證明的定理。布林代數是由一群元素的集合 N、兩個運算子 {+} 與 {·}、與一個補數運算子 {,} 所組成的一個代數結構,滿足下列的公理(或公設):

1. 集合 N 至少包含兩個不相等的元素 a、b,即 $a \neq b$。

2. 具封閉性(Closure Properties)
   對任意兩個元素 a, b∈N 而言
   (1) $a + b \in N$　(2) $a \cdot b \in N$

3. 交換律(Commutative Law)
   (1) $a + b = b + a$　(2) $a \cdot b = b \cdot a$　　(a, b∈N)

4. 單位元素
   (1) $a + 0 = a$　(2) $a \cdot 1 = a$　　　　　(a∈N)

5. 結合律(Associative Law)
   (1) $(a \cdot b) \cdot c = a \cdot (b \cdot c)$　　　　　(a, b, c∈N)
   (2) $(a + b) + c = a + (b + c)$

6. 分配律（Distributive Law）

(1) $a + (b \cdot c) = (a + b) \cdot (a + c)$　　　　（$a, b, c \in N$）

(2) $a \cdot (b + c) = a \cdot b + a \cdot c$

7. 補數元素（Complement）

(1) $a + a' = 1$　　　　　　　　　　（$a, a' \in N$）

(2) $a \cdot a' = 0$

8. 對偶原理（Principle of Duality）

在布林代數中，將一個成立的敘述中之二元運算子 {+} 與 {·} 交換、0 與 1 交換後，得到的敘述也必然是個成立的敘述。

即：若 $f(X_{n-1}, ..., X_1, X_0, +, \cdot, 1, 0)$ 為一成立的敘述，則其對偶函數 $f^D(X_{n-1}, ..., X_1, X_0, \cdot, +, 0, 1)$ 也為一成立的敘述。

9. 逆轉換原理

若 $f(X_{n-1}, ..., X_1, X_0, +, \cdot, 1, 0)$ 為一成立的敘述，則其逆轉換函數 $f'(\overline{X}_{n-1}, ..., \overline{X}_1, \overline{X}_0, \cdot, +, 0, 1)$ 也為一成立的敘述。

例 1：邏輯算式中，$\overline{(X + \overline{Y})} \cdot 1$ 之雙對式（Dual）為何？

(A) $\overline{X} \cdot Y + 0$　　(B) $\overline{(X \cdot \overline{Y})} + 0$　　(C) $(\overline{X} \cdot Y) \cdot 1$　　(D) $\overline{(X \cdot \overline{Y})} + 1$

解　(B)

對偶函數之取法：變數不變，AND 變 OR，OR 變 AND，0 變 1，1 變 0。

二、布林代數之基本定理

1. 等冪律（Idempotent Law）

對於每一個元素 $a \in N$ 而言，

(1) $a + a = a$　　(2) $a \cdot a = a$

2. 邊界定理（Boundedness Theorem）

(1) $a + 1 = 1$　　且　　(2) $a \cdot 0 = 0$　　（$\forall a \in N$）

3. 補數的唯一性：在布林代數中，每一個元素 a 的補數 ā 是唯一的。

證明：假設 a 有兩個補數 b 與 c，

$$a + b = 1 \qquad \text{,} \quad ab = 0$$

$$a + c = 1 \qquad \text{,} \quad ac = 0$$

$$b = b + 0 \qquad \text{,} \quad c = c + 0$$

$$\quad = b + ac \qquad \text{,} \quad = c + ab$$

$$\quad = (b + a)(b + c) \quad \text{,} \quad = (c + a)(c + b)$$

$$\quad = 1 \cdot (b + c) \qquad \text{,} \quad = 1 \cdot (b + c)$$

$$\quad = (c + b) \qquad \text{,} \quad = (b + c)$$

$\therefore b = b + c = c$，故 a 的補數是唯一的。

4. 在布林代數中 $\langle i \rangle > \overline{0} = 1$ 且 $\langle ii \rangle \overline{1} = 0$，$\langle iii \rangle \overline{(\overline{a})} = a$。

5. 吸收律（Absorption Law）

   (1) $a + ab = a$ 　且　 (2) $a(a + b) = a$ 　（$\forall a, b \in N$）

   證明：(1) $a + ab = a(1 + b) = a \cdot 1 = a$

          (2) $a(a + b) = a + ab = a(1 + b) = a \cdot 1 = a$

6. 結合律（Associative Law）

   $\forall a, b, c \in N$，則：

   (1) $a + (b + c) = (a + b) + c$ 　且　 (2) $a(bc) = (ab)c$

7. 笛摩根定理（DeMorgan's Theorem）

   $\forall a, b \in N$，則：

   (1) $\overline{(a + b)} = \overline{a} \cdot \overline{b}$ 　且　 (2) $\overline{(ab)} = \overline{a} + \overline{b}$

     ① $(a + b) + (\overline{a} \cdot \overline{b}) = [(a + b) + \overline{a}] \cdot [(a + b) + \overline{b}]$

                     $= [(a + \overline{a}) + b] \cdot [a + (b + \overline{b})]$

                     $= (1 + b) \cdot (1 + a) = 1 \cdot 1 = 1$

     ② $(a + b) \cdot (\overline{a} \cdot \overline{b}) = [a \cdot (\overline{a} \cdot \overline{b})] + [b \cdot (\overline{a} \cdot \overline{b})]$

                   $= [(a \cdot \overline{a}) \cdot \overline{b}] + [\overline{a} \cdot (b \cdot \overline{b})]$

                   $= 0 \cdot \overline{b} + \overline{a} \cdot 0 = 0 + 0 = 0$

   $\therefore \overline{a} \cdot \overline{b}$ 為 $(a + b)$ 的補數，但 $\overline{(a + b)}$ 亦為 $(a + b)$ 的補數

   $\because$ 補數是唯一的，$\therefore \overline{a} \cdot \overline{b} = \overline{(a + b)}$

   同理，$\overline{(ab)} = \overline{a} + \overline{b}$，由對偶原理得證。

8. 同等定理（Consensus Theorem）

   (1) $ab + bc + \overline{a}c = ab + \overline{a}c$

(2) $(a + b)(b + c)(\overline{a} + c) = (a + b)(\overline{a} + c)$

證明：(1) $ab + bc + \overline{a}c = ab + \overline{a}c + (a + \overline{a})bc = (ab + abc) + (\overline{a}c + \overline{a}bc)$

$$= ab + \overline{a}c$$

(2) $(a + b)(b + c)(\overline{a} + c) = (a + b)(\overline{a} + c)(b + c + a\overline{a})$

$$= (a + b)(\overline{a} + c)(\overline{a} + b + c)(a + b + c)$$

$$= (a + b)(1 + c)(\overline{a} + c)(1 + b)$$

$$= (a + b)(\overline{a} + c)$$

9. 簡化定理

(1) $a(\overline{a} + b) = ab$　(2) $a + \overline{a}b = a + b$

證明：(1) $a(\overline{a} + b) = a \cdot \overline{a} + ab = 0 + ab = ab$

(2) $a + \overline{a}b = a(1 + b) + \overline{a}b = a + ab + \overline{a}b = a + (a + \overline{a})b = a + b$

10. 相鄰定理

(1) $(a + b)(a + \overline{b}) = a$　(2) $ab + a\overline{b} = a$

證明：(1) $(a + b)(a + \overline{b}) = a \cdot a + a \cdot \overline{b} + a \cdot b + b \cdot \overline{b}$

$$= a + a \cdot \overline{b} + a \cdot b + 0 = a(1 + b + \overline{b}) = a$$

(2) $ab + a\overline{b} = a(b + \overline{b}) = a \cdot 1 = a$

例 1：布林函數 $X + \overline{X + Y}$ 等於下列何者？

(A) $X + \overline{Y}$　(B) X　(C) X + Y　(D) Y

解　(A)

$X + \overline{X + Y} = X + \overline{X} \cdot \overline{Y} = X + \overline{Y}$

例 2：將布林運算式 $AB\overline{C} + \overline{(AB\overline{C})}$ 化簡後之最簡結果為：

(A) $\overline{A} + \overline{B}$　(B) C　(C) 1　(D) $AB\overline{C}$

解　(C)

令 $X = AB\overline{C}$，則原布林函數運算式等於 $X + \overline{X} = 1$。

例 3：下列布林敘述何者錯誤？

(A)$XY + X\overline{Y} = X$　　　　　　　(B)$X(\overline{X} + Y) = XY$

(C)$(X + Y)(X + Z) = X + YZ$　　(D)$(X + Y)(X + \overline{Y}) = XY$

解 (D)

$$(X + Y)(X + \overline{Y}) = X + XY + X\overline{Y} + Y\overline{Y} = X$$

例 4：下列何者之表示式是錯誤的？

(A) $(A + B)(A + \overline{B}) = A$ (B) $A + \overline{A}B = A + B$

(C) $\overline{A + B} = \overline{A}\,\overline{B}$ (D) $AB + AC + BC = AB + BC$

解 (D)

$$AB + BC + \overline{A}C = AB + \overline{A}C$$

例 5：下列布林代數何者不正確？

(A) $X + \overline{X} + Y = 1$ (B) $X + XY = X$

(C) $X + \overline{X}Y = \overline{X} + Y$ (D) $XY + \overline{Y}Z + XZ = XY + \overline{Y}Z$

解 (C)

$$X + \overline{X}Y = X + Y$$

3-2　基本邏輯閘及其特性

在數位邏輯中，常見的邏輯閘有七種，分別介紹如下：

一、反閘（Not Gate）（又稱為反相器）

1. 符號：

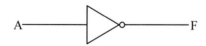

2. 眞值表：

A	F
0	1
1	0

此處的 A 爲輸入變數，F 爲輸出。

3. 輸出：$F = \overline{A}$（唸成 Abar，即 A 的補數）。

4. 特性：輸出為輸入的 1's 補數。

註：1. 所謂「真值表」（Truth Table）是邏輯閘用來表示輸出與輸入關係的表格。

　　2. 真值表中的「0」代表低電位，「1」代表高電位。

二、及閘（AND Gate）

1. 符號：

```
A ──┐
    ├──────── F
B ──┘
```

（兩輸入的 AND 閘）

2. 真值表：

A	B	F
0	0	0
0	1	0
1	0	0
1	1	1

3. 輸出：$F = AB$（當 A 與 B 同時成立時，F 才有輸出）。

4. 特性：當輸入端有一為 0，則輸出為 0。

5. 範例：

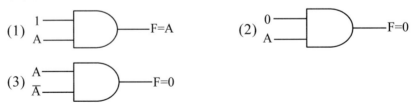

(1) 1, A → F=A　　(2) 0, A → F=0

(3) A, $\overline{A}$ → F=0

6. 等效電路：

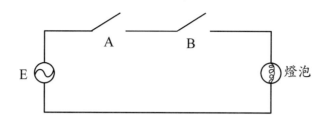

A 和 B 兩開關要同時關閉，燈泡才會亮。

三、或閘（OR Gate）

1. 符號：

A——⊐\
B——⊐——F

（兩輸入端的 OR Gate）

2. 真值表：

A	B	F
0	0	0
0	1	1
1	0	1
1	1	1

3. 輸出：$F = A + B$（當 A 或 B 有一成立時，F 才有輸出）。

4. 特性：當輸入端有一為 1 時，輸出即為 1。

5. 範例：

6. 等效電路：

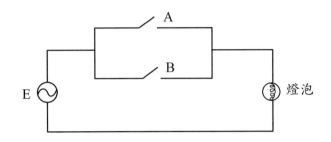

　　A 或 B 其中一個開關關閉，燈泡就會亮。

四、反及閘（NAND Gate）

1. 符號：

（兩輸入端的NAND Gate）

2. 真值表：

A	B	F
0	0	1
0	1	1
1	0	1
1	1	0

3. 輸出：$F = \overline{AB}$。

4. 特性：當輸入端有一為 0 時，輸出即為 1。

　　相當於：NAND = AND + NOT。

5. 範例：

(1) 　　　　(2)

(3) $\dfrac{A}{\overline{A}}$ ── F=1

五、反或閘（NOR Gate）

1. 符號：

A ───
B ─── F

（兩輸入端的NOR Gate）

2. 眞值表：

A	B	F
0	0	1
0	1	0
1	0	0
1	1	0

3. 輸出：$F = \overline{A + B}$。

4. 特性：當輸入端都爲「0」時，輸出才爲「1」，否則爲「0」。

相當於：NOR = OR + NOT。

5. 範例：

(1) $\dfrac{1}{A}$ ── F=0

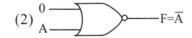
(2) $\dfrac{0}{A}$ ── F=$\overline{A}$

(3) $\dfrac{A}{\overline{A}}$ ── F=0

六、互斥或閘（XOR Gate）

1. 符號：

A ───
B ─── F

（兩輸入端的XOR閘）

2. 眞值表：

A	B	F
0	0	0
0	1	1
1	0	1
1	1	0

3. 輸出：$F = \overline{A}B + A\overline{B} = A \oplus B$。

4. 特性：

　(1) 當輸入端不相同時，輸出爲 1。

　(2) 當輸入端有奇數個「1」時，則輸出爲 1，用於奇同位元偵錯。

5. 範例：

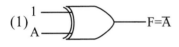　　　

(3)
$$
\begin{array}{c}
A \\
\overline{A}
\end{array}
$$
F=1

七、互斥反或閘（XNOR Gate）

1. 符號：

A ──┐
B ──┘ ── F

（兩輸入端的XNOR閘）

2. 眞值表：

A	B	F
0	0	1
0	1	0
1	0	0
1	1	1

3. 輸出：$F = \overline{A}\,\overline{B} + AB = A \odot B$。

4. 特性：

　　(1) 當輸入端相同時，輸出為 1。

　　(2) 當輸入端有偶數個「1」時，輸出為 1，用於偶同位元偵錯。

5. 範例：

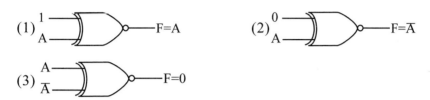

(1) 輸入 $\frac{1}{A}$ ── F=A　(2) 輸入 $\frac{0}{A}$ ── F=$\overline{A}$

(3) 輸入 $\frac{A}{\overline{A}}$ ── F=0

例 1：假設一邏輯模擬程式（Logic Simulator）可以接受 1、0、U（U 表示訊號的狀態未知）三種邏輯訊號狀態，則下列哪一個真值表（Truth Table）可以代表兩個輸入之反及閘（NAND）？

(A)

X_1 \ X_2	0	1	U
0	1	1	U
1	1	0	U
U	U	U	U

(B)

X_1 \ X_2	0	1	U
0	0	1	U
1	1	1	1
U	U	U	U

(C)

X_1 \ X_2	0	1	U
0	1	0	U
1	0	0	0
U	U	0	U

(D)

X_1 \ X_2	0	1	U
0	1	1	1
1	1	0	U
U	1	U	U

解　(D)

　　NAND Gate 的特性是當 X_1 或 X_2 有一為「0」時，輸出都為「1」，所以只有 (D) 是正確的。

例 2：依據右圖所示之邏輯電路，下列那一組輸入及輸出值是不對的？

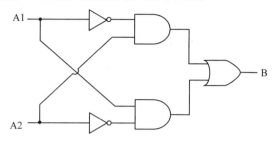

(A)A1 = 0，A2 = 1，B = 1

(B)A1 = 0，A2 = 0，B = 0

(C)A1 = 1，A2 = 1，B = 1

(D)A1 = 1，A2 = 0，B = 1

解 (C)

$B = \overline{A1}A2 + \overline{A2}A1 = A1 \oplus A2$

∴當 A1 與 A2 不等時，B 才為 1。

例 3：$1 \odot 1 \odot 1 \odot 1 \odot 0 \odot 0 \odot 0 \odot 0$ 不等於 (A)$0 \odot 0 \odot 0 \odot 1$

(B) $1 \odot 1 \odot 1 \odot 1$ (C)$1 \odot 0 \odot 0 \odot 1$ (D) $1 \odot 1 \odot 0 \odot 0$

解 (A)

互斥反或閘的特性是當輸入端有偶數個「1」時，輸出為「1」。所以：

$$1 \odot 1 \odot 1 \odot 1 \odot 0 \odot 0 \odot 0 \odot 0 = 1 \odot 0 \odot 0 \odot 1$$
$$= 1 \odot 1 \odot 0 \odot 0$$
$$= 1 \odot 1 \odot 1 \odot 1$$

例 4：下列脈衝輸入圖中電路後，輸出結果為何？

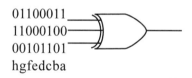

01100011
11000100
00101101
hgfedcba

解 對互斥或閘而言，若輸入端「1」的數目為奇數，則輸出為「1」，否則為「0」。

∴輸出結果為 10001110。

例 5：下列有關閘（Gate）之敘述，何者不為真？

(A) 輸入均為 0 時，才輸出為 1 的閘為 NOR Gate。

(B) 布林函數 $A\overline{B} + \overline{A}B$ 所代表的為兩個輸入的 Exclusive-OR（XOR）

Gate。

(C) 布林函數 $AB + \overline{A}\overline{B}$ 所代表的為有兩個輸入的 Exclusive-NOR Gate。

(D) 當輸入同時為 1 時，NOR Gate 以及 XOR Gate 之輸出不同。

解　(D)

當輸入同時為 1 時，NOR Gate 及 XOR Gate 均輸出為 0。

說明：1. ⊕（XOR）為奇數函數，當有奇數個交換變數為 1 時，其值才為 1，否則為 0。

2. ⊙（XNOR）為偶數函數，當有偶數個交換變數為 1 時，其值才為 1，否則為 0。

3. 一般而言，當交換變數的個數是奇數時，XOR = XNOR；當交換函數的個數為偶數時，XOR 與 XNOR 互為補數。

3-3　正邏輯與負邏輯表示方式

在實際的數位電路上，一般以 0 代表低電位，1 代表高電位，即 L = 邏輯 0，H = 邏輯 1，此稱為正邏輯。

反之，若以 0 代表高電位，1 代表低電位，即 H = 邏輯 0，L = 邏輯 1，則稱為負邏輯。在數位電路中一般習慣使用正邏輯的表示方式，但也有一些特殊情況使用負邏輯，所以本節以邏輯閘說明正負邏輯之差異。

一、正邏輯的AND Gate = 負邏輯的OR Gate

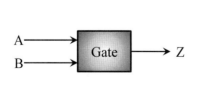

A	B	Z
L	L	L
L	H	L
H	L	L
H	H	H

二、正邏輯的NAND Gate = 負邏輯的NOR Gate

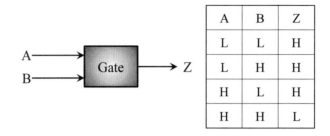

A	B	Z
L	L	H
L	H	H
H	L	H
H	H	L

　　同理，正邏輯的 OR Gate 等於負邏輯的 AND Gate；正邏輯的 NOR Gate 等於負邏輯的 NAND Gate。下表為各種 IC 的電壓高低值：

表 3-1　各種 IC 之電壓高低值

IC類別	電源電壓（V）	高值電壓（V）	低值電壓（V）
TTL	$V_{CC} = 5$	2.4～5	0～0.4
CMOS	$V_{DD} = 3～15$	3～5	
ECL	$V_{EE} = -5.2$	$-0.95～-0.7$	

例 1：一邏輯電路以負邏輯表示為 NOR Gate，若以正邏輯表示則為：

　　　(A) OR Gate　(B) NOR Gate　(C) NAND Gate　(D) AND Gate。

解　(C)

3-4　函數完全運算集合

1. 若任意一交換函數可由一個集合內的運算子表示時，該集合稱為函數 完全運算集合（Functionally Complete / Universal Set）。由於交換函數 是由 AND、OR 與 FNOT 等運算子組成的，所以 {AND, OR, NOT} 為 一個函數完全運算集合。

2. 依據 DeMorgan 定理：$a + b = \overline{(\overline{a}\,\overline{b})}$，即 AND 與 NOT 組合後，可以取 代 OR，所以 {AND, NOT} 也是函數完全運算集合。

3. 同理，$a \cdot b = \overline{(\overline{a}\,\overline{b})}$，即 OR 與 NOT 組合後，可以取代 AND 運算，所以 {OR, NOT} 也是函數完全運算集合。

4. 證明一個運算集合是否為函數完全運算集合的方法：
   利用該集合內的運算子產生一個已知為函數完全運算集合內的每一個運算子（例：{AND, NOT} 或 {OR, NOT} 等）即是。

5. 函數完全運算集合有很多，並且可能只包含一個運算子，例如：{NOR}、{NAND} 等。

例 1：證明 {NOR} 與 {NAND} 為函數完全運算集合。

　證明：(1) 因為 {NOR} 可以產生函數完全運算集合 {OR, NOT} 內的每一個運算子，即

$$\overline{(a + a)} = \overline{a} \qquad （NOT）$$

$$\overline{[\overline{a + b} + \overline{(a + b)}]} = a + b \qquad （OR）$$

所以 {NOR} 為一個函數完全運算集合。

(2) 因為 {NAND} 可以產生函數完全運算集合 {AND, NOT} 內的每一個運算子，即

$$\overline{(a \cdot a)} = \overline{a} \qquad （NOT）$$

$$\overline{[\overline{a \cdot b} \cdot \overline{(a \cdot b)}]} = a \cdot b \qquad （AND）$$

所以 {NAND} 為一個函數完全運算集合。

例 2：證明下列集合為函數完全運算集合：

(1) 集合 {f} 而 $f(x, y, z) = x\overline{y} + \overline{y}\,\overline{z} + \overline{x}yz$

(2) 集合 {f, 1} 而 $f(x, y) = \overline{x}y$

(3) 集合 {f, 1} 而 $f(x, y, z) = \overline{x}\,\overline{y} + \overline{x}\,\overline{z} + \overline{y}\,\overline{z}$

　證明：(1) $f(x, y, z) = x\overline{y} + \overline{y}\,\overline{z} + \overline{x}yz$

$$= \overline{x}\,\overline{y} = \overline{(x + y)} \qquad （NOR）$$

∴ 得證

(2) $f(x, 1) = \overline{x}$ 　　　　　　（NOT）

$f(\overline{x}, y) = xy$ 　　　　　　（AND）

∴ 得證

(3) $f(x, x, x) = \overline{x}\,\overline{x} + \overline{x}\,\overline{x} + \overline{x}\,\overline{x} = \overline{x}$　　　（NOT）

$\quad f(\overline{x}, \overline{y}, 1) = xy + x \cdot 0 + y \cdot 0 = xy$　　（AND）

$\quad \therefore$ 得證

例 3：針對下列各組邏輯閘，僅使用哪一組型態的邏輯閘無法實現任意的布林函數？

(A) {AND, NOT}　　　　　　(B) {XOR, NOT}

(C) {XOR, AND}　　　　　　(D) {XNOR, OR}

解　(B)

$\quad \because \overline{(X + X)} = \overline{X}$　　　　　　　　　（NOT）

$\quad \overline{[(x \oplus y) \oplus \overline{(x \oplus y)}]} = 1$　　　（非 NOR）

$\quad \therefore$ 不是函數完全集合。

同理 {XNOR, NOT} 也非函數完全集合。

3-5　布林函數的表示方式

一、布林代數的表示法

正規表示法有二：

1. 積之和（Sum of Product）或最小項的和。

2. 和之積（Product of Sum）或最大項的乘積。

分別說明如下：

（一）最小項的和或SOP型式

將布林函數化為乘積項的和，每乘積項稱之為最小項（Minterm），積項中均包含所有的變數。

1. 將布林函數化為積之和的型式，步驟如下：

(1) 若布林函數中補數的符號位於數個變數的組合上，則利用狄摩根定理將之拆開，使補數符號只位於單一變數上。

(2) 利用分配律予以展開。

(3) 刪除重複項、零項等即得。

2. 將積之和（SOP）轉換為最小項的和，步驟如下：

    (1) 將所有積項缺少的變數乘上（所缺變數加上所缺變數之補數）。

    (2) 利用乘法分配律予以拆開。

    (3) 刪除重複項即得最小項的和。

例 1：三變數之最小項與最大項

XYZ	最小項	符號	最大項	符號
000	$\overline{X}\ \overline{Y}\ \overline{Z}$	m_0	$(X + Y + Z)$	M_0
001	$\overline{X}\ \overline{Y}\ Z$	m_1	$(X + Y + \overline{Z})$	M_1
010	$\overline{X}\ Y\ \overline{Z}$	m_2	$(X + \overline{Y} + Z)$	M_2
011	$\overline{X}\ Y\ Z$	m_3	$(X + \overline{Y} + \overline{Z})$	M_3
100	$X\ \overline{Y}\ \overline{Z}$	m_4	$(\overline{X} + Y + Z)$	M_4
101	$X\ \overline{Y}\ Z$	m_5	$(\overline{X} + Y + \overline{Z})$	M_5
110	$X\ Y\ \overline{Z}$	m_6	$(\overline{X} + \overline{Y} + Z)$	M_6
111	$X\ Y\ Z$	m_7	$(\overline{X} + \overline{Y} + \overline{Z})$	M_7

例 2：若 $F(a, b, c, d) = ab + c$，則其標準積之和表示方式為：

    (A)$\sum(2, 3, 4, 5, 6, 7, 12, 13, 14, 15)$

    (B)$\sum(0, 1, 2, 3, 5, 7, 12, 13, 14, 15)$

    (C)$\sum(0, 1, 2, 3, 4, 5, 6, 7, 11, 12)$

    (D)$\sum(2, 3, 6, 7, 10, 11, 12, 13, 14, 15)$

解　(D)

$F(a, b, c, d) = ab + c$

$= ab(c + \overline{c})(d + \overline{d}) + c(a + \overline{a})(b + \overline{b})(d + \overline{d})$

$= abcd + abc\overline{d} + ab\overline{c}d + ab\overline{c}\,\overline{d} + \overline{a}bcd + \overline{a}\,bcd + \overline{a}bc\overline{d} + a\overline{b}cd +$

$a\overline{b}c\overline{d} + \overline{a}\,\overline{b}cd + abc\overline{d} + abcd$

$= \sum(2, 3, 6, 7, 10, 11, 12, 13, 14, 15)$

註：本題也可另解如下：

a	b	c	d		a	b	c	d	
0	0	1	0	(2)	1	1	0	0	(12)
0	0	1	1	(3)	1	1	0	1	(13)
0	1	1	0	(6)	1	1	1	0	(14)
0	1	1	1	(7)	1	1	1	1	(15)
1	0	1	0	(10)					
1	0	1	1	(11)					
1	1	1	0	(14)					
1	1	1	1	(15)					

$\therefore$ 綜合以上兩項得 $F(a, b, c, d) = \sum(2, 3, 6, 7, 10, 11, 12, 13, 14, 15)$

例3：設 (X, A, B) 為邏輯正數，且 $F(1, A, B) = AB$, $F(0, A, B) = A + B$ 則 F 等於：

(A) $\sum(1, 2, 6, 7)$　　　　　(B) $\sum(0, 2, 3, 4, 5)$

(C) $\sum(1, 2, 3, 7)$　　　　　(D) $\sum(2, 3, 6, 7)$

解　(C)

X	A	B	F	
0	0	0	0	⎤
0	0	1	1	⎥ A+B
0	1	0	1	⎥
0	1	1	1	⎦
1	0	0	0	⎤
1	0	1	0	⎥ AB
1	1	0	0	⎥
1	1	1	1	⎦

$\therefore F(X, A, B) = \sum(1, 2, 3, 7)$

（二）最大項的乘積（Product of Maxterm）

將布林函數化為和項的乘積，每個和項稱為最大項，和項中需包含所有的變數。

1. 將布林函數化為和之積（POS）的型式，步驟如下：

(1) 若布林函數中補數的符號位於數個變數的組合上，則利用狄摩根定理將之拆開，使補數符號只位於單一變數上。

(2) 利用加法分配律予以展開。

(3) 刪除重複項、零項等即得。

2. 將和之積（POS）轉換為最大項的乘積，步驟如下：

(1) 將每一和項所缺的變數加上（所缺變數·所缺變數的補數）。

(2) 利用加法分配律予以展開。

(3) 刪除重複項即得最大項的乘積。

例 4：試將三個變數的布林函數化為最大項的乘積函數。

$$F(X, Y, Z) = X + \overline{Y}\,\overline{Z}(X + \overline{Y})$$

解 $\quad F(X, Y, Z) = X + (\overline{Y} + \overline{Z})(X + \overline{Y})$

$$= (X + \overline{Y} + \overline{Z})(X + \overline{Y})$$

$$= (X + \overline{Y} + \overline{Z})(X + \overline{Y} + Z\overline{Z})$$

$$= (X + \overline{Y} + \overline{Z})(X + \overline{Y} + \overline{Z})(X + \overline{Y} + Z) \quad |* \text{ 加法分配律 }*|$$

$$= M_3 \cdot M_2$$

$$= \pi M(2, 3)$$

（三）SOP與POS的關係

1. SOP 型式著重在描述函數中，函數值為 1 的部分。

POS 型式著重在描述函數中，函數值為 0 的部分。

2. 對某一函數，其 SOP 與 POS 恰為互補的關係。

例 5：$F(A, B, C) = A + \overline{B}C$ 以最小項的和與最大項的積表示。

解 $\quad F(A, B, C) = A(B + \overline{B})(C + \overline{C}) + (A + \overline{A})(\overline{B}C)$

$$= ABC + AB\overline{C} + A\overline{B}C + A\overline{B}\,\overline{C} + \overline{A}\,\overline{B}C + \overline{A}\,\overline{B}C$$

$$= m_7 + m_6 + m_5 + m_4 + m_1$$

$$= \sum m(1, 4, 5, 6, 7) \qquad\qquad |* \text{ 最小項的和 }*|$$

$$= \pi M(0, 2, 3) \qquad\qquad\quad |* \text{ 最大項的積 }*|$$

例 6：假設 $F_1(w, x, y, z) = \sum(0, 2, 5, 6, 7, 8, 10, 13)$，$F_2(w, x, y, z) =$
$\pi(1, 3, 5, 7, 10, 13, 15)$，則下列何者為非？

(A) $F_1 \cdot F_2 = \sum(0, 2, 6, 8)$　　　(B) $F_1 \oplus F_2 = \sum(4, 5, 7, 9, 10, 11, 12, 14)$

(C) $F_1 \cdot F_2' = \sum(5, 7, 10, 13)$　　(D) $F_1 + F_2 = \pi(1, 3, 5)$

解　(B)

$F_2(w, x, y, z) = \pi(1, 3, 5, 7, 10, 13, 15) = \sum(0, 2, 4, 6, 8, 9, 11, 12, 14)$

$F_2'(w, x, y, z) = \sum(1, 3, 5, 7, 10, 13, 15)$

$\therefore F_1 \cdot F_2 = \sum(0, 2, 6, 8)$　　　　　　　　　　　　　　（AND）

　　$F_1 \oplus F_2 = \sum(4, 5, 7, 9, 10, 11, 12, 13, 14)$　　　　　（XOR）

　　$F_1 \cdot F_2' = \sum(5, 7, 10, 13)$　　　　　　　　　　　　　（AND）

　　$F_1 + F_2 = \sum(0, 2, 4, 5, 6, 7, 8, 9, 10, 11, 12, 13, 14)$　　（OR）

　　　　　　$= \pi(1, 3, 15)$

四、布林函數的性質

1. 對任意一布林函數 f 而言，其標準 SOP（或 POS）型式是唯一的。
2. 若兩個布林函數的標準 SOP（或 POS）型式相等時，則該兩個函數為邏輯相等（Logically Equivalent）。
3. 對於 n 個布林變數而言，共可組合成 2^{2^n} 個布林函數。

說明：因 n 個布林變數可組成 2^n 項 SOP 型式，而每一項有 0 與 1 兩種狀態，故共有 2^{2^n} 個交換函數組合。

例 7：設 $F(x_1, x_2, x_3)$ 為邏輯函數，則下列何者為真？

(A) $F(x_1, x_2, x_3) = F(0, x_2, x_3)x_1 + F(1, x_2, x_3)\overline{x_1}$

(B) $F(x_1, x_2, x_3) = F(0, x_2, x_3)\overline{x_1} + F(1, x_2, x_3)\overline{x_1}$

(C) $F(x_1, x_2, x_3) = F(0, x_2, x_3)\overline{x_1} + F(1, x_2, x_3)x_1$

(D) $F(x_1, x_2, x_3) = F(0, x_2, x_3)x_1 + F(1, x_2, x_3)x_1$

解　(C)

3-6　邏輯閘的基本應用

　　一、基本邏輯閘在應用上一般用來控制數位信號的流向或改變數位信號的狀態，藉以控制後面的數位系統之動作方式。

　　所以邏輯閘最常用的方式有四種：

1. 控制閘（Controlled Gate）

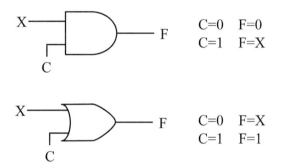

$$C=0 \quad F=0$$
$$C=1 \quad F=X$$

$$C=0 \quad F=X$$
$$C=1 \quad F=1$$

2. 反相控制閘（Inverted Controlled Gate）

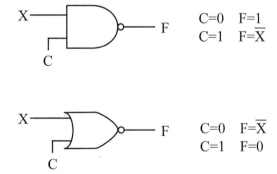

$$C=0 \quad F=1$$
$$C=1 \quad F=\overline{X}$$

$$C=0 \quad F=\overline{X}$$
$$C=1 \quad F=0$$

3. 控制補數閘（Controlled-inverted Gate）

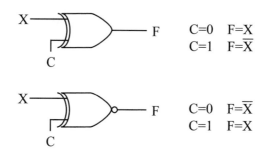

$$C=0 \quad F=X$$
$$C=1 \quad F=\overline{X}$$

$$C=0 \quad F=\overline{X}$$
$$C=1 \quad F=X$$

4. 真值／補數／−0/1 元件

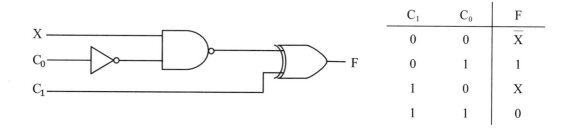

C_1	C_0	F
0	0	$\overline{X}$
0	1	1
1	0	X
1	1	0

二、布林函數的執行

任何一個布林函數皆可以用下列三種方式之一執行。

1. 使用開關（Switch）：如 CMOS 傳輸閘或相當電路等。

2. 使用 AND、OR 或 NOT 等基本閘的結合。

3. 使用 NAND 或 NOR 等通用閘來執行（下節介紹）。

將一個布林函數以基本邏輯閘執行時，只需將該函數中的運算子以對應的邏輯閘取代即可。

例 1：試以基本邏輯閘執行下列布林函數。

(A) $F_1(A, B, C) = \overline{A}B + BC + A\overline{C}$

(B) $F_2(A, B, C) = (A + B)(B + \overline{C})(\overline{A} + C)$

(C) $F_3(A, B, C) = [(A + B)' + AC]'$

(D) $F_4(A, B, C, D) = [(AB + C'D)' \cdot BC]'$

解 (A)

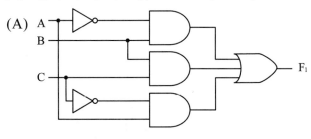

(B)

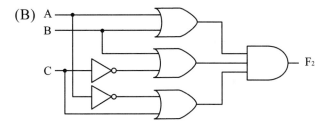

(C)

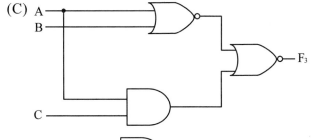

(D)

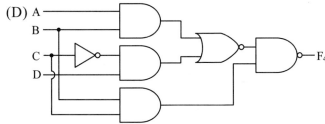

三、由邏輯電路求布林函數

由已知的邏輯電路求布林函數的步驟如下:

1. 從輸入端由左而右逐次寫出各個邏輯閘的輸出,一直到最後一級輸出。

2. 將最後一級的輸出利用布林代數的一般定理予以合併或分開,求得最

後的標準 SOP（或 POS）型式。

例 8：求出下圖之輸出布林函數。

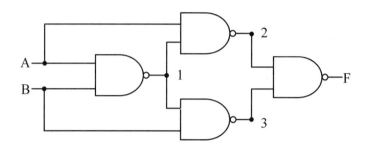

解　由 1 點得 $\overline{AB}$，由 2 點得 $\overline{A \cdot \overline{AB}}$

由 3 點得 $\overline{\overline{AB} \cdot B}$

$$\therefore F = \overline{\overline{A \cdot \overline{AB}} \cdot \overline{\overline{AB} \cdot B}}$$
$$= \overline{\overline{A \cdot \overline{AB}}} + \overline{\overline{\overline{AB} \cdot B}} \qquad （狄摩根定理）$$
$$= A \cdot \overline{AB} + \overline{AB} \cdot B$$
$$= A \cdot (\overline{A} + \overline{B}) + (\overline{A} + \overline{B}) \cdot B$$
$$= A\overline{B} + \overline{A}B = A \oplus B$$

例 9：列出下圖所示輸出函數的真值表。

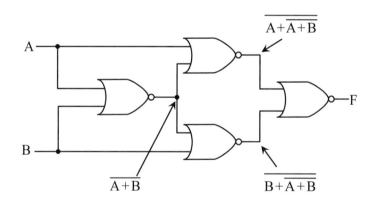

解　$F = \overline{\overline{\overline{A + \overline{A + \overline{B}}}} + \overline{\overline{B + \overline{A + \overline{B}}}}}$

$= (A + \overline{A + \overline{B}}) \cdot (B + \overline{A + \overline{B}})$

$= (A + \overline{A} \cdot \overline{\overline{B}}) \cdot (B + \overline{A} \cdot \overline{\overline{B}})$

$= [(A + \overline{A}) \cdot (A + \overline{B})] \cdot [(B + \overline{A}) \cdot (B + \overline{B})]$

$= (A + \overline{B}) \cdot (\overline{A} + B)$

$= \overline{A}\,\overline{B} + AB$

$= A \odot B$

其真值表如下：

A	B	F
0	0	1
0	1	0
1	0	0
1	1	1

例 10：下圖求 (1) 其輸出函數 f；(2) 最簡的積之和型式；(3) 最簡的和之積型式；
(4) 電路圖。

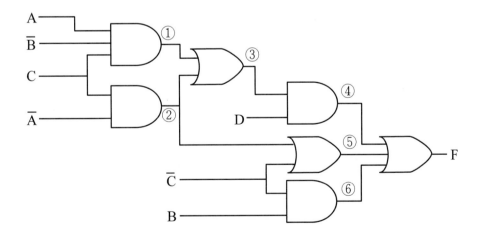

解　(1) f = 4 + 5 + 6　　　　　則 f = 4 + 5 + 6

4 = D · 3　　　　　　　　　　= D · 3 + $\overline{C}$ + 2 + B · $\overline{C}$

5 = $\overline{C}$ + 2　　　　　　　　　　= D · (1 + 2) + $\overline{C}$ + $\overline{A}$C + BC

6 = B · $\overline{C}$　　　　　　　　　　= D(A$\overline{B}$C + $\overline{A}$C) + $\overline{C}$ + $\overline{A}$C + B$\overline{C}$

3 = 1 + 2

2 = $\overline{A}$ · C

1 = A · $\overline{B}$ · C

(2) f = ($\overline{A}$ + $\overline{B}$ + $\overline{C}$)($\overline{A}$ + $\overline{C}$ + D)

(3) f = $\overline{A}$ + $\overline{C}$ + $\overline{B}$D

(4) 電路圖如下：

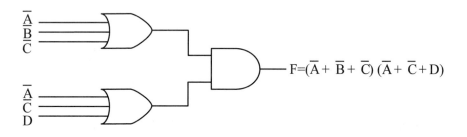

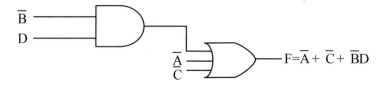

例 11：根據圖所示的邏輯電路圖，若 A = 1、B = 0、C = 1 時，則 (x, y) 之輸出應為：

(A) (0, 0)　(B) (0, 1)　(C) (1, 0)　(D) (1, 1)

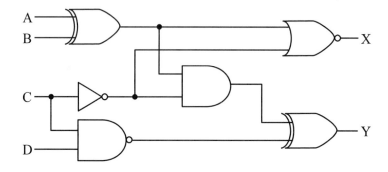

解 (B)

$X = \overline{(A \oplus B + \overline{C})} = \overline{(1 \oplus 0 + 1)} = 0$

$Y = ((A \oplus B)\overline{C} \odot \overline{CD})$

   $= (1 \oplus 0) \cdot 1 \odot \overline{0 \cdot 1}$

   $= (1 \cdot 1) \oplus 0 = 1$

例 12： 如下圖所示電路中，假設 G_2 或閘壞掉，而造成其輸出一直為 1。藉由
觀察 Z 輸出值，試問下列哪一組輸入訊號 (ABCD) 可以偵測此電路錯
誤的狀況？

(A) 0000　(B) 0011　(C) 1001　(D) 0111

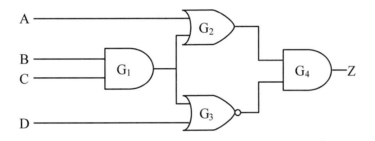

解 (A)

當 ABCD = 0000 時，G_1 輸出為 0，因 G_3 輸出為 1，而 G_2 輸出一直為 1，
造成 Z 的輸出為 1，產生錯誤，故可偵測出 G_2 故障。

當 ABCD = 0011 時，G_1 輸出為 0，且 G_3 輸出也為 0，所以 Z 的輸出為
0，不受 G_2 輸出的影響，故無法偵測出 G_2 之故障。

3-7　布林函數的化簡

布林函數的化簡方法，一般分成三種：

1. 布林函數的定理化簡法。
2. 卡諾圖化簡法。
3. 列表法（Quine-McCluskey Method）。

　　　　茲分別介紹如下：

3-7-1　　布林函數的定理化簡法

　　　　係依據布林代數的一般定理，直接對指定的函數進行化簡動作。其缺點是較無規則可循，有時需靠經驗才能化簡出較複雜的函數。

例 1：若 $x \cdot y = 0$，則 $x \oplus y = ?$

　[解]　$x \oplus y = \bar{x}y + x\bar{y} = \overline{\overline{\bar{x}\bar{y}} + \overline{xy}} = \overline{\bar{x}\,\bar{y}} = x + y$

例 2：下列布林函數何者錯誤？

(A) $xy + x\bar{y} = x$　　　　　　　　　　(B) $x(\bar{x} + \bar{y}) = x\bar{y}$

(C) $(x + \bar{y})(x + z) = x + \bar{y}z$　　　　(D) $(x + y)(x + \bar{y}) = xy$

　[解]　(D)

　　　　$(x + y)(x + \bar{y}) = x + xy + x\bar{y} + 0 = x$

例 3：如下圖，輸出 P 為何？

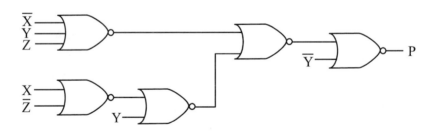

　[解]　$P = \overline{\overline{[\overline{(\bar{X}+Y+Z)} + \overline{(X\bar{Z} \cdot Y)}]} + \bar{Y}}$

　　　　$= (\overline{\bar{X}+Y+Z} + \overline{X\bar{Z} \cdot Y}) \cdot Y$

　　　　$= (\overline{\bar{X}+Y+Z} + X\bar{Z} + \bar{Y}) \cdot Y$

　　　　$= (X\bar{Y}\bar{Z} + X\bar{Z} + Y)Y$

　　　　$= XY\bar{Z}$

例 4：如下圖所示電路，其布林函式 F 為何？

    (A) $\overline{B}C + \overline{A}B + \overline{A}CD$ (B) $B\overline{C} + A\overline{B} + AC\overline{D}$

    (C) $B\overline{C} + AB + ACD$ (D) $\overline{B}C + \overline{A}B + AC\overline{D}$

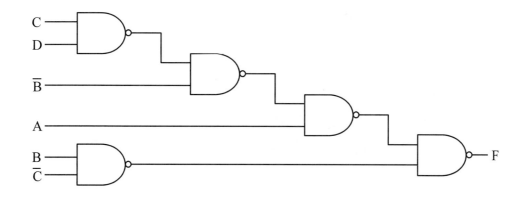

解   (C)

$$F = [\overline{\overline{(\overline{CD} \cdot \overline{B})} \cdot A}] \cdot \overline{(B\overline{C})} = (\overline{\overline{CD} \cdot \overline{B}} \cdot A) + (B\overline{C})$$

$$= (CD + B)A + B\overline{C} = B\overline{C} + AB + ACD$$

例 5：布林函數 $f(A, B, C) = (A \oplus (A \oplus B) \oplus C)$ 等效函數是下列何者？

    (A) C   (B) $B \oplus C$ (C) $A \oplus C$ (D) $A \oplus B \oplus C$

解   (B)

    ∵ $A \oplus (A \oplus B) = B$，∴ $f(A, B, C) = B \oplus C$

例 6：下列何者函數與布林函數 $f = \overline{A}B + C + AB\overline{C}D + B\overline{C}\,\overline{D}$ 不等效？

    (A) B + C   (B) $\overline{B}C + \overline{C}$ (C) $C + B\overline{C}$ (D) $B + \overline{B}C$

解   (B)

    $B + C = C + B\overline{C} = B + \overline{B}C$

    $\overline{A}B + C + AB\overline{C}D + B\overline{C}\,\overline{D} = \overline{A}B + C + B\overline{C}(AD + \overline{D})$

$$= \overline{A}B + C + B\overline{C}(A + \overline{D}) = \overline{A}B + C + AB\overline{C} + B\overline{C}\,\overline{D}$$

$$= B(\overline{A} + A\overline{C}) + C + B\overline{C}\,\overline{D} = B(\overline{A} + \overline{C}) + C + B\overline{C}\,\overline{D}$$

$$= \overline{A}B + (B\overline{C} + C) + B\overline{C}\,\overline{D} = \overline{A}B + B + C + B\overline{C}\,\overline{D}$$

$$= B + C$$

CHAPTER

3

3-7-2　卡諾圖化簡

（一）化簡原理

利用 $\overline{X}Y + XY = Y$ 之基本概念做化簡工作。

（二）化簡原則

1. 若兩項只差一個變數，稱此兩項相鄰。
2. 圖的上下列、左右行均視為相鄰，可以圈起來（合併）。
3. 每一項可重複使用，圈起的相鄰項愈多，可消去的變數愈多。圈起的項數必須是 2 的次方。
4. 圈起相鄰的 2^N 項時，可消去 N 個變數，N 為 1，2，…。
5. 若以 SOP 型式表示時，則合併卡諾圖中「1」的部分，並以最小的和項方式表示。
   若以 POS 型式表示時，則合併卡諾圖中「0」的部分，並以最小的積項方式表示。
6. 合併時，為求最簡型式，能合併多項時，不能只取其中一部分合併。

（三）二個變數到五個變數的卡諾圖

1. 二變數

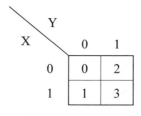

2. 三變數

X \ YZ	00	01	11	10
0	0	1	3	2
1	4	5	7	6

3. 四變數

WX \ YZ	00	01	11	10
00	0	1	3	2
01	4	5	7	6
11	12	13	15	14
10	8	9	11	10

4. 五變數

VW \ XYZ	000	001	011	010	100	101	111	110
00	0	1	3	2	4	5	7	6
01	8	9	11	10	12	13	15	14
11	24	25	27	26	28	29	31	30
10	16	17	19	18	20	21	23	22

⇒ 若布林函數有 K 個變數，則卡諾圖的方格數需 2^K 個。

表示方式：以補數來代表 0，以非補數來代表 1。例如四變數的卡諾圖，5 的位置為 $\overline{W}X\overline{Y}Z = 0101$。

（四）卡諾圖的缺點

變數愈多，卡諾圖愈大，愈難找出關係化簡。

例 1：布林函數 $F(A, B, C, D) = \overline{B}C\overline{D} + ABC + \overline{A}BC + AB\overline{C}D$，則 F 化簡後為：

(A) $\overline{C}\,\overline{D} + ABD$ (B) $C\overline{D} + ABD + BC$

(C) $C\overline{D} + AB\overline{C}D$ (D) $C + ABD$

解 (B)

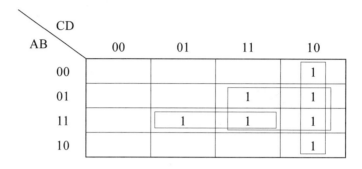

$\therefore F = BC + ABD + C\overline{D}$

例 2：求布林函數 $F(W, X, Y, Z) = \sum(2, 3, 5, 8, 9, 10, 11, 12, 13)$ 之最簡化式：

(A) $F = W\overline{Y} + \overline{X}Y + X\overline{Y}Z$

(B) $F = \overline{X}Y + W\overline{Y} + X\overline{Y}Z$

(C) $F = (X + \overline{Y})(W + Y + Z)(W + Y + Z)(\overline{W} + \overline{X} + Y)$

(D) $F = W\overline{X} + \overline{X}Y + W\overline{Y}\overline{Z} + XY\overline{Z}$

解 (B)

YZ WX	00	01	11	10
00			1	1
01		1		
11	1	1		
10	1	1	1	1

$\therefore F(W, X, Y, Z) = \overline{X}Y + W\overline{Y} + X\overline{Y}Z$

例 3： 簡化布林函數 $f(A, B, C, D) = \sum(1, 2, 4, 7, 8, 11, 13, 14)$ 可得：

(A) $(A \oplus B)(C \oplus D)$ (B) $(A + B) \oplus (C + D)$

(C) $(A \cdot B) + (C \cdot D)$ (D) $(A \oplus B) \oplus (C \oplus D)$

解 (D)

$$
\begin{aligned}
f(A, B, C, D) &= \overline{A}\,\overline{B}\,\overline{C}D + \overline{A}\,\overline{B}C\overline{D} + \overline{A}BC\,\overline{D} + \overline{A}BCD + A\overline{B}\,\overline{C}D + A\overline{B}CD \\
&\quad + AB\overline{C}D + ABC\overline{D} \\
&= \overline{A}\,\overline{B}(C \oplus D) + AB(C \oplus D) + \overline{A}B(C \odot D) + A\overline{B}(C \odot D) \\
&= (\overline{A}\,\overline{B} + AB)(C \oplus D) + (\overline{A}B + A\overline{B})(C \odot D) \\
&= (A \odot B)(C \oplus D) + (A \oplus B)(C \odot D) \\
&= \overline{(A \oplus B)}(C \oplus D) + (A \oplus B)(C \odot D) \\
&= (A \oplus B) \oplus (C \oplus D)
\end{aligned}
$$

例 4： 布林函數 $\overline{A}\,\overline{B}\,\overline{C}\,\overline{D} + \overline{A}\,\overline{B}\,\overline{C}D + \overline{A}\,\overline{B}C\overline{D} + \overline{A}\,\overline{B}CD + \overline{A}BC\overline{D} + A\overline{B}\,\overline{C}D + A\overline{B}CD$
可簡化為：

(A) $(\overline{A} + B)(\overline{C} + \overline{D})(\overline{B} + \overline{D})$ (B) $(\overline{A} + \overline{B})(\overline{C} + \overline{D})(\overline{B} + D)$

(C) $(\overline{A} + \overline{B})(\overline{C} + D)(\overline{B} + \overline{D})$ (D) $(\overline{A} + \overline{B})(C + D)(\overline{B} + D)$

解 (B)

AB＼CD	00	01	11	10
00	1	1	0	1
01	0	1	0	0
11	0	0	0	0
10	1	1	0	1

$F = (\overline{A} + \overline{B})(\overline{C} + \overline{D})(\overline{B} + D)$

例 5： 設邏輯函數 $NAND(A, B, C) = \overline{ABC}$，則

$NAND(NAND(NAND(A, B, B), A, \overline{C}), NAND(\overline{A}, C, C), \overline{B})$ 等於：

(A) $\overline{BC} + \overline{A}C$ (B) $\overline{A}B\overline{C} + AB$ (C) $A\overline{C} + \overline{B}C + AB$ (D) $A\overline{C} + \overline{A}C + B$

解　(D)

$NAND(A, B, B) = \overline{AB}$

$NAND(NAND(A, B, B), A, \overline{C}) = \overline{\overline{AB} \cdot A \cdot \overline{C}} = AB + \overline{A} + C$

$NAND(\overline{A}, C, C) = A + \overline{C}$

$\therefore NAND(NAND(NAND(A, B, B), A, \overline{C}), NAND(\overline{A}, C, C), \overline{B})$

$= NAND(AB + \overline{A} + C, A + \overline{C}, \overline{B})$

$= \overline{(AB + \overline{A} + C)(A + \overline{C})\overline{B}}$

$= \overline{(AB + AC + AB\overline{C} + \overline{A}\overline{C})\overline{B}}$

$= \overline{\overline{AB}C + \overline{A}\overline{B}\overline{C}} = \overline{(A \odot C)\overline{B}} = (A \oplus C) + B$

$= \overline{A}C + A\overline{C} + B$

例 6：布林函數 $\overline{A}B\overline{C} + BC\overline{D} + \overline{A}BCD + AB\overline{C}D$ 可簡化爲：

(A) $\overline{A} + \overline{B} + \overline{C}$ 　　　　　(B) $\overline{A}B + BD + C\overline{D}$

(C) $B\overline{D} + C\overline{D} + ABD$ 　　　(D) $\overline{A}B + B\overline{D}$

解　(D)

AB \ CD	00	01	11	10
00				
01	1	1	1	1
11	1			1
10				

$\therefore F = \overline{A}B + B\overline{D}$

例 7：Obtain the simplified output function in both sum of products and product of sums for the following logic diagram.

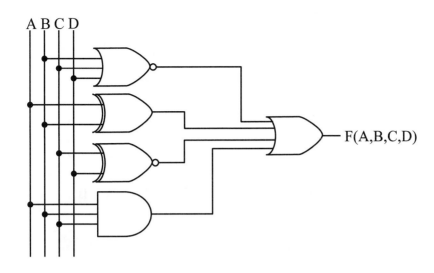

解 $F = (\overline{B + C + D}) + (A \oplus B) + (C \odot D) + (A \cdot B \cdot C)$

$= \overline{B} \cdot \overline{C} \cdot \overline{D} + \overline{A} \cdot B + A \cdot \overline{B} + \overline{C} \cdot \overline{D} + C \cdot D + A \cdot B \cdot C$

$= \sum m(0, 3, 4, 5, 6, 7, 8, 9, 10, 11, 12, 13, 14, 15)$

$= \pi M(1, 2, 13)$

(1) Sum of Product

　　利用卡諾圖化簡如下：

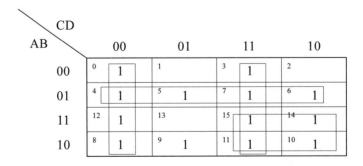

　　因此，$F = A\overline{B} + \overline{A}B + CD + \overline{C}\overline{D} + AC$

(2) Product of Sum

　　利用卡諾圖化簡如下：

CD \ AB	00	01	11	10
00	0	1　0	3	2　　0
01	4	5	7	6
11	12	13　0	15	14
10	8	9	11	10

因此，$F = (A + B + C + \overline{D}) \cdot (A + B + \overline{C} + D) \cdot (\overline{A} + \overline{B} + C + \overline{D})$

（五）加入隨意項（Don't Care）

所謂的「隨意項」即是一種不定狀態，對布林函數而言，是一種不可能發生的變數組合或對輸出結果沒有影響的項，其值可為 0 或 1，依實際使用而定。

具有隨意項的卡諾圖化簡步驟如下：

1. 將具隨意項的布林函數在卡諾圖所對應的方格中填入「×」。
2. 將其餘非隨意項的布林函數值填入卡諾圖對應的方格中（若是最小項則填「1」，最大項則填「0」）。
3. 選擇相鄰方格數最多的方格予以合併化簡，卡諾圖中的「×」可以不被選擇。

例 8：Simplify F together with is don't care condition d in (1) sum of product form (SOP) and (2) Product of sum form (POS).

$F(A, B, C, D) = \sum(0, 1, 2, 8, 9, 12, 13)$

$D(A, B, C, D) = \sum(10, 11, 14, 15)$

解　(1) Sum of Product Form

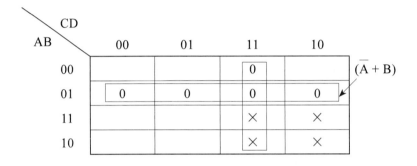

$$\therefore F(A, B, C, D) = A + \overline{B}\,\overline{C} + \overline{B}\,\overline{D}$$

(2) Product of Sum Form

AB \ CD	00	01	11	10	
00			0		$(\overline{A} + B)$
01	0	0	0	0	
11			×	×	
10			×	×	

$$\therefore F(A, B, C, D) = (\overline{A} + B)(\overline{C} + \overline{D})$$

例 9：A logic circuit implements the following boolean function:

$F = \overline{A}C + A\overline{C}D$

It is found that the circuit input combination $A = C = 1$ can never occur.

Find a simpler expression for F using the proper don't care conditions.

(A) $\overline{A} + \overline{C}D$ (B) $\overline{A}C + A\overline{C}$ (C) $\overline{A}C + A\overline{D}$ (D) $C + A\overline{D}$

(E) none of above

解 (D)

由題意 $F = \overline{A}C + A\overline{C}D$，且 $A = C = 1$ 為一隨意條件（Don't Care Condition）；因此，其真值表及卡諾圖可繪製如下：

A	C	D	F
0	0	0	0
0	0	1	0
0	1	0	1
0	1	1	1
1	0	0	1
1	0	1	0
1	1	0	×
1	1	1	×

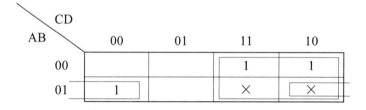

經卡諾圖化簡後可得 $F = C + A\overline{D}$

例 10：化簡布林函數 $F(A, B, C, D) = \sum m(1, 3, 8, 9, 10, 12) + \sum d(0, 11, 13, 14)$

可得：（m 代表 minterm，d 代表 don't care）

(A) $BD + AB$　(B) $BD + AC$　(C) $AD + BD$　(D) $AD + BD$

解　(C)

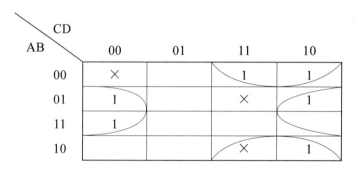

$F(A, B, C, D) = \overline{B}D + A\overline{D}$

（六）最簡函數與最簡式

1. 設兩個交換函數 $F(X_{n-1}, ..., X_1, X_0)$ 與 $G(X_{n-1}, ..., X_1, X_0)$，若當 G 的值為 1 時，F 的值也必然為 1，則稱 F 包含 G，記為 $F \supseteq G$。因此，當 F 包含 G 時，函數 F 在眞值表上值為 1 的每一組合下，函數 F 的值也必為 1。

   若函數 F 包含 G，同時函數 G 也包含 F，則函數 F 與 G 相等（F = G）。

例 13：設 G = WXY'，而 F = WX + YZ，則 G 為 F 的一個隱含項。

   證明：$F = WX + YZ$

   $\quad\quad = WX(Y + Y')YZ$

   $\quad\quad = WXY + WXY' + YZ$

   $\quad\quad = WXY + G + YZ$

   $\quad\therefore F \supseteq G，G 為 F 的一個隱含項。$

2. 設 G 為交換函數 $F(X_{n-1}, ..., X_1, X_0)$ 的乘積項，且 $F \supseteq G$，若當中的任何一個字母變數去掉後，F 不再包含 G，則 G 稱為 F 的質隱項（Prime Implicant）。

   例如：XY 為 $F(X, Y, Z) = X'Y + XY + YZ$ 的一個質隱項。

3. 卡諾圖上的隱含項與質隱項：

   (1) 在卡諾圖中，所有圈起來的格子群，均形成隱含項，即所有可合併的項的集合。

   (2) 在卡諾圖化簡中，可以形成最簡型式的項，即為質隱項。

   例如：

CHAPTER

3

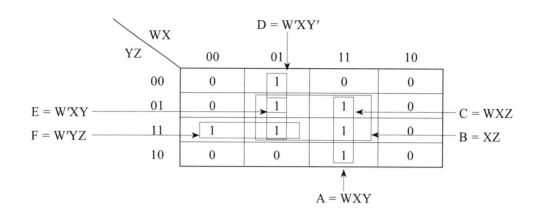

在上面的卡諾圖中：

$$
\begin{array}{cccccc}
\text{A} & \text{B} & \text{C} & \text{D} & \text{E} & \text{F}
\end{array}
$$

隱含項 = {WXY, XZ, WXZ, W′XY′, W′XZ′, W′YZ}

質隱項 = {WXY, XZ, W′XY′, W′YZ}　　　　　　　　　　（少了 C 與 E）
$$
\begin{array}{cccc}
\text{A} & \text{B} & \text{D} & \text{F}
\end{array}
$$

4. (1) 一個交換函數 F 的任何最簡的 SOP 表示式，均為一個 F 的質隱項的和。

　 (2) 任何一個 n 個交換變數的交換函數 $f(X_{n-1}, ..., X_1, X_0)$ 均可等效地表示為該函數的所有質隱項的和，此函數 F 之所有質隱項之和稱為 F 完全和（Complete Sum）。

5. 必要質隱項（Essential Prime Implicant）：

係指一個質隱項若其所包含的最小項中，至少有一個未被其他質隱項所包含時稱之。由於交換函數中的每一個最小項都必須包含於最簡式中，所以所有必要質隱項皆必須包含於最簡式中。

例 14：下列交換函數中，哪些是質隱項？哪些是必要質隱項？

　　(1) $F(W, X, Y, Z) = \sum(4, 5, 8, 12, 13, 14, 15)$

　　(2) $F(W, X, Y, Z) = \sum(1, 5, 9, 13, 14, 15)$

解　(1)

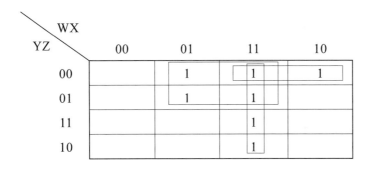

所有質隱項都為必要質隱項。

F = XY′ + WX + WY′Z′

(2)

WX
YZ

YZ＼WX	00	01	11	10
00				
01	1	1	1	1
11			1	
10			1	

所有質隱項 = {Y′Z, WXZ, WXY}

必要質隱項 = {Y′Z, WXY}

6. 循環質隱項圖（Cyclic Prime Implicant Map）：若每一最小項均被兩個
　質隱項包含，造成沒有必要質隱項，稱之。

例 16：F(X ,Y, Z) = Σ(0, 2, 3, 4, 5, 7)

　　　卡諾圖化簡後，可得兩個最簡式：

$$F(X, Y, Z) = X′Z′ + YZ + XY′$$
$$F(X, Y, Z) = Y′Z′ + YZ + X′Y$$

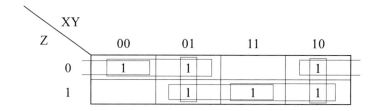

質隱項 = {X'Z', YZ, XY', Y'Z', XZ, X'Y}
沒有必要質隱項。

7. 由上述說明，要獲得一個交換函數的最簡 SOP 表示式，其程序如下：

(1) 決定所有必要質隱項，並且也含在最簡式中。

(2) 由質隱項中刪除所有被必要質隱項包含的質隱項。

(3) 若步驟 (1) 得到的結果能包含函數 F 的所有最小項，該結果即為最簡式，否則適當選取質隱項以使函數 F 能完全被包含，並且質隱項的數目為最少。

3-7-3　列表法化簡（Quine-McCluskey Method）

1. 適用範圍：函數中變數數目超過 4 個以上。

2. 優點：可產生一簡化的標準式，且對多變數，計算機可分享快速處理。

3. 列表法的簡化程序如下：

(1) 找出簡化函數中的質隱項。

(2) 從質隱項中再選出具有最少變數符號的表示式。

4. 簡化步驟如下：

(1) 將指定函數的全及項一一列出，並由所含「1」的個數來分組。

(2) 把每一全及項與其他全及項比較，若遇有兩個全及項僅差一個變數時，則消去該變數，形成一缺一變數的新項，以此循環，直到全部全及項比較完畢為止。

(3) 接著對新得的新項進行類似的比較，直到沒有變數可消除為止。

(4) 剩下的各項，以及在以上步驟不能合併的各項，就是列表法中第一部分要找的質隱項。

例 1：以列表法簡化下列布林函數

　　　$F = \sum(0, 1, 2, 8, 10, 11, 14, 15)$

解 (1) 依照全及項中所含「1」的數目分組

	W	X	Y	Z		
0	0	0	0	0	✓	
1	0	0	0	1	✓	
2	0	0	1	0	✓	全及項中含1個「1」
8	1	0	0	0	✓	
10	1	0	1	0	✓	全及項中含2個「1」
11	1	0	1	1	✓	全及項中含3個「1」
14	1	1	1	0	✓	
15	1	1	1	1	✓	全及項中含4個「1」

(2) 全及項兩兩比較，只要有一個變數相異，就可消去該變數，以「－」代表。

	W	X	Y	Z		
(0, 1)	0	0	0	－	←	質隱項
(0, 2)	0	0	－	0	✓	注意：只需比較各組之間
(0, 8)	－	0	0	0	✓	相差為 2^n（$n \geq 0$）
(2, 10)	－	0	1	0	✓	之數即可。
(8, 10)	1	0	－	0	✓	
(10, 11)	1	0	1	－	✓	
(10, 14)	1	－	1	0	✓	「✓」代表已合併
(11, 15)	1	－	1	1	✓	過的全及項，其不
(14, 15)	1	1	1	－	✓	為質隱項。

(3) 對所產生的新項，重複步驟 2。

	W	X	Y	Z	
(0, 2, 8, 10)	—	0	—	0	由步驟2.合併而得。
(0, 8, 2, 10)	—	0	—	0	← 質隱項
(10, 11, 14, 15)	1	—	1	—	兩項相同，只需寫一項
(10, 14, 11, 15)	1	—	1	—	即可。

(4) 未有「✓」處即爲質隱項，

$$\therefore W = \overline{w}\,\overline{x}\,\overline{y} + \overline{x}\,\overline{z} + wy \text{。}$$

例2：以列表法化簡布林函數 $f(w, x, y, z) = \sum(1, 4, 6, 7, 8, 9, 10, 11, 15)$。

解

	(1)		(2)		(3)
0001	1✓	1, 9(8)		8, 9, 10, 11(1, 2)
0100	4✓	4, 6(2)		8, 9, 10, 11(1, 2)
1000	8✓	8, 9(1)	✓	
		8, 10(2)	✓	
0110	6✓			
1001	9✓	6, 7(1)		
1010	10✓	9, 11(2)	✓	
		10, 11(1)	✓	
0111	7✓			
1011	11✓	7, 15(8)		
		11, 5(4)		
1111	15✓			

簡化後 $= \overline{x}\,\overline{y}z + \overline{w}x\overline{z} + \overline{w}xy + xyz + wyz + w\overline{x}$ ，
每一項均爲質隱項。

註：利用列表法所簡化的結果並非最簡型式，要得最簡表示式必須透過下列
　　的必要質隱項選擇。

5. 必要質隱項（Essential Prime Implicant）的選擇，步驟如下：
　(1) 將所有質隱項列表，每一個質隱各佔一列，每一個全及項佔一行。
　(2) 每列中放置有「×」者表示該質隱項所含的全及項。
　(3) 選擇最少的質隱項來包含該函數的全部全及項。
以上例為例，質隱項表如下：

		1	4	6	7	8	9	10	11	15
$\overline{x}\,\overline{y}z$	1, 9	⊗					×			
$\overline{w}x\overline{z}$	4, 6		⊗	×						
$\overline{w}xy$	6, 7			×	×					
xyz	7, 15				×					×
wyz	11, 15								×	×
$w\overline{x}$	8, 9, 10, 11					⊗	×	×	×	
		✓	✓	✓		✓	✓	✓	✓	

　(1) 檢查質隱項表中，僅含一個「×」的各行，所選出的質隱項稱為必
　　　要質隱項。$\overline{x}\,\overline{y}z, \overline{w}x\overline{z}$ 與 $w\overline{x}$ 為必要質隱項。
　(2) 再者，檢查函數各行，是否都已包含在必要質隱項中，若是，則打
　　　一「✓」。從表中得知：$\overline{x}\,\overline{y}z$ 包含全及項 1, 9，
　　　　　　　　　　　　　　$\overline{w}x\overline{z}$ 包含全及項 4, 6，
　　　　　　　　　　　　　　$w\overline{x}$ 包含全及項 8, 9, 10, 11。
　　　除 7 與 15 外，函數的所有全及項均包含在必要質隱項中，所以必須
　　　把 xyz(7, 15) 選入以得最簡函數
$$F = \overline{x}\,\overline{y}z + \overline{w}x\overline{z} + w\overline{x} + xyz$$

例 3：試求下列交換函數之最簡表示式
　　　$f(w, x, y, z) = \sum(2, 6, 7, 8, 13) + \sum d(0, 5, 9, 12, 15)$

解 由於求質隱項時，必須把 Don't Care 項考慮進去，所以相當於求下列
函數之質隱項。

$f(w, x, y, z) = \sum(0, 2, 5, 6, 7, 8, 9, 12, 13, 15)$

(1)

	W	X	Y	Z	
0	0	0	0	0	✓
2	0	0	1	0	✓
8	1	0	0	0	✓
5	0	1	0	1	✓
6	0	1	1	0	✓
9	1	0	0	1	✓
12	1	1	0	0	✓
7	0	1	1	1	✓
13	1	1	0	1	✓
15	1	1	1	1	✓

(2)

	W	X	Y	Z		
(0, 2)	0	0	−	0		$\overline{w}\,\overline{x}\,\overline{z}(F)$
(0, 8)	−	0	0	0		$\overline{x}\,\overline{y}\,\overline{z}(E)$
(2, 6)	0	−	1	0		$\overline{w}\,y\,\overline{z}(D)$
(8, 9)	1	0	0	−	✓	
(8, 12)	1	−	0	0	✓	
(5, 7)	0	1	−	1	✓	
(5, 13)	−	1	0	1	✓	
(6, 7)	0	1	1	−		$\overline{w}\,x\,y(C)$
(9, 13)	1	−	0	1	✓	
(12, 13)	1	1	0	−	✓	
(7, 15)	−	1	1	1	✓	
(13, 15)	1	1	−	1	✓	

(3)

	W	X	Y	Z	
(8, 9, 12, 13)	1	—	0	—	$w\bar{y}$(B)
(5, 7, 13, 15)	—	1	—	0	xz(A)

(4) 函數 f 的質隱項表如下：

		2	6	7	8	13
(A)	xz			×		×
(B)	$w\bar{y}$				×	×
(C)	$\bar{w}xy$		×	×		
(D)	$\bar{w}\bar{y}\bar{z}$	×	×			
(E)	$\bar{x}y\bar{z}$				×	
(F)	$\bar{w}\bar{x}z$	×				

由於每一最小項均包含於兩個質隱項中，所以沒有必要質隱項。

∵最小項 7, 8, 13 只有 A, B, E 可以包含它們，但 E 較 B 複雜，故只取 A 與 B。其次最小項 2, 6 都可以由 D 包含，故函數 f 的最簡式為：

$$f(w, x, y, z) = A + B + D = xz + w\bar{y} + \bar{w}\bar{y}\bar{z}$$

3-8 以SSI來設計組合邏輯電路

一、以雙層邏輯電路來設計邏輯電路

雙層的邏輯電路設計是最簡單的設計方式，其基本形式有兩種，即 AND-OR（SOP 表示方式）與 OR-AND（POS 表示方式）。除了這兩種外，一般也常使用 NAND 與 NOR 兩個邏輯閘來設計組合電路，利用這四種邏輯閘的組合，雙層邏輯電路便有下列十六種不同的架構，如表 3-2 所示，表中有八種退化成單一運算的組合，不能執行任何交換函數，未退化的八種組合，依其性質可分

成如表 3-3 的兩組。

表 3-2　雙層邏輯電路

組合方式	執行的交換函數	是否退化
AND-AND	AND	是
AND-OR	AND-OR	否
AND-NAND	NAND	是
AND-NOR	AND-OR-NOT	否
OR-AND	OR-AND	否
OR-OR	OR	是
OR-NAND	OR-AND-NOT	否
OR-NOR	NOR	是
NAND-AND	AND-OR-NOT	否
NAND-OR	OR	是
NAND-NAND	AND-OR	否
NANDP-NOR	AND	是
NOR-AND	AND	是
NOR-OR	OR-AND-NOT	否
NOR-NAND	OR	是
NOR-NOR	OR-AND	否

表 3-3　未退化之雙層邏輯電路之對偶關係

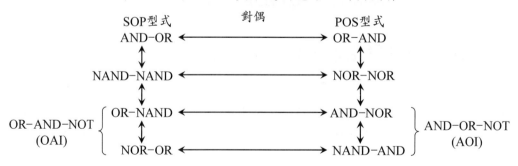

在上表中，SOP 型式的一組相當於 AND-OR 組，而 POS 型式的一組相當於 OR-AND 組。同一組中，四種不同型式的轉換很容易，但是在不同組間的轉換就需採對偶關係，才能轉換。

例 1：將下列交換函數的最簡式表示成雙層邏輯電路的八種型式。

$$F(A, B, C, D) = \sum(3, 4, 5, 8, 9, 10, 11, 12, 13, 14, 15)$$

解 利用卡諾圖化簡得函數 F 之最簡 SOP 表示式為：

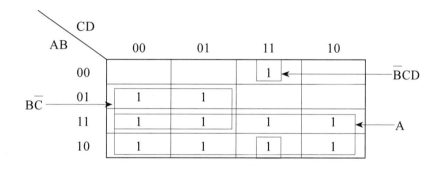

$F = A + B\overline{C} + \overline{B}CD$ （AND-OR 型式）

$= \overline{\overline{A}\,\overline{(B\overline{C})}\,\overline{(\overline{B}CD)}}$ （NAND-NAND 型式）

$= \overline{\overline{A}(\overline{B}+C)(B+\overline{C}+\overline{D})}$ （OR-NAND 型式）

$= \overline{\overline{A}} + \overline{(\overline{B}+C)} + \overline{(B+\overline{C}+\overline{D})}$ （NOR-OR 型式）

(1) AND-OR

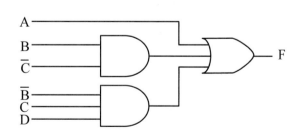

(2) AND-NAND

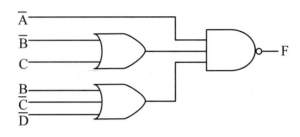

(3) OR-NAND

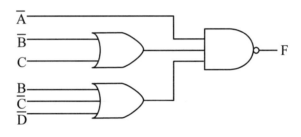

(4) NOR-OR

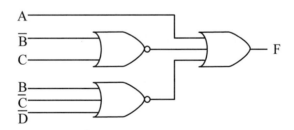

函數 F 之最簡型式之 POS 表示如下：

CD AB	00	01	11	10
00	0	0		0
01			0	0
11				
10				

$F = (A + B + C)(A + B' + C')(A + C' + D)$ （OR-AND 型式）

$= [(A + B + C)' + (A + B' + C')' + (A + C' + D)']'$ （NOR-NOR 型式）

$= [A'B'C' + A'BC + A'CD']'$ （AND-NOR 型式）

$= (A'B'C')'(A'BC)'(A'CD')'$ （NAND-AND 型式）

(5) OR-AND

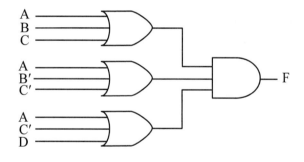

(6) NOR-NOR

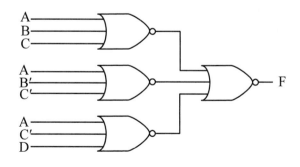

(7) AND-NOR

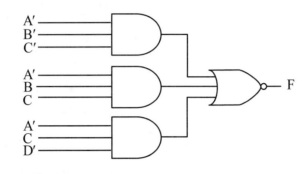

(8) NAND-AND

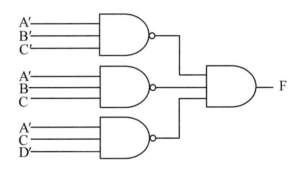

二、NAND-NAND雙層電路

在前述的七種邏輯閘中，NAND 與 NOR 為通用邏輯電路，為了減低邏輯閘的成本，常將 NAND-OR 電路轉換為只由 NAND 或 NOR 所組成的電路。一般而言，最簡 SOP 表示式為：

$$f(X_{n-1}, \cdots, X_0) = \underbrace{I_1 + I_2 + \cdots + I_m}_{m\ 個變數} + \underbrace{P_1 + P_2 + \cdots + P_K}_{K\ 個乘積項} \qquad （AND\text{-}OR\ 電路）$$

依 DeMorgan 定理，上式可表示為：

$$f(X_{n-1}, \cdots, X_0) = (I'_1 I'_2 \cdots I'_m P'_1 P'_2 \cdots P'_K)' \qquad （\text{NAND-NAND 電路}）$$

例 2：試以兩層的 NAND 閘執行下列交換函數成最簡型式。

$F(A, B, C, D) = \sum(0, 1, 2, 3, 7, 8, 9, 10, 11, 12)$

解 (1) 以卡諾圖化簡：

CD AB	00	01	11	10
00	1	1	1	1
01			1	
11	1			
10	1	1	1	1

$$F = B' + A'CD + AC'D'$$

(2) AND-OR 電路：

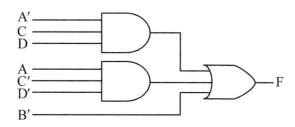

(3) $F(A, B, C, D) = B' + A'CD + AC'D'$

$$= [(B')(A'CD)'(AC'D)']'$$

∴ NAND-NAND 電路如下：

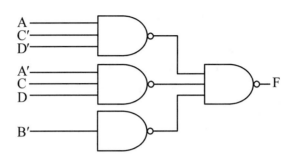

三、NOR-NOR雙層電路

NOR-NOR 雙層電路通常用來表示最簡的 POS 型式，其轉換方式如下：

$$F(X_{n-1}, \cdots, X_0) = \underbrace{(I_1 I_2 \cdots I_m)}_{m \text{ 個變數}} + \underbrace{(S_1 S_2 \cdots S_K)}_{K \text{ 個和項}} \qquad （OR\text{-}AND \text{ 電路}）$$

依 DeMorgan 定理，上式可表示成：

$$F(X_{n-1}, \cdots, X_0) = (I'_1 + I'_2 + \cdots + I'_m + S'_1 + \cdots + S'_K)' \qquad （NOR\text{-}NOR \text{ 電路}）$$

例 3：試以雙層 NOR 閘執行下列交換函數成最簡型式。

　　$F(A, B, C, D) = \pi(0, 1, 4, 5, 7, 8, 9, 10, 11, 15)$

解　(1) 以卡諾圖化簡：

CD＼AB	00	01	11	10
00	0	0		
01	0	0	0	
11			0	
10	0	0	0	0

$$F(A, B, C, D) = (A + C)(A' + B)(B' + C' + D')$$

(2) OR-AND 電路：

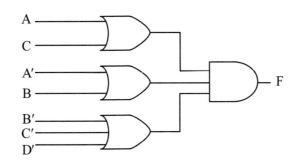

(3) NOR-NOR 電路：

$$F(A, B, C, D) = (A + C)(A' + B)(B' + C' + D')$$
$$= [(A + C)' + (A' + B)' + (B' + C' + D')]'$$

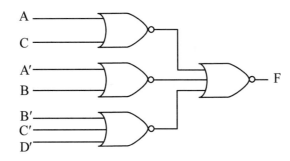

3-9　通用閘與多層邏輯電路

　　NAND 與 NOR 閘又稱為通用閘，因為它們可以取代其他任何一種的邏輯閘，取代的方式如下：

一、NAND

1. NAND → NOT

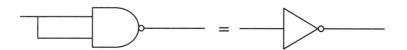

2. NAND → AND

3. NAND → OR

4. NAND → NOR

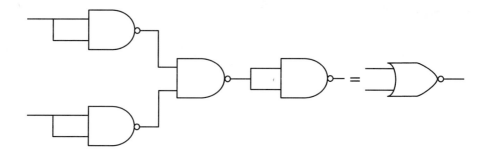

5. NAND → XOR

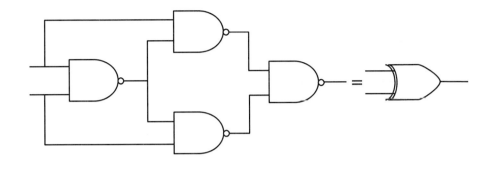

或

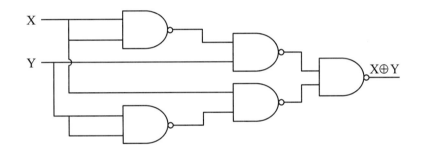

6. NAND → XNOR

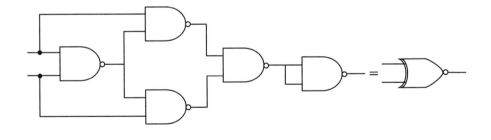

CHAPTER

3

二、NOR閘

1. NOR → NOT

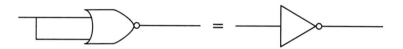

2. NOR → AND

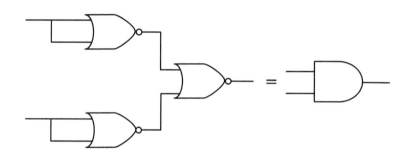

3. NOR → NAND

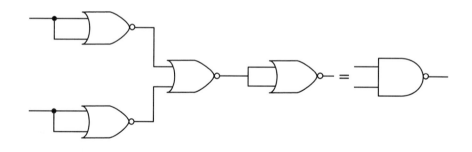

4. NOR → OR

5. NOR → XOR

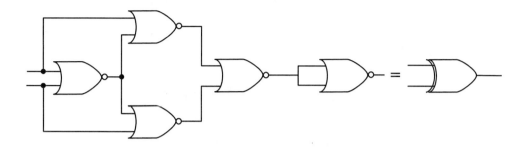

6. NOR → XNOR

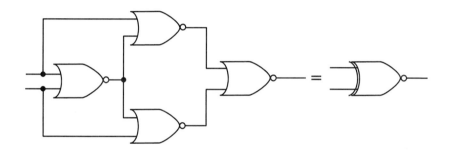

在邏輯電路中，以同一種邏輯閘來設計線路有以下的好處：

1. **節省成本**：目前大部分的邏輯 IC 中都包含一組以上的邏輯閘，充分利用 IC 中的每一組邏輯閘不僅可以減少 IC 使用的種類及數量，硬體成本也可以降低。

2. **縮小體積**：所使用的 IC 數量減少，硬體自然簡單的多了。

3. **提升速度**：減少邏輯閘之間的延遲時間，速度可以大大提升。

例 1：使用 NAND 閘來畫出下列之布林函數：

(1) $F(X, Y, Z) = (X + Z)(\overline{Y} + Z)$

(2) $F(W, X, Y, Z) = X\overline{Y} + WX + WYZ$

解　(1) 解題步驟如下：

①先畫出原函數的邏輯圖。

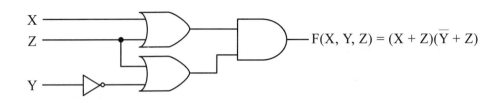

②對非 NAND 閘做修改（補入偶數個反相器）。

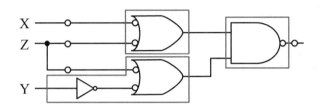

其中：「○」代表反相器

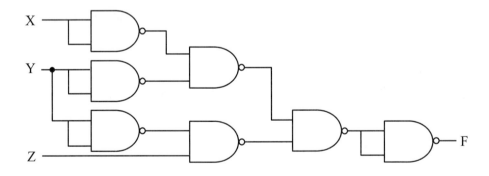

③將相對的邏輯閘轉成 NAND 閘。

(2) 解題步驟如下：

①畫出原函數的邏輯圖。

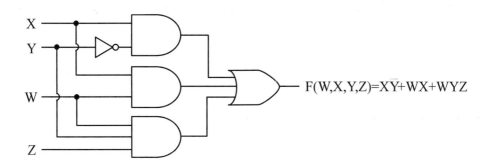

②對非 NAND 的邏輯閘輸入輸出補入反向器。

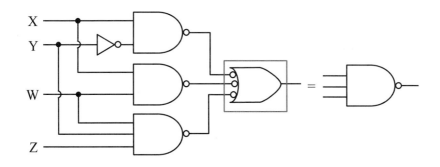

③將相對邏輯閘轉成 NAND 閘。

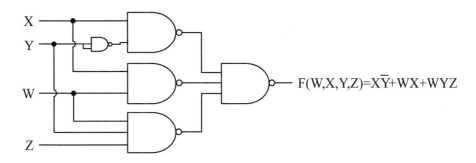

例 2：只使用 NOR 閘畫出下列的交換函數：

    (1) $F(X, Y, Z) = (\overline{X} + Y)(Y + Z)$

    (2) $F(W, X, Y, Z) = (WX + \overline{W}\,\overline{Y})(X\overline{Z} + \overline{X}Z)$

解   (1) ①

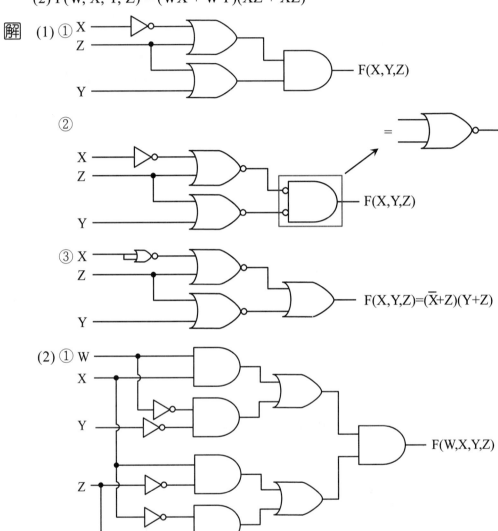

      ③ $F(X,Y,Z)=(\overline{X}+Z)(Y+Z)$

    (2) ① $F(W,X,Y,Z)$

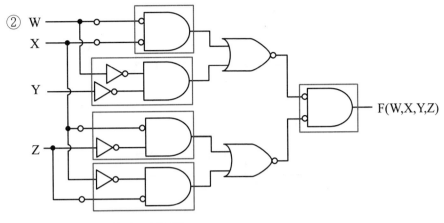

其中：「○」代表反相器

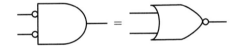

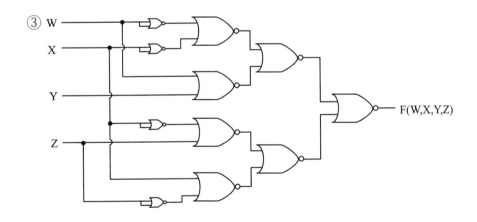

例 3：如下圖所示電路，假設輸入序列 X_1X_2 為 00, 10, 11, 01, 11，則其最後輸出之 Y_1Y_2 為何？   (A) 00   (B) 01   (C) 10   (D) 11

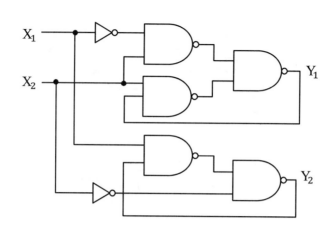

解　(D)

	$X_1 X_2$		$Y_1 Y_2$
①	0 0	→	0 0
②	1 0	→	0 0
③	1 1	→	0 1
④	0 1	→	1 1
⑤	1 1	→	1 1

例 4：如圖所示電路其布林函式（Boolean Function）F 為何？

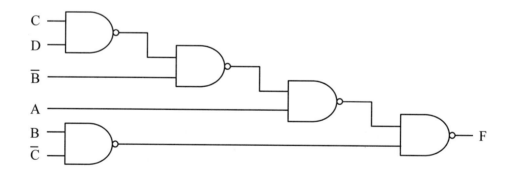

(A) $\overline{B}C + \overline{A}B + \overline{A}CD$ 　　　(B) $BC + AB + ACD$

(C) $B\overline{C} + AB + ACD$ 　　　(D) $\overline{B}C + \overline{A}B + A\overline{C}\,\overline{D}$

解　(C)

上圖可等效於下圖

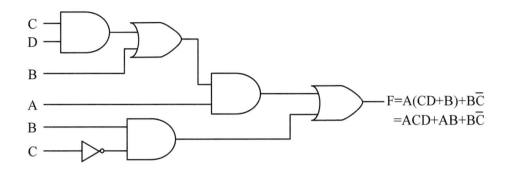

$$F=A(CD+B)+B\overline{C}$$
$$=ACD+AB+B\overline{C}$$

3-10 習題

1. 分別求出下列布林函數之對偶函數（F^D）與逆轉換（F'）。

   (1) $F = WX(YZ + \overline{Y}Z) + WX(Y + Z)(Y + \overline{Z})$

   (2) $F = (AB + C)(DE + 1) + G(H + 0) + W$

2. 證明下列各式：

   (1) $(X \oplus Y \oplus Z)' = X \oplus Y \odot Z$

   (2) $(X \odot Y \odot Z)' = X \odot Y \oplus Z$

3. 下列運算子集合，是否為函數完全運算集合：

   (1) $\{f, 0\}$，而 $f(x, y) = x' + y$

   (2) $\{f, 1\}$，而 $f(x, y, z) = x'y' + x'z' + y'z'$

4. 證明下列兩個運算子集合為函數完全運算集合。

   (1) $\{XOR, OR, 1\}$

   (2) $\{XNOR, OR, 0\}$

5. 試求下列各布林函數的標準 SOP 型式與 POS 型式。

   (1) $F(W, X, Y, Z) = Z(W' + X) + XZ'$

   (2) $F(W, X, Y, Z) = W'X'Z + Y'Z + WXZ' + WX'Y$

   (3) $F(X, Y, Z) = (Y + XZ)(X + YZ)$

(4) $F(X, Y, Z) = X + Y'Z$

6. 試以基本的 AND、OR、NOT 等邏輯閘畫出下列各函數的邏輯電路。

(1) $F(X, Y, Z) = XY' + XY + Y'Z$

(2) $F(W, X, Y, Z) = XY + Y(WZ' + WZ)$

(3) $F(W, X, Y, Z) = W'X + X(Y + Z'W)$

7. 試只使用 XOR 閘畫下列布林函數之邏輯電路。

$F(X, Y, Z) = XYZ' + X'Y'Z' + XY'Z + X'YZ$

8. 在下列邏輯電路中，寫出 f(W, X, Y, Z) 的布林函式，分別表示成標準 SOP 與 POS 型式。

(1)

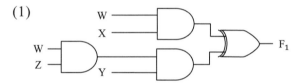

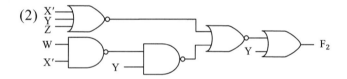

9. 下圖中，要產生 W = 1 所需的輸入條件為何？

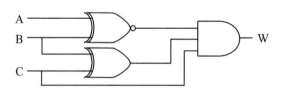

10. 如下圖所示，寫出輸出 W 為何？

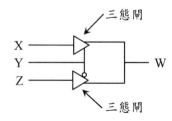

說明：

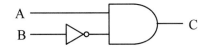

C	A	F	
1	×	×	（高阻抗）
0	0	0	
0	1	1	

11. 如下圖所示，若 AND 的延遲時間為 30ns，NOT 閘之延遲時間為 20ns，在時間 t = 20ns 時，A 由 Low 變 Hi，而 B 在 t = 60ns，由 Low 變 Hi，假設 A 在 t = 20ns 之前及 B 在 t = 60ns 之前均為 Low，試問 C 為 High 的時間為何？

12. 下述三個布林函數，試繪出其邏輯圖。

(1) $F(A, B) = AB + \overline{A}\,\overline{B}$

(2) $F(A, B) = A + \overline{A}B + \overline{A}\,\overline{B}$

(3) $F(A, B, C) = (A + C)(\overline{B}\,\overline{C} + \overline{A}\,C)$

13. 試以 NAND 閘及 NOR 閘畫出下列布林函數之邏輯電路。

(1) $F(X, Y, Z) = (X + Z)(Y' + Z)$

(2) $F(W, X, Y, Z) = XY' + WX + WYZ$

14. 試以下列各指定的方式執行下列交換函數。

$F(X, Y, Z) = X'Y + X'Z + XY'Z'$

(1) 使用 AND、OR、NOT 閘，但每一個 AND 或 OR 閘均只有兩個輸入。

(2) 只使用兩個輸入的 NAND 閘。

(3) 只使用兩個輸入的 NOR 閘。

15. 對於下列每一個邏輯電路,先求出輸出函數後,設計一個具有相同的輸出函數的較簡單之電路。

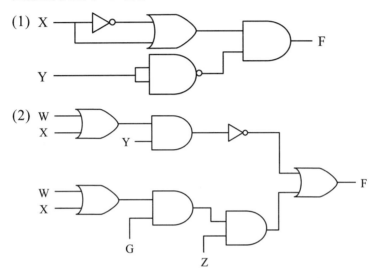

16. 使用卡諾圖,求出下列兩個交換函數 F 與 G 的和函數 (F + G) 與積函數 (F · G)。

$F(W, X, Y, Z) = WXY' + Y'Z + X'YZ' + W'YZ'$

$G(W, X, Y, Z) = (W' + Y + Z')(X' + Y' + Z)(W + X + Y' + Z')$

17. 使用卡諾圖化簡下列交換函數,並指出所有質隱項與必要質隱項,然後求出各函數的所有最簡 SOP 表示式。

(1) $F(W, X, Y) = \sum(0, 2, 4, 5, 6)$

(2) $F(W, X, Y, Z) = \sum(1, 3, 4, 5, 7, 8, 9, 11, 15)$

18. 使用卡諾圖化簡下列交換函數成最簡 SOP 表示式。

(1) $F(W, X, Y, Z) = \sum(1, 4, 5, 6, 13, 14, 15) + \sum d(8, 9)$

(2) $F(W, X, Y, Z) = \sum(0, 3, 6, 9) + \sum d(10, 11, 12, 13, 14, 15)$

19. 使用卡諾圖化簡下列交換函數成最簡 POS 表示式。

(1) $F(W, X, Y, Z) = \sum(1, 5, 6, 12, 13, 14) + \pi d(2, 4)$

(2) $F(W, X, Y, Z) = \sum(0, 1, 4, 7, 13) + \pi d(5, 8, 14, 15)$

20. 使用列表法求出下列交換函數的所有質隱項與必要質隱項。

(1) $F(W, X, Y, Z) = \sum(1, 5, 7, 9, 1l, 12, 14, 15)$

(2) $F(W, X, Y, Z) = \sum(0, 1, 3, 5, 7, 8, 10, 14, 15)$

21. 利用列表法求出下列交換函數的最簡 SOP 表示式。

$F(W, X, Y, Z) = \sum(1, 4, 5, 7, 13) + \sum d(3, 6)$

CHAPTER 4

數位積體電路
（Digital Integrated Circuit）

　　由於積體電路製程之進步，使得使用積體電路的數位系統尺寸大幅的縮小，且裝置與裝置間的外部連接數大為降低，增加了系統可靠度，以目前的製程技術，接線大多做在 IC 內部，如此可避免電路板的焊接不良、斷線或短路等問題。由於積體電路的大量生產，使得成本大為降低，相對地，在應用層面上也就會越普及，數位系統也更顯出其重要性。

　　由於積體電路的廣泛使用，所以對各邏輯電路族特性必須加以了解。表4-1 為積體電路族的分類，RTL 與 DTL 已甚少使用，DTL 也被 TTL 取代，然而討論 DTL 邏輯將比較容易了解 TTL 的作用，本章將分析與設計一些包含積體電路族組合而成的數位電路。

表 4-1 　積體電路族的分類

極型	飽和型	RTL族	DCTL（直接耦合電晶體邏輯）
			RTL（電阻—電晶體邏輯）
			RCTL（電阻—電容—電晶體邏輯）
		DTL族	DTL（二極體—電晶體邏輯）
			HTL（高臨限邏輯）
			TTL-TTL（電晶體—電晶體邏輯）
	非飽和型	ECL（射極耦合邏輯）	
		CTL（互補電晶體邏輯）	
單極型	MOS（金屬氧化物半導體邏輯）		
	CMOS（互補式MOS）		

4-1　積體電路的簡介

　　積體電路（Integrated Circuit, IC）是將整個電路整合在一塊晶片上，其包含所有的電晶體、二極體、電阻、電容等基本元件。由於具有體積小、可靠度高、成本低與功率消耗小等優點，所以目前的數位系統設計幾乎都是使用積體電路來實現。

　　積體電路的包裝依其在印刷電路板（PC Board）上的安裝方式可分為穿孔型安裝與表面型安裝兩大類。所謂穿孔型包裝的接腳是插入印刷電路板，並焊接在電路板的另一面上，最常見的是雙排型包裝（Dual-in-line Package, DIP），如圖 4-1(a) 所示。而表面安裝技術（Surface-Mount Technique, SMT）是一種不需在印刷電路板上通孔的新型安裝技術，元件接腳都是直接焊接在電路板的一個面上，另一面則可以用於別的電路，如圖 4-1(b) 所示。在接腳數目相同的情形下，SMT 因其接腳排列較緊密，所以包裝較 DIP 小很多。

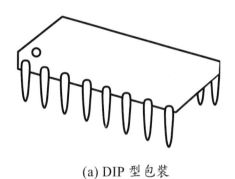

(a) DIP 型包裝　　　　　　　(b) SMT 型包裝

圖 4-1　包裝類型

　　SMT 包裝中又可區分為 SOIC（小型包裝 IC）、PLCC（塑封晶片載體包裝）、LCCC（無接腳陶瓷晶片載體）和平面式包裝等幾種，包裝的大小隨接腳數目而不同，IC 的包裝都有標準的接腳編號方式，如圖 4-2(a) 所示為 DIP 型包裝及 SOIC 包裝的接腳編號方法。包裝的頂部有一個識別記號指出 1 號接腳的位置，此識別記號可以是一個小點、一個凹口或是一個斜切邊。當凹口朝上時，1 號接腳位於左上端，從接腳 1 開始，包裝左邊接腳序號從上到下依序增大，在包裝的右邊從下到上依序增大，序號最大的接腳位於凹口的右邊。並於

PLCC 與 LCCC 包裝分別四面都有接腳，如圖 4-2(b) 所示，1 號接腳位於標有小號或其他記號的一組接腳中央，若從包裝上面往下俯看，其接腳序號將隨逆時針方向遞增。

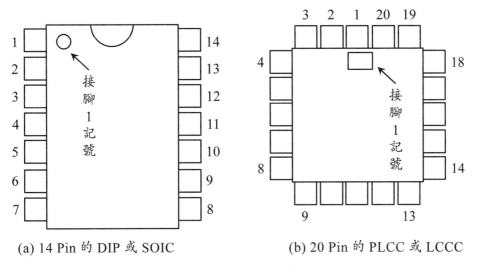

(a) 14 Pin 的 DIP 或 SOIC　　　　(b) 20 Pin 的 PLCC 或 LCCC

圖 4-2　IC 包裝編號圖

目前常用的邏輯電路實作（Implement）方法可有兩種：

一、依數位IC的包裝密度來分

可分成：

1. 小型積體電路（Small-Scale Integrated Circuit, SSI）

每一晶片或包裝中含有 10 個以下的電子元件（或邏輯閘數）。這類的晶片一般為 AND、OR、NOT、NAND、NOR 與 XNOR 等基本邏輯閘電路，係由 CMOS、ECL 或 TTL 等製造而成的。

2. 中型積體電路（Medium-Scale Integrated Circuit, MSI）

每一晶片中或包裝含有 10～100 個電子元件（或邏輯閘數），典型的 MSI 晶片有加法器、多工器與計數器等，製造技術同為 CMOS、ECL 或 TTL。

3. 大型積體電路（Large-Scale Integrated Circuit, LSI）

　　每一晶片中包含有數百個～千個邏輯閘數或電子元件。典型的 LSI 晶片如記憶體（Memory）、微處理器與週邊設備等，其製造技術為 NMOS 與 TTL。

4. 超大型積體電路（Very Large-Scale Integrated Circuit, VLSI）

　　每個晶片中含有數千個以上的邏輯閘或電子元件。典型的 VLSI 晶片如微算機、大的計算機組件等，其製造技術有 CMOS、NMOS、ISL 與 STL 等。

二、以IC晶片的規格定義來分

　　可分為下列兩種：

1. 標準規格的 IC（Standard Specific IC）：例如 74 系統中的 SSI 或 MSI 等。
2. 應用規格的 IC（Application Specific IC, ASIC），ASIC 是 LSI 或 VLSI 元件，其產生的方式如下圖所示：

圖 4-3　應用規格 IC（ASIC）的產生方式

　　在設計一個數位系統時，其原則是盡量使用功能較強的 IC，以減少 IC 使用的數目，並進而減少外接線數目，降低成本，增加可靠度。

4-2　IC的基本工作特性與參數

　　學習 IC 的使用，除了要了解其邏輯功能外，也需要了解其工作特性與參數，本節將說明這些參數的實際應用情況。

一、直流電源電壓

TTL 和 CMOS 元件的直流電源電壓額定值為 +5V，此電壓接 IC 包裝的 V_{CC} 或 V_{DD} 接腳，地線 Gnd 接腳，包裝內的所有元件都是使用此電壓與地線。

二、邏輯準位

圖 4-4 為 TTL 輸入與輸出的邏輯準位，就 TTL 電路而言，輸入電壓為 0V～0.8V 表示低準位（邏輯 0），2V～V_{CC}（通常為 5V）表示高準位（邏輯 1）。當輸入電壓在 0.8V～2V 時，電路的性能為不定狀態。TTL 的輸出電壓範圍由圖 4-4(b) 可知最小高準位輸出電壓 $V_{OH(min)}$ 比最小高準位輸入電壓 $V_{IH(min)}$ 大，而最大低準位輸出電壓 $V_{OL(max)}$ 比最大低準位輸入電壓 $V_{IL(max)}$ 小，圖 4-5 為高速 CMOS 的輸入與輸出邏輯準位，其中 $V_{DD} = 5V$。

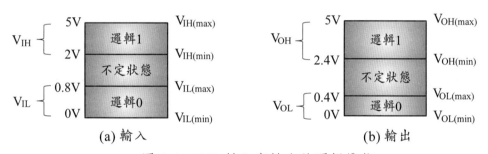

圖 4-4　TTL 輸入與輸出的邏輯準位

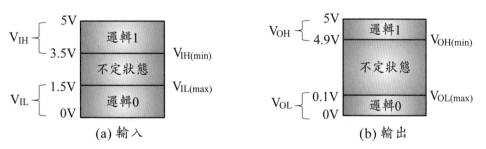

圖 4-5　CMOS 輸入與輸出的邏輯準位

在圖 4-4 與圖 4-5 中，其邏輯準位的術語定義如下：

1. $V_{IH(min)}$（最小高準位輸入電壓）：輸入必須為邏輯 1 的電壓電位，任何

低於此電位的電壓將不被視為高電位。

2. $V_{IL(max)}$（最大低準位輸入電壓）：輸入必須為邏輯 0 的電壓電位，任何高於此電位的電壓將不被視為低電位。

3. $V_{OH(min)}$（最小高準位輸出電壓）：邏輯電路在邏輯 1 狀態時的輸出電壓電位。

4. $V_{OL(max)}$（最大低準位輸出電壓）：邏輯電路在邏輯 0 狀態時的輸出電壓電位。

5. I_{IH}（高電位輸入電流）：在指定的高電位電壓加至輸入端時，流進輸入端的電流。

6. I_{IL}（低電位輸入電流）：在指定的低電位電壓加至輸入端時，流進輸入端的電流。

7. I_{OH}（高電位輸出電流）：在指定負載的情形下，輸出在邏輯狀態 1 時流出的電流。

8. I_{OL}（低電位輸出電流）：在指定負載的情形下，輸出在邏輯狀態 0 時的流出電流。

在邏輯電路的設計上，每一邏輯電路對於這些參數都有限制，如此才能使電路正常工作，圖 4-6 所示即為輸出與輸入在兩邏輯狀態下的電流和電壓。

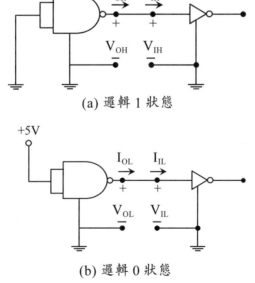

(a) 邏輯 1 狀態

(b) 邏輯 0 狀態

圖 4-6　兩邏輯狀態下的電流與電壓

三、雜訊容忍度

在邏輯電路的實作上，常會因靜電或磁場的干擾，在邏輯電路的接線上感應出電壓，此種不屬於原電路的假訊號即爲雜訊（Noise），其對電路的正常工作會有所損害。例如使輸入電壓下降至 $V_{IH(min)}$ 之下或上升至 $V_{IL(max)}$ 之上，進而造成電路不正常的動作。

爲了消除雜訊對電路的不利影響，邏輯電路必須具備一定程度的雜訊隔絕能力，亦即抵抗輸入端一定數量的雜訊電壓干擾，保持輸出狀態不改變。例如在高準位狀態下，若雜訊使得 TTL 輸入電壓降至 2V 以下，則電路將變成不定狀態，有可能解釋爲低準位，如圖 4-7 所示。同樣地，電路在低準位狀態下，若雜訊使輸入電壓增加至 0.8V 以上，也會使電路進入不定狀態，有可能解釋爲高準位，如圖 4-8 所示。

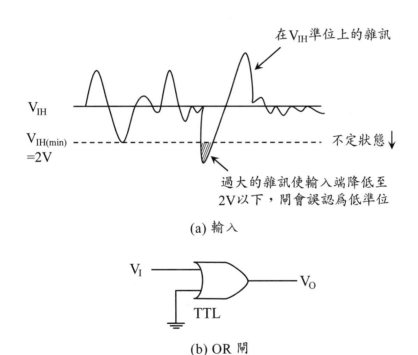

(a) 輸入

(b) OR 閘

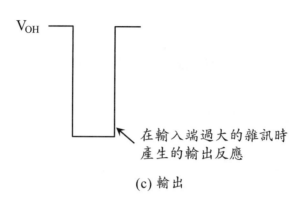

V_{OH}

在輸入端過大的雜訊時
產生的輸出反應

(c) 輸出

圖 4-7　雜訊對高準位輸入電壓的影響

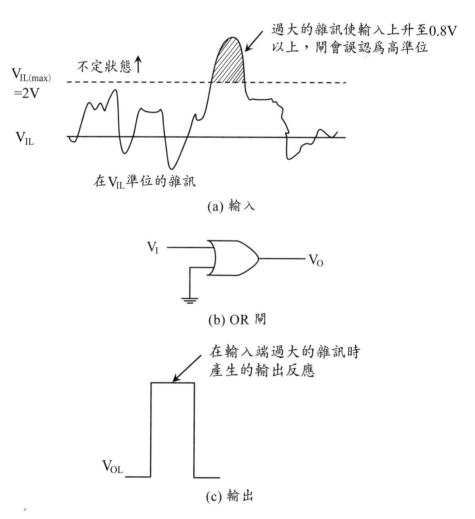

過大的雜訊使輸入上升至0.8V
以上，閘會誤認為高準位

不定狀態↑

$V_{IL(max)}$
$=2V$

V_{IL}

在V_{IL}準位的雜訊

(a) 輸入

V_I　　　V_O

(b) OR 閘

在輸入端過大的雜訊時
產生的輸出反應

V_{OL}

(c) 輸出

圖 4-8　雜訊對低準位輸入電壓的影響

雜訊隔絕力的程度即為雜訊容許值，亦稱為雜訊邊限（Noise Margin），其單位為伏特。任何給定的邏輯電路均有兩個雜訊邊限，即高準位雜訊邊限（V_{NH}）與低準位雜訊邊限（V_{NL}），其定義如下：

$$V_{NH} = V_{OH(min)} - V_{IH(min)}$$
$$V_{NL} = V_{IL(max)} - V_{OL(max)}$$

其量測值的範圍如圖 4-9 所示。當一個高準位邏輯輸出驅動一個邏輯輸入時，任何在訊號線上大於 V_{NH} 的負雜訊電壓，將使結果降至不定狀態中；同理，當一個低準位邏輯輸出驅動一個邏輯輸入時，任何在訊號線大於 V_{NL} 的正雜訊將使結果上升至不定狀態中，這兩種情況都會產生無法預期的操作，如圖 4-10 所示，除非有雜訊或不正確的操作，否則訊號在線上的電壓在高準位時應大於 2.4V，低準位時應低於 0.4V。

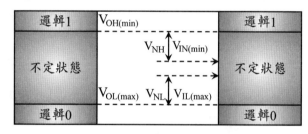

圖 4-9　雜訊邊限的電壓關係

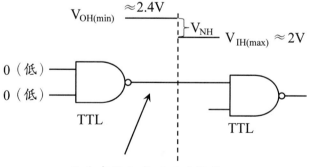

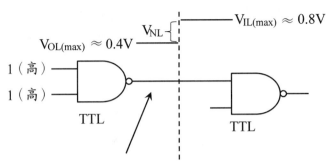

圖 4-10　雜訊邊限的邏輯因子

四、功率需求

　　每顆 IC 都需要連接額定的電源才能正常的操作，而電源的供應通常是接至 IC 上的電源接腳（V_{CC} 或 V_{DD}），所以 IC 所需的功率通常是由直流電壓源所吸收的電流來決定，實際的功率為 I_{CC} 與 V_{CC} 的乘積值。然而對許多 IC 來說，電源供應給晶片之電流係依電路的邏輯狀態而定，如圖 4-11 所示為高低準位輸出狀態時，邏輯閘從直流電源吸收的電流。高準位輸出時取得定電流 I_{CCH}，低準位輸出時取得定量電流 I_{CCL}，就 TTL 而言，$I_{CCL} > I_{CCH}$，例如若 V_{CC} = 5V，且 I_{CCH} = 1.2mA，則當邏輯閘處於高準位輸出狀態時，此閘的功率消耗 P_D 為：

$$P_D = V_{CC}I_{CCH} = (5V)(1.2mA) = 6mw$$

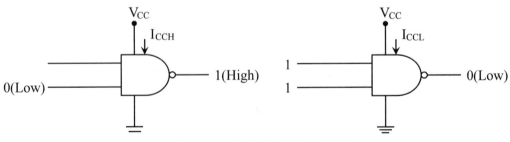

圖 4-11　直流電源輸出電源

CHAPTER

4

　　當邏輯閘的輸出在高低準位間轉換時，電源電流也會在 I_{CCH} 與 I_{CCL} 之間變動，所以平均功率消耗取決於準位脈波的週期，通常是設定爲 50%，即輸出一半時間爲高準位，一半時間爲低準位，所以平均電源電流爲：

$$I_{CC(ave)} = \frac{I_{CCH} + I_{CCL}}{2}$$

平均消耗功率 P_D 爲：

$$P_{D(ave)} = I_{CC(ave)} \times V_{CC}$$

　　就 TTL 與 CMOS 的消耗功率比較，TTL 電路的功率消耗在工作頻率內大致保持恆定，而 CMOS 的功率消耗則取決於頻率的高低，在直流的情況下，其功率消耗極低（比 TTL 佳），但頻率升高時，其功率消耗也隨之升高。

五、傳遞延遲

　　訊號從輸入端通過邏輯電路會產生時間延遲，如圖 4-12 所示輸出準位必須經過一段時間才會變化，此即邏輯閘的傳遞延遲時間。一般邏輯閘的傳遞延遲時間有兩種，如圖 4-12(b)。

1. t_{PHL}：輸出由高準位變爲低準位時，輸入脈波上某點與輸出脈波上對應點間的時間差。

2. t_{PLH}：輸出由低準位變爲高準位時，輸入脈波上某點與輸出脈波上對應點的時間差。

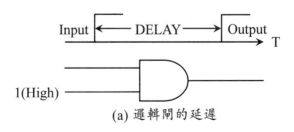

(a) 邏輯閘的延遲

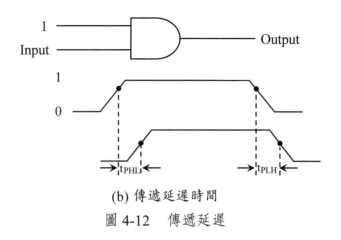

(b) 傳遞延遲時間

圖 4-12　傳遞延遲

邏輯閘的傳遞延遲會限制其工作頻率，傳遞延遲愈大，最大工作頻率愈低，所以在高速邏輯電路中，傳遞延遲必須非常小。

六、速度功率積

量測與比較各積體電路族性能最普遍的方法是計算其速度功率積（Speed Power Product），即邏輯閘傳遞延遲時間與消耗功率的乘積，其單位為皮克焦耳（PJ）。較小的傳遞延遲與較低的功率消耗是我們選擇邏輯種類的主要考量因素，所以速度功率積愈小愈好。但由於開關元件均有先天的交換特性，所以很難兼得傳遞延遲與功率消耗的減小。就兩種常用的邏輯族－CMOS 與 TTL 來比較，CMOS 的速度功率積遠小於 TTL，以 100KHZ 的操作頻率為例，HCMOS 的速度功率積為 1.4PJ，而 LSTTL 則為 20PJ。

七、負載與扇出

邏輯電路的輸出是用來推動其他數個邏輯的輸入，輸出閘實際可推動的最大標準邏輯輸入數是有限制的，此即邏輯閘的扇出數（Fan-out），若超出此限制，便不能保證可輸出合乎邏輯電位之電壓。圖 4-13 即為一個邏輯閘輸出推動多個邏輯閘輸入的示意電路。

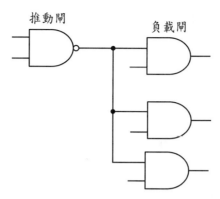

圖 4-13　一個邏輯閘輸出推動多個邏輯閘輸入

　　TTL 推動閘在高準位時流入負載閘的輸入電流為 I_{IH}，在低準位時從負載閘吸收的電流為 I_{IL}，此電流供應與匯集的情形如圖 4-14 所示，邏輯閘內部的電阻為輸入電阻與輸出電阻。

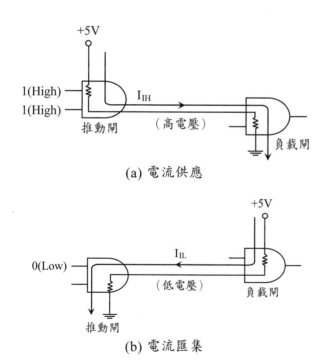

圖 4-14　邏輯閘之電流供應與匯集

　　若有多個負載閘與高準位的推動閘相連接，如圖 4-15(a)，則推動閘上的負載增加，電流總額也增加，使得推動閘內部的壓降隨之增大，進而使輸出電壓 V_{OH} 降低。若連接的負載閘數目太多，V_{OH} 降至 $V_{OH(min)}$ 以下，則將使高準位雜訊邊限降低，將會影響原電路的正常工作。同時，由於電流總額增加，使得推動閘的功率消耗也會隨著增加。在低準位下，若同樣有多個負載閘與推動閘相連，如圖 4-15(b) 載入的閘輸入越多，電流匯集總額也會增加，使得低準位推動閘內部的壓降增加，V_{OL} 也隨之增加。若負載的數目過多，使 V_{OL} 超過 $V_{OL(max)}$，將造成低準位雜訊邊限的降低。因此，在連接邏輯閘時，必須注意如何在不影響邏輯閘正常工作特性下，能與之相連的最多負載閘輸入數，此即為扇出數。

　　在 TTL 中，電流匯集（低準位）與電流供應（高準位）的能力是決定扇出數的重要因素，以低功率蕭特基（LS）TTS 為例，其扇出數為 20。

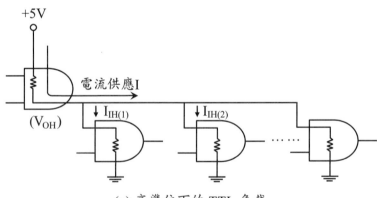

(a) 高準位下的 TTL 負載

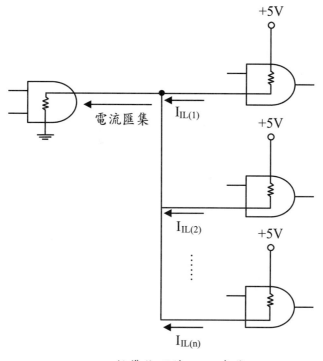

(b) 低準位下的 TTL 負載

圖 4-15 TTL 負載

　　至於 CMOS 的負載推動特性則與 TTL 不太相同。由於 CMOS 邏輯族使用場效應電晶體（FET）作為驅動閘的電容性負載，所以驅動閘的輸出電阻與負載閘的輸入電容相關於充放電時間，當推動閘輸出為高準位時，負載閘的輸入電容將透過推動閘的輸出電阻充電，如圖 4-16(a) 所示。而當輸出為低準位時，電容放電，如圖 4-16(b) 所示。若在推動閘的輸出端接上更多的負載閘時，總電容會因輸入電容並聯而增加，如此將使充放電時間加長，降低邏輯閘的最大工作頻率，所以 CMOS 的扇出數決定於工作頻率，而負載閘輸入端越少，最大工作頻率越高。

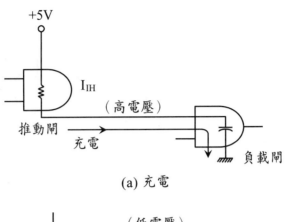

(a) 充電

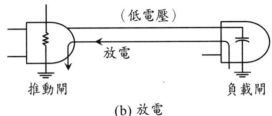

(b) 放電

圖 4-16　CMOS 閘的電容性負載特性

例 1：有一 SN5400（四個二輸入的 NAND 閘 IC）參數如下：$V_{CC(max)} = 5.5V$，
$I_{OH(max)} = 0.8mA$，$I_{OL(max)} = 0.4mA$，$I_{CCH(max)} = 8mA$，$I_{CCL(max)} = 22mA$，
$t_{PLH} = 22ns$，$t_{PHL} = 15ns$。

求：(1)平均傳遞延遲？

(2)每單個邏輯閘最大平均消耗功率？

(3)速度功率積？

解　(1) $t_{PHL} = 15ms$，$t_{PLH} = 22ns$

∴ $t_{pd(ave)} = (15 - 22)/2 = 18.5ns$

(2) $I_{CCH} = 8mA$，$I_{CCL} = 22mA$

$I_{CC(ave)} = \dfrac{1}{2}(I_{CCH} + I_{CCL}) = \dfrac{1}{2}(8 + 22) = 15mA$

$P_{D(ave)} = 15mA \times 5.5V = 82.5mw$

每個邏輯閘最大平均消耗功率 $= \dfrac{1}{4} P_{D(ave)} = 20.625mw$

(3) 速度功率積 $= t_{pd} \times P_D = 18.5ns \times 20.625mw = 381.56PJ$

例 2：如下圖所示，假設每個 NAND 閘的延遲參數如下：

$t_{PLH}^{min} = 2ns$，$t_{PLH}^{max} = 5ns$，$t_{PHL}^{min} = 1.5ns$，$t_{PHL}^{max} = 4.5ns$

則下列由輸入到輸出的延遲參數何者正確？

(A) 由 X_0 到 Z_0，$t_{PLH}^{min} = 4ns$　　　　(B) 由 X_0 到 Z_0，$t_{PLH}^{min} = 6.5ns$

(C) 由 X_0 到 Z_0，$t_{PLH}^{max} = 9.5ns$　　　(D) 由 X_0 到 Z_0，$t_{PLH}^{max} = 9ns$

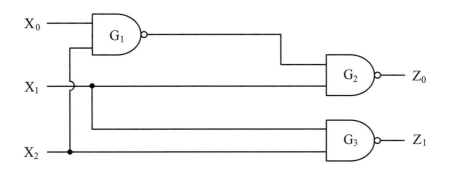

解　(C)

$t_{PLH}^{max} (X_0 \rightarrow Z_0) = t_{PLH}^{max} (G_1) + t_{PHL}^{max} (G_2) = 5ns + 4.5ns = 9.5ns$

$t_{PLH}^{min} (X_0 \rightarrow Z_0) = t_{PLH}^{min} (G_1) + t_{PHL}^{min} (G_2) = 2ns + 1.5ns = 3.5ns$

例 3：74ALS20NAND 閘的電氣參數 $I_{OH(max)} = 0.4mA$，$I_{OL(max)} = 8mA$，

$I_{IH(max)} = 20\mu A$，$I_{IL(max)} = 0.1mA$，求驅動相同閘時的個數？

解　(1) 高態扇出數 $= \dfrac{I_{OH}}{I_{IH}} = \dfrac{0.4mA}{20\mu A} = 20$

(2) 低態扇出數 $= \dfrac{I_{OH}}{I_{IL}} = \dfrac{8mA}{0.1mA} = 80$

例 4：某 74 系列的 TTL 之 $V_{OH(min)} = 2.4V$，$V_{OL(max)} = 0.4V$，$V_{IH(min)} = 20V$，

$V_{IL(max)} = 0.9V$，則雜訊邊限為：

(A) 0.4V　(B) 0.5V　(C) 0.6V　(D) 0.7V

解　(A)

$V_{NH} = V_{IL(min)} - V_{OL(min)} = 2.4V - 2.0V = 0.4V$

$V_{NL} = V_{IL(max)} - V_{OL(max)} = 0.9V - 0.4V = 0.5V$

雜訊邊限取 0.4V

4-3　數位積體電路—反相器（NOT）電路

目前最普遍的 SSI 與 MSI/LSI 數位 IC 族系有三類：TTL 、ECL 與 CMOS。若以製造技術來分，有 MOS 與雙極性（Bipolar）兩種。

如下圖所示：

IC
- 1. Bipolar IC
  - (1)54/74 LS 與 54/74 ALS 系列：適於一般性用途。
  - (2)74S 與74AS 系列：適於高速需求的用途。
  - (3)ECL 10K 與 100K 系列：適於高速需求的用途。
- 2. MOS IC：以CMOS 4000B系列與 74HC 系列。

圖 4-17　IC 的分類及用途

其中 ALS 代表低功率蕭特基箝位電路（Lower-power Schottky-clamped Circuit），而 ECL 為射極耦合邏輯（Emitter-coupled Logic）的縮寫。

反相器是邏輯族系中最基本的邏輯閘，其電路及輸入輸出波形如下圖所示：

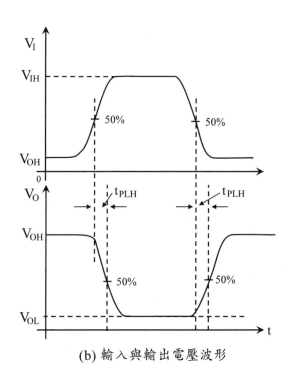

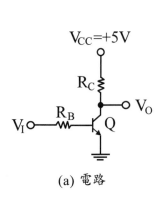

(a) 電路　　　　　　　　　(b) 輸入與輸出電壓波形

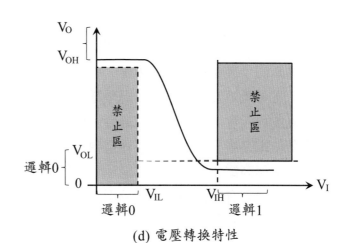

(c) 符號

(d) 電壓轉換特性

圖 4-18 基本反相器

一、原理

當輸入為高電位（邏輯 1）時，電晶體 Q 導通，使得輸出（V_O）為低電位（邏輯 0）；反之，當輸入為低電位時，電晶體 Q 不導通，故輸出（V_O）為高電位。由此可知：輸出為輸入之反相。

由於電晶體的有限頻寬與電路中的雜散電容影響，輸入信號與輸出信號之間有一段時間延遲（如圖 (b) 所示）。t_{PHL} 為高電位變為低電位的延遲時間，t_{PLH} 則為低電位變高電位的延遲時間，所以該邏輯閘的傳播延遲時間（Propagation Delay Time）t_{pd} 即為 t_{PHL} 與 t_{PLH} 的算術平均值，即：

$$t_{pd} = \frac{(t_{PHL} + t_{PLH})}{2}$$

圖 (d) 為輸入輸出電壓轉移特性曲線，當輸入電壓 $V_1 < V_{IL}$ 時，其輸出的高電位時必須大於 V_{OH}；當輸入電壓 $V_1 > V_{IH}$ 時，在電壓轉移曲線的禁止區內。

> 註：V_{IH} 代表邏輯閘認定為高電位的最小輸入電壓。
> V_{IL} 代表邏輯閘認定為低電位的最大輸入電壓。
> V_{OH} 代表邏輯閘輸出為高電位時的最小輸入電壓。
> V_{OL} 代表邏輯閘輸出為低電位時的最大輸入電壓。

二、雜訊邊界（Noise Margin）

　　雜訊的干擾在數位電路中是一項很難避免問題。其來源可能是電路內部產生的，也可能是外部電路（如高頻電路或電源部分）產生的，一個振幅夠大的雜音脈波可能會促使邏輯閘電路發生轉態，因而造成不正常的邏輯值輸出。所以在數位電路中，多了雜訊邊界這項參數。其完整的定義為：描述一個邏輯閘在低電位與高電位狀態時，所能承受的雜訊量。

　　雜訊邊界有兩個參數值，分別為 NM_L（低準位狀態雜訊邊界）與 NH_H（高準位狀態雜訊邊界），以下圖說明如下：

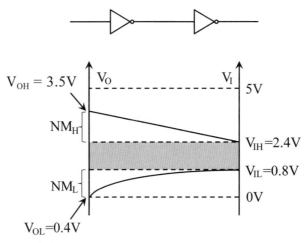

圖 4-19　雜訊邊界之定義（TTL 族系）

(1) $NM_L = V_{IL} - V_{OL}$：最大的正雜訊脈波量

(2) $NM_H = V_{OH} - V_{IH}$：最大的負雜訊脈波量

　　為能獲得有用的雜訊邊界。NM_L 與 NM_H 均須大於 0，即 $V_{IL} \geq V_{OL}$，$V_{OH} \geq V_{IH}$。

例 1：在 CMOS（CD4000 系列）中，$V_{IL} = 1.5V$，$V_{IH} = 3.5V$，$V_{OL} = 0.01V$，$V_{OH} = 4.99V$，當兩個相同的反相器串接時，雜音邊界值 NM_L 與 NM_H 之值為多少？

　解　$NM_L = V_{IL} - V_{OL} = 1.5 - 0.01 = 1.49V$

$NM_H = V_{OH} - V_{IH} = 4.99 - 3.5 = 1.49V$

通常 CMOS 族系的雜訊邊界較 TTL 族系爲佳。

四、扇出（Fan-out）

所謂的扇出是指一個邏輯閘輸出所能推動的外接邏輯閘輸入的個數。扇出數的多寡一般由 V_{IL}、V_{IH}、V_{OL}、V_{OH}、I_{IL}、I_{IH}、I_{OL} 與 I_{OH} 有關。假設 N_L 爲低準位輸出的扇出數，N_H 爲高準位輸出的扇出數，則：

$$N_L = -\frac{I_{OL}}{I_{IL}}$$

$$N_H = -\frac{I_{OH}}{I_{IH}}$$

若 $N_L \neq N_H$，則以較小者爲電路實際的扇出數，如下圖所示：

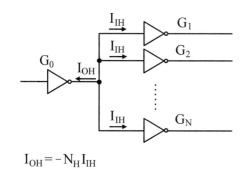

$I_{OH} = -N_H I_{IH}$

(a) 輸出爲高準位

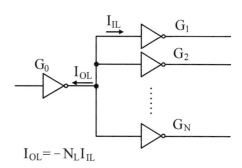

$I_{OL} = -N_L I_{IL}$

(b) 輸出爲低準位

圖 4-20　扇出

例 2：試求出 TTL 族系中，一個 74LS 系列的邏輯閘可推動幾個 74F 系列的邏輯閘。74LS 與 74F 系列的電流特性如下：

74LS 系列：$I_{OH} = -0.4mA$；$I_{OL} = 8mA$；$I_{IH} = 20\mu A$；$I_{IL} = -0.4mA$

74F 系列：$I_{OH} = -0.4mA$；$I_{OL} = 20mA$；$I_{IH} = 20\mu A$；$I_{IL} = -0.6mA$

解　$N_H = -\dfrac{I_{OH}(74LS)}{I_{IH}(74F)} = \dfrac{0.4m}{20\mu} = 20$

$N_L = -\dfrac{I_{OL}(74LS)}{I_{IL}(74F)} = \dfrac{8m}{0.6m} \approx 13$

∴扇出數 $= \min(N_L, N_H) = 13$

4-4　各種邏輯族數位電路

4-4-1　TTL邏輯族

（一）標準TTL NOT閘

如圖 4-21 所示為標準的 TTL NOT 閘及其電壓轉移曲線。

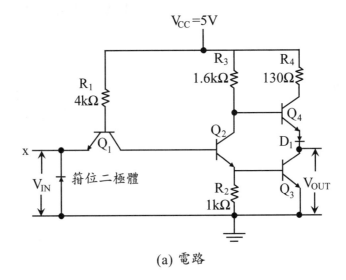

(a) 電路

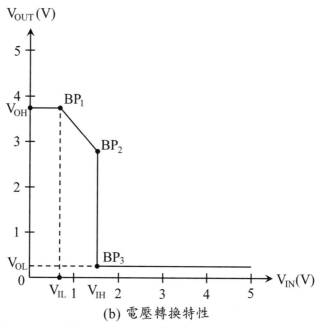

(b) 電壓轉換特性

圖 4-21　標準 TTL NOT 閘（54/74 系列）

其原理及電路分析如下：

　　Q_1 為輸入級，輸入訊號由 Q_1 的射極輸入，箝位二極體用來防止負雜訊脈波過大將 Q_1 燒壞，在正常工作時，對電路無影響。Q_2 為分相器（Phase Splitter），使輸入信號經 Q_2 的集極得到反相輸出，經 Q_2 的射極得到正相輸出，再經 Q_3 與 Q_4 所組成的圖騰輸出對，提供低阻抗的輸出推動器。

一、原理：當 V_{IN} 為低準位時，Q_1 導通，V_{C1} 為 Lo，Q_2 不導通，V_{C2} 為 Hi，　　Q_4 與 D_1 導通，Q_3 截止，所以 V_{OUT} 為 Hi。

二、電路分析：

　　1. 當 $V_{IN} = 0.1V(Lo)$ 時，Q_1 工作於飽和區，此時之 I_{B1} 為：

$$I_{B1} = \frac{5 - 0.7 - 0.1}{4k\Omega} \approx 1.05mA$$

而 I_{C1} 約為 1nA（漏電電流），所以 $I_{B1}\beta_F >> I_{C1}$，Q_1 在飽和區。此時 $V_{CE1} = V_{CE(sat)} = 0.1V$，$V_{C1} = 0.1 + 0.1 = 0.2V = V_{B2}$

∴ Q_2 與 Q_3 均截止，輸出 V_{OUT} 為 Hi。

$$V_{OUT} = V_{OH} = V_{CC} - V_{BE4(ON)} - V_{D1} = 5 - 0.7 - 0.7 = 3.6V$$

2. 第一個轉折點（BP_1）發生在 Q_2 導通時，即當 $V_{C1} = V_{B2} = 0.7V$，而 $V_{E2} = 0$ 時，因 Q_1 工作於飽和區，$\therefore V_{CE1(sat)} = 0.1V$，$V_{E1} = V_{IN} = V_{C1} - V_{CE1(sat)} = 0.7 - 0.1 = 0.6V$，即第一個轉折座標爲 (0.6, 3.6)。

3. 第二個轉折點（BP_2）發生在 Q_3 導通時，此時 $V_{BE2} = 0.7V$。

$\because V_{BE3} = I_{E2}R_2$

$\therefore I_{C2} \fallingdotseq I_{E2} = 0.7/1K = 0.7mA$

$V_{C2} = V_{CC} - I_{C2}R_3 = 5 - 0.7 \times 1.6 = 3.9V$

$V_{CE2} = V_{C2} - V_{E2} = 3.9 - 0.7 = 3.2V$

$V_{OUT} = V_{C2} - V_{BE4} - V_{D1} = 3.9 - 0.7 - 0.7 = 2.5V$

故 Q_2、Q_3 導通，Q_1 飽和，輸入電壓 V_{IN} 爲：

$V_{IN} = V_{C1} - V_{CE1(sat)} = V_{BE2} + V_{BE3} - V_{CE1(sat)} = 1.4 - 0.1 = 1.3V$

故第二個轉折點的座標 (1.3, 2.5)。

4. 第三個轉折點（BP_3）發生在 Q_3 飽和時，此時 $V_{OUT} = 0.1V$。

$\because Q_2$ 也進入飽和區，所以

$V_{C1} = V_{BE2(sat)} + V_{BE3(sat)} = 0.8 + 0.8 = 1.6V$

而 Q_1 仍然處於飽和狀態

$\therefore V_{IN} = V_{C1} - V_{CE1(sat)} = 1.6 - 0.1 = 1.5V$

故第三個轉折點（BP_3）的座標爲 (1.5, 0.1)。

（二）TTL邏輯閘

1. NAND 閘

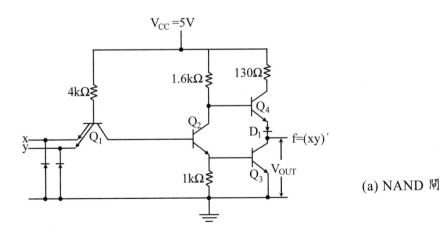

(a) NAND 閘

輸入		輸出
x	y	V_{OUT}
$\leq V_{IL}$	$\leq V_{IL}$	$\geq V_{OH}$
$\leq V_{IL}$	$\geq V_{IH}$	$\geq V_{OH}$
$\geq V_{IH}$	$\leq V_{IL}$	$\geq V_{OH}$
$\geq V_{IH}$	$\geq V_{IH}$	$\leq V_{OL}$

(b) 真值表

圖 4-22　NAND 閘

原理：當輸入端 x 與 y 皆為高電位（大於 V_{IH}）時，Q_1 工作在反向飽和模式，而 Q_2 與 Q_3 皆進入飽和狀態，此時 $V_{out} = V_{CE3(sat)} = V_{OL}$，即為低電位。當 x 或 y 輸入端為低電位（即小於 V_{IL}）時，Q_1 工作在（順向）飽和狀態，$V_{C1} = V_{CE(sat)} + V_{IN} < 2V_{BE(ON)}$，所以 Q_2 與 Q_3 截止，Q_4 與 D_1 導通，因此 $V_{OUT} \div V_{CC} - 2V_{BE(ON)} = 3.6V$，即為高電位（$V_{OH}$）。因此，該電路為 NAND 閘。

2. NOR 閘

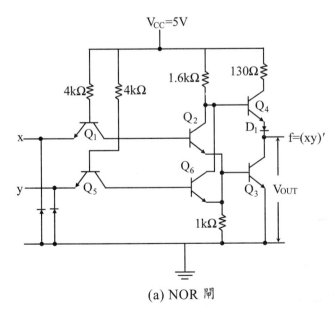

(a) NOR 閘

輸入		輸出
x	y	V_{OUT}
$\leq V_{IL}$	$\leq V_{IL}$	$\geq V_{OH}$
$\leq V_{IL}$	$\geq V_{IH}$	$\leq V_{OH}$
$\geq V_{IH}$	$\leq V_{IL}$	$\leq V_{OH}$
$\geq V_{IH}$	$\geq V_{IH}$	$\leq V_{OL}$

(b) 真值表

圖 4-23　TTL NOR 閘

原理：

1. 當輸入端 x 與 y 皆為 Lo 時，Q_1 和 Q_5 皆工作於飽和區，此時 $V_{C1} = V_{CE1(sat)} + V_{IN} < 2V_{BE(ON)}$，而 $V_{C5} = V_{CE5(sat)} + V_{IN} < 2V_{BE(ON)}$，$\therefore Q_2$、$Q_6$ 與 Q_3 均截止。而 Q_4 與 D_1 均導通，故 $V_{OUT} = V_{CC} - 2V_{BE(ON)} = 3.6V(Hi)$。

2. 當輸入端 x（或 y）為 Hi 時，Q_1（或 Q_5）工作在反向飽和區，因而 Q_2（或 Q_6）與 Q_3 皆在飽和區，故 $V_{OUT} = V_{CE3} = 0.1V(Lo)$。

3. 所以此電路為 NOR 閘。

（三）TTL族系的輸出級電路

一般而言，TTL 族系的輸出級有三種基本型式：

1. 圖騰對輸出級（Totem-pole Output）；
2. 開集極輸出級（Open-collector Output，簡稱 OC）；
3. 三態輸出級（Tri-state Output）。

1. 圖騰對輸出級（Totem-pole Output）

圖騰方式的輸出級其好處在於其動態提升電路（Active Pull-up Circuit）能在輸出由 Lo 變為 Hi 時，提供一個較大的電流對 C_L 充電，以縮短 t_{PLH} 時間，如圖 4-24 所示。

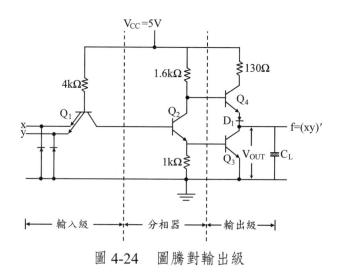

圖 4-24　圖騰對輸出級

電路分析：

1. 輸出級中的 D_1 之功用：當 Q_2 與 Q_3 進入飽和時，Q_4 應該截止，但此時

   $V_{C2} = V_{CE2(sat)} + V_{BE3(sat)} = 0.1 + 0.8 = 0.9V$

   若沒有 D_1 時，$V_{BE4} = V_{C2} - V_{BE3(sat)} = 0.9 - 0.1 = 0.8V$

   $\Rightarrow Q_4$ 將導通並進入飽和區，在此情況下，流經 Q_4 的電流為：

$$\frac{V_{CC} - V_{CE4(sat)} - V_{CE3(sat)}}{130} = \frac{5 - 0.2}{130} = 36.9mA$$

   造成過大電流的浪費。

   接上 D_1 後，$V_{C1} - V_{CE3(sat)}$ 的 0.8V 不足以讓 Q_4 與 D_1 導通，故 Q_4 與 Q_1 截止。因此，D_1 二極體的功用為：防止 Q_4 在 Q_2 與 Q_3 進入飽和時，也進入飽和區，而產生一個相當大的穩定電流。

2. 動態提升晶體 Q_4 之功用：當 V_{OUT} 由 Lo 變 Hi 時，由於電容性負載 C_L 的關係，V_{OUT} 仍會暫時維持在 Lo。但由於 Q_2 與 Q_3 均截止，所以 Q_4 進入飽和，而 D_1 導通，此時：

   $V_{B4} = V_{BE4(sat)} + V_{D1} + V_{out} = 0.8 + 0.7 + 0.1 = 1.6V$

   而 Q_4 的 $I_{B4} = \dfrac{V_{CC} - V_{B4}}{1.6} = 2.13mA$

$$I_{C4} = \frac{V_{CC} - V_{B4(sat)} - V_{D4} - V_{CE3(sat)}}{0.13}$$

$$= \frac{5 - 0.1 - 0.7 - 0.1}{0.13} = 31.5mA$$

   $\therefore$ 只要 β_F 超過 $\beta_{F(min)} = \dfrac{31.5}{2.13} = 14.79$，$Q_4$ 就會進入飽和區。由於 Q_4 供應一個相當大的充電電流給 C_L，所以它為一個電流源。

3. Q_4 集極端的 130Ω 電阻為限流電阻，防止在轉態期間由於 Q_3 和 Q_4 同時導通時，使電源短路。

2. 開集極輸出級（Open-collector Output）

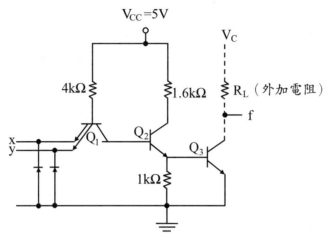

圖 4-25　開集極輸出級

　　這種電路可用來推動外部負載如繼電器（Relay）、燈泡等。其與圖騰對輸出級比較，傳遞延遲時間（t_{PLH}）較長，並且和 R_L 值有關。

　　開集極電路最大的優點是具有線接—AND（Wired-AND）的功能，可以將多個輸出端接在一起，形成 AND 的特性，如圖 4-26 所示。

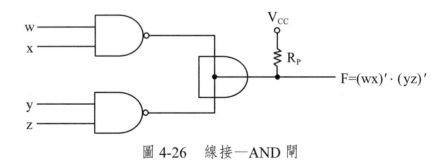

圖 4-26　線接—AND 閘

例 1：如下圖的電路中，有兩個相同的 OC 型 NAND 閘線接在一起，同時推動 5 個 7400 負載，則 R_L 應為多少？

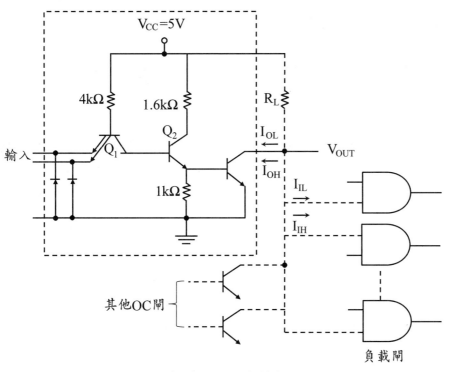

圖 4-27　R_L 的選定

解　(1) 當 V_{OUT} 為 Hi 時，R_L 必須提供足夠的負載電流（nI_{IH}）與 OC 閘的
　　　截止電流（mI_{off}）。

$$\therefore R_{L,max} = \frac{V_{CC} - V_{OH}}{mI_{off} + nI_{IH}} \qquad (V_{OH} = V_{IH,min} + NM_H)$$

$$= \frac{5 - 2.4}{2 \times 0.25 + 5 \times 0.04} \qquad \begin{bmatrix} V_{OH} = 2.0 + 0.4 = 2.4; \\ I_{IH} = 40\mu A;\ I_{off} = 250\mu A \end{bmatrix}$$

$$= 3.71k\Omega$$

(2) 當 V_{OUT} 為 Lo 時，流入輸出電晶體的電流為所有負載電流 I_{IL} 與流經
　　R_L 的電流和，所以

$$R_{L,max} = \frac{V_{CC} - V_{OL,min}}{I_{OH} + I_{IL}}$$

$$= \frac{5 - 0.4}{16 - 5(-16)} \qquad \begin{bmatrix} V_{OL,min} = 0.4V;\ I_{OL} = 16mA \\ I_{IL} = -1.6mA \end{bmatrix}$$

$$= 575k\Omega$$

註：1. R_L 值的大小由線接 OC 閘的數目，扇出數目、雜訊邊界及傳播延遲時間等決定。

　　2. 圖騰對輸出級的邏輯閘不能直接連接，形成 Wired-AND 功能，因為會形成相當大的穩定電流。

如圖 4-28 所示為開集極輸出的標準 IEEE/ANSI 符號。由於開集極輸出可接受較高電壓和電流，所以一股用來驅動 LED、電燈或繼電器。只要周邊要求的輸出電流不超過 TTL 驅動器可匯集的電流時，也可用圖騰式輸出。

(a) 7401　　　　　　　(b) 7405

圖 4-28　具開集極輸出的 IEEE/ANSI 符號

當一邏輯閘的輸出為低準位，而另一邏輯閘的輸出為高準位時，適當的選擇 R_P 使經由低準位輸出的匯集電流不超過 I_{OL} 限制。加上 R_P 可能會影響電路的交換速率，且比圖騰式 TTL 電路慢，此因圖騰式 TTL 用 Q_4 作為低阻抗射極隨耦器以供負載電容充電路之故。故若應用電路考量交換速率，則不適合使用開集極輸出之邏輯用。

在一般的電路設計中，緩衝器（Buffer）或驅動器（Driver）的邏輯電路都比一般邏輯電路具有更大的輸出電流與（或）電壓，使用最普遍的開集極緩衝器／驅動器 IC 是 7406，其為具有六個開集極輸出的反相器，在低準位狀態下可匯集 40mA，輸出電壓可控制至 30V，表示輸出電晶體能工作在大於 5V 的電壓。圖 4-29 為 7406 用於白熾燈泡（24V，25mA）驅動電路，7406 控制燈泡的 ON/OFF 狀態以顯示正反器輸出 Q 的狀態，而燈泡由 24V 供電，其作用像開集極輸出的提升電阻。

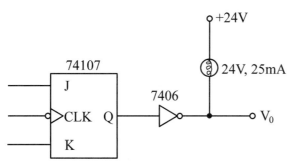

圖 4-29 開集極緩衝器／驅動器驅動高電流負載

當 Q = 1，7406 輸出為 LOW，輸出由 24V 電源供給 25mA 燈泡負載，使得燈泡 ON。當 Q = 0 時，7406 輸出為 Hi，因燈泡無電流路徑而 OFF，此時 V_{OH} = 24V。

開集極輸出通常用來驅動 LED，如圖 4-30 所示，此處電阻作為限流之用。當反相器輸出為 Low 時，LED 亮，反之則 LED 不亮。

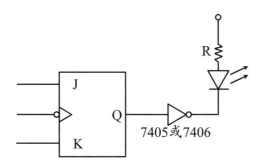

圖 4-30 開集極輸出驅動 LED 指示燈

例 2：如下圖所示，用三個集極開路及閘連成一個接線式 AND 閘。

(1) 寫出 Y 的邏輯運算式。

(2) 若每個閘 $I_{OL(max)}$ = 30mA，$V_{OH(max)}$ = 0.4V，試確定 $R_{P(min)}$。

假設接線「及」電路正驅動四個標準的 TTL 輸入（每個 –1.6mA）。

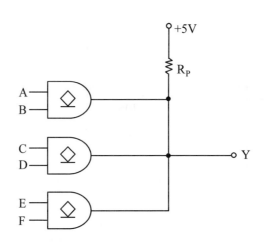

解　(1) Y = ABCDEF

(2) 4×1.6mA = 6.4mA

$I_{Rp} = I_{OL(max)} - 6.4mA = 30mA - 6.4mA = 23.6mA$

$\therefore R_{P(min)} = \dfrac{V_{CC} - V_{OL(max)}}{I_{Rp}} = \dfrac{5 - 0.4}{23.6mA} = 195\Omega$

例 3： 7405IC 是具有六個開集極輸出的反相器，此六個反相器接成如下圖所示的線－及結構。

(1) 試求輸出 x 之邏輯表示式。

(2) 若輸出 x 用來驅動其他的電路，且其總負載因數為 4UL，則 R_P 值為何？

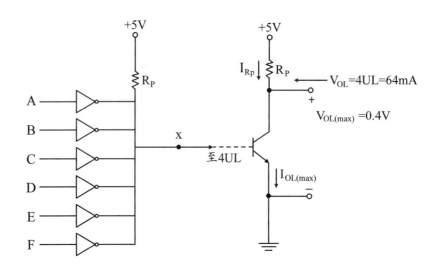

解 (1) $x = \overline{A} \cdot \overline{B} \cdot \overline{C} \cdot \overline{D} \cdot \overline{E} \cdot \overline{F} = \overline{A + B + C + D + E + F}$，為 NOR 運算

(2) 由 7405 資料表得知低準位狀態具有的扇出數為 10

∴ $I_{OL(max)} = 16mA$（總匯集電流）

$I_{OL(max)} = I_{Rp} + I_{IL}$

$16mA = I_{Rp} + 6.4mA$，$I_{Rp} = 9.6mA$

∴ $R_{P(min)} = \dfrac{V_{CC} - V_{OL(max)}}{I_{Rp}} = \dfrac{5 - 0.4}{9.6mA} = 480\Omega$

3. 三態輸出級（Tri-state Output）

三態輸出級可分為：

(1) 三態輸出級及緩衝器：如圖 4-31(a)。

(2) 三態 NOT 閘及緩衝器：如圖 4-31(b)。

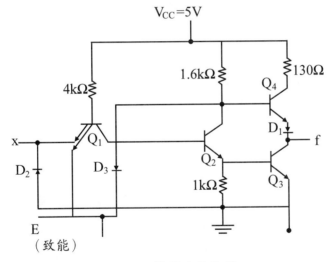

(a) 三態閘及緩衝器

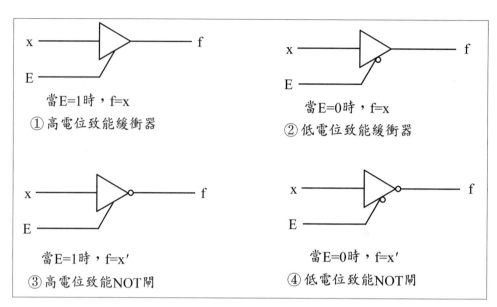

當E=1時，f=x
① 高電位致能緩衝器

當E=0時，f=x
② 低電位致能緩衝器

當E=1時，f=x′
③ 高電位致能NOT閘

當E=0時，f=x′
④ 低電位致能NOT閘

(b) 三態 NOT 閘及緩衝器

圖 4-31　　三態輸出級

　　三態輸出較同時具有圖騰對輸出的動態提升與開集極輸出的 Wired-AND 功能，另外多了一個高阻抗狀態。

原理如下：

1. 在正常工作下，致能信號（E）為 Hi$(>V_{IH})$，電路為一 NOT 閘。
2. 當致能信號為 Lo$(< V_{IL})$ 時，二極體 D_3 與 Q_1 皆導通，Q_2、Q_3 與 Q_4 皆截止，所以輸出 f 為高阻抗狀態。

　　三態通常有兩種類型：NOT 與緩衝閘（Buffer），如圖 4-3l(b) 所示。控制端也有兩種型式：高準位致能與低準位致能。在應用上一般使用於匯流排系統，如下圖 4-32 所示。

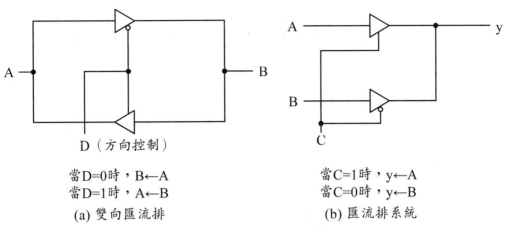

當D=0時，B←A
當D=1時，A←B

(a) 雙向匯流排

當C=1時，y←A
當C=0時，y←B

(b) 匯流排系統

圖 4-32　三態閘的應用

（四）蕭特基箝位電路（Schottky-clamped Circuit）

使用蕭特基技術所製成的 TTL 邏輯閘系列可分成下列四種：

1. 54/74S×× 　　　　　（蕭特基系列）
2. 54/74LS×× 　　　　（低功率蕭特基系列，Low-power Schottky Series）
3. 54/74AS×× 　　　　（改良型蕭特基系列，Advanced Schottky Series）
4. 54/74ALS×× 　　　（改良型低功率蕭特基系列，Advanced low-power Schottky Series）

1. 蕭特基系列（54/74S）

圖 4-33 為蕭特基箝位的 NAND 閘電路，與標準 TTL 電路（圖 4-30）比較可知：除了使用蕭特基電晶體外，原來的 D_1 二極體已由電晶體 Q_5 取代，如此可維持 Q_2 的集極與輸出端的電壓為 $2V_{BE(ON)}$，Q_4 與 Q_5 形成串接成射隨耦器，當 V_o 由 Lo 變成 Hi，t_{PLH} 之延遲時間顯著降低。當 Q_4 與 Q_5 均導通時，$V_{CE4} = V_{BE4} + V_{CE5}$，$Q_4$ 並不會進入飽和狀態，所以並不需用蕭特基電晶體。

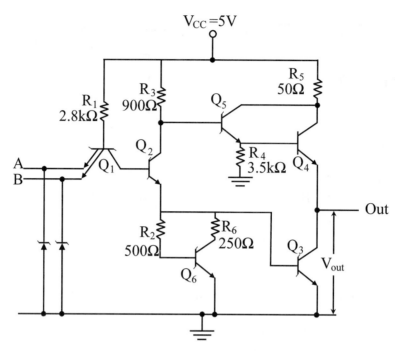

圖 4-33　蕭特基箝位 TTL NAND 閘（54/74S）

　　Q_6 為平方電路（Squaring Circuit），用來清除轉移曲線中的 BP_1 與 BP_2 轉折點。因為當 Q_2 有電流流動時，Q_3 與 Q_6 會導通，所以電壓轉移曲線的轉態區會變窄，因而改善了雜訊邊界。

2. 低功率蕭特基系列（54/74LS）

　　圖 4-34 為低功率蕭特基箝位的 NAND 電路，與標準電路比較可知：R_1 與 R_3 值增大五倍，因此消耗功率可降低 1/5，約為 2mw 左右。然而會使得電路之傳播延遲時間增加，是為其缺點。

　　電路中還使用兩個蕭特基二極體 D_1 與 D_2 取代輸入電晶體 Q_1。

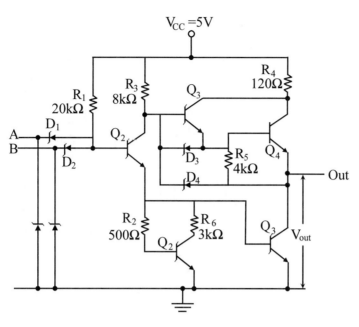

圖 4-34　低功率蕭特基箝位 TTL NAND 閘（54/74LS）

其好處有二：

1. Q_2 電晶體不會進入飽和區，所以不需使用 Q_1 來移去 Q_2 基極中過多的電荷。

2. 二極體所佔面積較小，所以寄生電容較小。

　　另外，D_3 與 D_4 兩個蕭特基二極體可加速移去當 V_O 由 Hi 變 Lo 時，Q_4 基極中的電荷，加速 Q_4 的截止，也加速 Q_3 的導通，故大大縮短了 t_{PHL} 的延遲時間。

3. 改良型蕭特基系列（54/74AS 與 54/74ALS）

　　由於 IC 製造技術進步，使得電晶體面積縮小，雜散電容減少，傳播延遲時間也大幅地縮短。圖 4-35 為高等低功率蕭特基箝位 TTL NAND 閘（54/74ALS）之電路。各種 TTL 邏輯閘特性比較如表 4-1 所示。

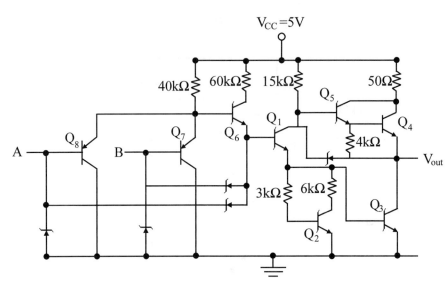

圖 4-35　高等低功率蕭特基箝位 TTL NAND 閘（54/74ALS）

表 4-1　TTL 邏輯閘特性比較

參數\系列	74	74S	74LS	74F	74AS	74ALS
V_{OH}	2.7V	2.7V	2.7V	2.7V	與74LS相同	與74LS相同
V_{OL}	0.5V	0.5V	0.5V	0.5V		
V_{IH}	2.0V	2.0V	2.0V	2.0V	與74LS相同	與74LS相同
V_{IL}	0.8V	0.8V	0.8V	0.8V		
I_{IL}	−0.4mA	−1.0mA	−0.4mA	−1.0mA	−0.2mA	−0.4mA
I_{OL}	16mA	20mA	8mA	20mA	20mA	4.0mA
I_{IH}	40μA	50μA	20μA	20μA	0.2mA	20μA
I_{OH}	−1.6mA	−2.0mA	−0.4mA	−0.6mA	−2.0mA	−0.2mA
t_{pd}	10ns	3ns	10ns	2.5na	1.5ns	4ns
P_d	10mW	20mW	2mW	4mW	20mW	1mW

註：負號表示電流實際上的方向是流出邏輯閘電路。

4-4-2 沒有使用的TTL輸入

TTL 閘未使用的輸入接腳可視為高準位，此因輸入開路會使輸入電晶體的射極接面逆偏，其作用與高準位一樣，如圖 4-36 所示，這種情形稱為浮接（Floating）。由於雜訊的關係，沒有使用的 TTL 輸入接腳最好不要浮接，可以用下列幾種方法來處理。

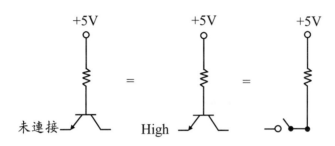

圖 4-36　開路的 TTL 輸入與高態輸入之比較

對於未使用的閘輸入，最常使用的處理方法是將其與同一閘已使用的輸入連接在一起。在 AND 和 NAND 中，所有連在一起的輸入將被視為低準位下的一個單位負載。但對 OR 和 NOR 而言，與另一輸入連接的每個輸入將被視為低準位下的一個獨立單位負載。在高準位下，對於各種 TTL 閘將連接在一起的每個輸入視為一獨立的負載。圖 4-37 所示為兩個沒有使用的輸入與一個使用的輸入相連接的範例，在 NAND 閘中的連接可視為低準位下的 1 個單位負載或高態下的 3 個單位負載；在 NOR 閘中的連接則無論高低準位都是 3 個單位負載。

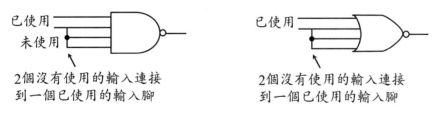

(a) 與其他已使用的輸入連接在一起

(b) 接 V_{CC} 或接地的輸入

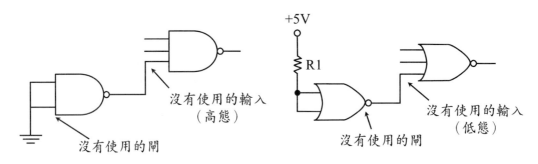

(c) 與沒有使用的閘相連接

圖 4-37　TTL 沒有使用的輸入腳處理的方法

　　不管有多少輸入連接在一起，AND 及 NAND 都只代表一個單位負載，
而 OR 與 NOR 每個輸入都代表一個單位負載，因對 NAND 而言，必須所有輸
入均為 Hi，輸出才為 Low；對 NOR 而言，只要有一個輸入為 Hi，輸出即為
Low。且 NAND 使用的是多射極輸入電晶體，不管有多少輸入為 Low，低態
電流總額都被 R1 限制住，而 NOR 則因每個輸入都使用獨立的電晶體，所以
低態電流是所有連接在一起的輸入電流的總和。

　　在 NAND 與 AND 中，沒有使用的輸入可經由 1kΩ 的電阻與 V_{CC} 相連，
而使得輸入為高態；在 OR 與 NOR 中，沒有使用的輸入可以接地，如圖 4-37(b)
所示。若有未使用的閘或反相器時，將其接至沒有使用的輸入在某些情況是可
行的，例如圖 4-37(c) 所示，對於沒有使用的 NAND 輸入，未使用的閘輸出必
須恆為 Hi，而沒有使用的 NOR 輸入，未使用的閘輸出必須恆為 Low。

4-4-3 ECL邏輯族

ECL 邏輯族是目前速度最快的 IC 系列，其典型的傳輸延遲時間為 1ns，而時脈頻率則高達 1G HZ（1/1ns），所以一般應用於高速的數位線路上。

ECL 依其設計的不同，可分成兩種系列：10K 系列與 100K 系列，10K 系列使用較普遍，而 100K 系列則具有較佳的電壓轉換特性。茲分別介紹如下：

（一）10K 系列的邏輯閘

如下圖所示，為基本的 NOR 閘電路。下圖中，Q_1、Q_2、Q_3 組成一電流開關（Current Switch），Q_2 為參考電壓電晶體，其基極的 V_R 取自 Q_4（射極隨耦器）的低阻抗電壓源，而 Q_1 及 Q_3 為輸入電晶體，分別接至兩個輸入端 X 與 Y。其射極電流 I_{EE} 由 R_3 及 V_{EE} 而定。

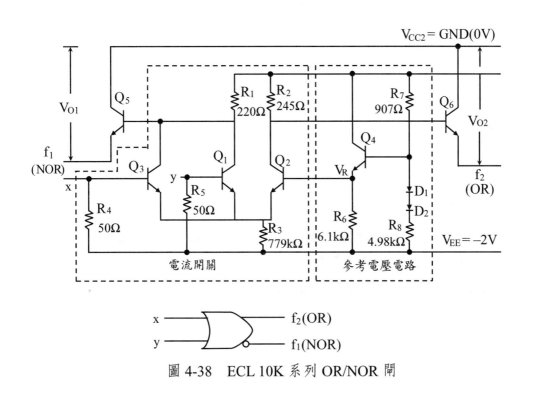

圖 4-38　ECL 10K 系列 OR/NOR 閘

電流開關輸出經兩個射極隨耦器 Q_5 與 Q_6 送至外部電路，Q_5 與 Q_6 的功用

有二：輸出電壓推動及電壓位移電路。它們的輸出電阻（R_{out}）是由 R_4 與 R_5 充擔，所以 ECL 電路的輸出級為動態提升（Active Pull Up）的方式。

在高速動作時，通常會在輸入電晶體的基極並聯一個小電阻，其值在 $V_{EE} = -5.2V$ 時為 2KΩ，在 $V_{EE} = -2V$ 時，為 50Ω。

圖中有兩組 V_{CC} 接地其目的在隔離由於快速的狀態改變與負載上的寄生電容。

當 x 與 y 為 Hi 時，Q_3 或 Q_1 導通，Q_2 截止，輸出 f_2 為 Hi，f_1 為 Lo；當 x 與 y 皆為 Lo 時，Q_3 與 Q_1 截止，Q_2 導通，輸出 f_2 為 Lo，f_1 為 Hi，故：

$$f_1 = (\overline{x + y}) \quad （NOR 輸出）$$
$$f_2 = (x + y) \quad （OR 輸出）$$

下表為 ECL 10K 系列的典型特性：

表 4-2　ECL 10K 系列之特性

$V_{OH} = -0.09V$	$t_{pd} = 2ns$
$V_{OL} = -1.74V$	$P_d /$ 閘 $= 24mW$
$V_{IH} = -1.21V$	$NM_H = 0.31V$
$V_{IL} = -1.43V$	$NM_L = 0.31V$

（二）100K 系列邏輯閘

ECL 10K 系列主要缺點是電壓轉換特性會受溫度與電源電壓的影響，這些缺點在 ECL 100K 系列已得到改善。

基本的 100K 系列邏輯閘電路如下圖所示：

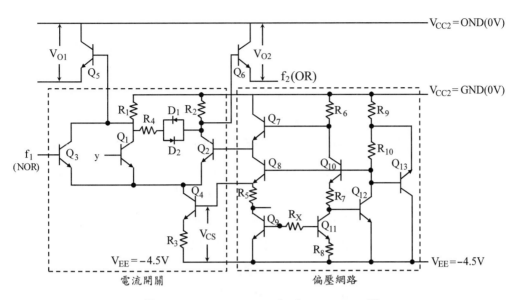

圖 4-39　ECL 100K 系列 OR/NOR 閘

與 ECL 10K 系列比較，有下列幾點不同：

1. 使用電晶體電流源（Q_4）取代射極電阻（R_3）。
2. 在電流開關的互補輸出端加上反相並接的二極體（D_1 與 D_2）和 R_4 串接，做溫度補償用。
3. 提供一個不受溫度與電源電壓影響的偏壓網路。

原理分析如下：

1. 在偏壓網路中，V_{RS} 與 V_{CS} 分別為：

   $V_{RS} = V_{BE7} + V_{R6}$

   $V_{CS} = V_{BE12} + V_{R7}$（∵ V_{BE8} 與 V_{BE10} 相互抵消）

2. Q_{13} 為並聯調節器，當 I_{C12} 因 V_{EE} 變小而增加時，V_{R10} 增加，而使 Q_{13} 更導通吸收更多電流，結果 I_{C12}、I_{C11} 與 I_{C9} 保持恆定。這使得 V_{BE12}、V_{R6}、V_{R7} 及 V_{BE7} 為定值，故 V_{RS} 與 V_{CS} 和電源電壓變化無關。

3. 在偏網路中，$V_{R8} = V_{BE9} - V_{BE11}$，在 V_{R8} 上產生正溫度係數。V_{R8} 電壓由 R_6/R_8 放大後產生 V_{R6}，而 V_{R6} 的正溫度係數恰補償 V_{BE7} 的負溫度係數。同理，V_{R8} 經 R_7/R_8 放大後，產生 V_{R7}，用來補償 V_{E12} 的負溫度係數。

故 V_{RS} 與 V_{CS} 與溫度變化無關。另外 R_X 用來補償 β_F 與 V_{BE} 的變化。

4. V_{OL} 與 V_{OH} 也和 V_{EE} 變化無關，因 T（溫度）增加時，V_{BE4} 下降，V_{R3} 增加，使得 I_{R3} 增加。在 Q_2 Off 而 Q_1 On 下，D_1 On，R_1 上的壓降補償 V_{BE5}；同理在 Q_1 Off 而 Q_2 On 下，D_2 On，R_2 上的壓降補償 V_{BE6}，所以 V_{OL} 與 V_{OH} 與溫度變化無關。

除了在極高頻的應用中有高速的優點外，ECL 族不像 TTL 或 MOS 族般廣泛使用。典型的 ECL 電路所具有的雜訊邊限約 0.2V～0.25V，比 TTL 小，使得 ECL 在雜訊高的環境中不能可靠的工作，另外高功率消耗是其另一項缺點。另一項問題是 ECL 負電源供給與邏輯電位無法與其他邏輯族相容，所以難將 ECL 與 TTL、MOS 電路結合起來。下列為 ECL 邏輯族的重要特性：

1. 電晶體永遠不飽和，所以交換速度快，典型的傳遞延遲時間為 1ns。
2. 邏輯準位 1 與 0 的電位分別是 –0.9V 與 –1.75V。
3. ECL 在最差的情況下雜訊邊限只有 0.25V，使其不適用於工業環境下。
4. ECL 邏輯族具有互補輸出，減少了反相器的需求。
5. 典型的扇出數為 25，此由低阻抗射極隨耦器輸出。
6. 基本的 ECL 閘之消耗功率為 40mW，比 74AS 系列高。
7. ECL 電路中的總電流不論邏輯狀態為何都維持定值，即使在交換變化也能於電路的電源供給處維持不變的電流源，所以沒有 TTL 圖騰式電路內部中產生的雜訊尖波問題。

4-4-4　NMOS邏輯族

（一）NMOS NOT閘

如下圖所示為基本的 NMOS NOT 閘，它由兩個 N 通道的 MOSFET 組成，Q_1 為增強型 MOS，Q_2 為空乏型 MOS，Q_2 為 Q_1 的動態負載（Active Load），其電壓與電流之特性曲線如圖 4-40 所示。

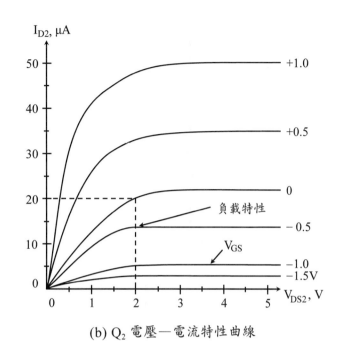

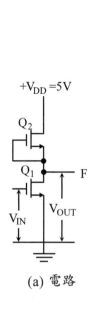

(a) 電路

(b) Q_2 電壓—電流特性曲線

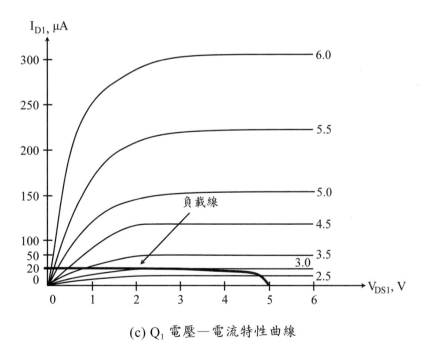

(c) Q_1 電壓—電流特性曲線

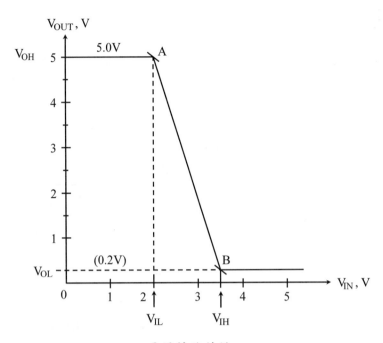

(d) 電壓轉換特性

圖 4-40　NMOS 的 NOT 閘

原理：

　　(1) 當 $V_{IN} \leq 2V$ 時，Q_1 Off，$V_{OUT} = 5V$。

　　(2) 當 $2V < V_{IN} < 3.5V$，Q_1 逐漸導通，V_{OUT} 由 5V 逐漸下降。

　　(3) 當 $V_{IN} \geq 3.5V$ 時，$V_{OUT} \doteq 0.2V$。

　　綜合以上分析，可得其電壓轉移曲線如圖 4-40(d) 所示。

（二）NMOS之NAND閘與NOR閘

　　如圖 4-41(a) 所示，當輸入端均為 Hi 時，Q_1 與 Q_2 均 On，所以輸出為 Lo。當輸入端有一個或均為 Lo 時，Q_1 與 Q_2 只有一個導通或兩個均 Off，所以輸出為 Hi，故為 NAND 閘。

表 4-2　NMOS 邏輯閘的典型特性

$V_{OH,min}$	2.4V	$I_{OH,min}$	$-200\mu A$
$V_{OH,max}$	0.4V	$I_{OL,max}$	1.6mA
$V_{IH,min}$	2.0V	$I_{IH,min}$	$2.5\mu A$
$V_{IH,max}$	0.8V	$I_{IL,max}$	$-2.5\mu A$
t_{pd}（平均）	25ns		

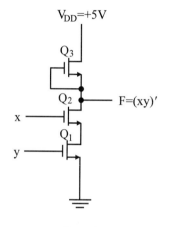

真值表

輸　　入		輸出
x	y	f
$\leq V_{IL}$	$\leq V_{IL}$	$\geq V_{OH}$
$\leq V_{IL}$	$\geq V_{IH}$	$\geq V_{OH}$
$\geq V_{IH}$	$\leq V_{IL}$	$\geq V_{OH}$
$\geq V_{IH}$	$\geq V_{IH}$	$\leq V_{OL}$

(a) NAND 閘

真值表

輸　　入		輸出
x	y	f
$\leq V_{IL}$	$\leq V_{IL}$	$\geq V_{OH}$
$\leq V_{IL}$	$\geq V_{IH}$	$\leq V_{OH}$
$\geq V_{IH}$	$\leq V_{IL}$	$\leq V_{OH}$
$\geq V_{IH}$	$\geq V_{IH}$	$\leq V_{OL}$

(b) NOR 閘

圖 4-41　NMOS 邏輯閘

　　在圖 4-41(b) 中，當兩個輸入端均為 Lo 時，Q_1 與 Q_2 均不導通，輸出端為 Hi。當有一個以上的輸入為 Hi 時，Q_1 與 Q_2 有一個或兩個均導通，輸出為 Lo，所以為 NOR 閘。

例 1：試求圖中所示電路的輸出數位邏輯 Y = ？

(A) $\overline{AB + AC}$　(B) $\overline{A + BC}$　(C) A + BC　(D) AB + AC

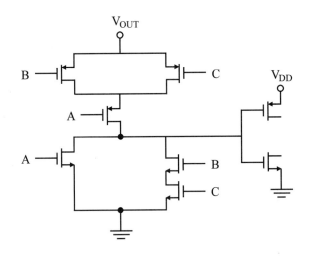

解　(C)

$$Y = \overline{\overline{A + BC}} = A + BC$$

例 2：如圖所示的 MOS 電路，其交換函數 Y 爲何？

(A) $\overline{AB + CD}$　(B) $\overline{AB} + \overline{CD}$　(C) (A + B)(C + D)　(D) $\overline{(A + B)(C + D)}$

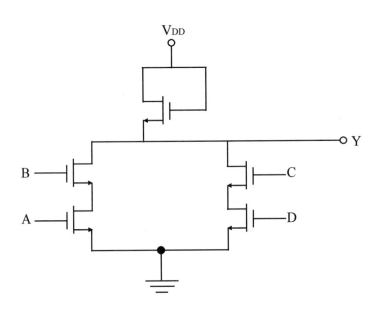

解　(A)

$$Y = \overline{AB + CD}$$

例 3：下圖 MOS 電路中，若 A 輸高電位 V(1)，B 輸入低電位 V(0)，求輸出
　　　為何？

　　　(A) 0　(B) 1　(C) 未知　(D) 高阻抗

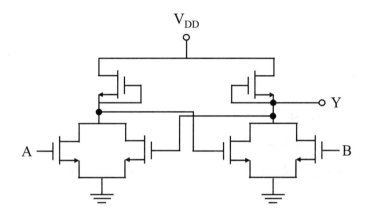

解　(B)

此電路相當於下列的邏輯電路：

A	B	Y_{n+1}
0	0	Y_n
0	1	0
1	0	1
1	1	未知

∴ AB = 10 時，Y = 1。

例 4：寫出下圖之布林函數 Y。

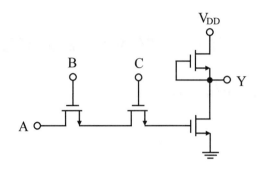

解　$Y = \overline{A \cdot B \cdot C}$

例 5：求下圖之 Y 的布林表示為何？

(A) $Y = AB + (E + D)C$
(B) $\overline{(A + B)(CD + E)}$
(C) $Y = \overline{AB + (E + CD)}$
(D) $Y = (\overline{A} + \overline{B})(\overline{C} + \overline{DE})$

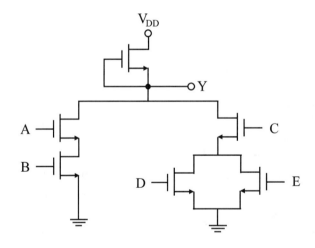

解　(D)

$$Y = \overline{AB + C(E + D)}$$
$$= \overline{AB} \cdot \overline{C(E + D)} = (\overline{A} + \overline{B})(\overline{C} + \overline{DE})$$

與雙極性邏輯族相比，MOS 邏輯族有較慢的操作速度，較少的功率消耗，更佳的雜訊邊限、較大的電源範圍、更高的扇出數，以及更少的晶片面積。

典型的 NMOS NADN 閘具有 50ns 之傳遞延遲，此因在高準位狀態下的高輸出電阻（100kΩ）與被驅動的邏輯電路輸入所呈現出來的電容性負載。MOS 邏輯輸入具有極高的輸入電阻（$> 10^{12}\Omega$），並且有合理的高閘極電容（2～5pf），所以大輸出電阻 R_{OUT} 與大的電容性負載 C_{Load} 可以加快交換時間。典型的 NMOS 雜訊邊限在 V_{DD} = 5V 操作時，約為 1.5V 左右，而且隨 V_{DD} 之增大而比例增高。

由於 MOSFET 有極高的輸入電阻，所以 MOS 邏輯族的扇出能力相當大。在直流或低頻操作下確是如此，但在頻率高於 100kHz 時，閘輸入電容交換時間增加，隨著所驅動的負載數成比例增加。一般而言，MOS 邏輯在扇出數 50 時仍很容易操作，因此較多數雙極性邏輯族佳。

MOS 邏輯電路由於具有非常高的輸入電阻之故，其功率消耗很小。以反相器操作在兩種狀態下的消耗功率為例：

1. 當輸入 V_{IN} = 0 時

$R_{ON(Q_1)}$ = 100kΩ，$R_{FF(Q_2)} = 10^{10}\Omega$，$V_{DD}$ 供應的電流 $I_D \simeq 0.05mA$，

∴ $P_O = 5 \times 0.05nA = 0.25nW$

2. 當輸入 V_{IN} = +5V 時

$R_{ON(Q_1)}$ = 100kΩ，$R_{FF(Q_2)}$ = 1kΩ，I_D = 5/101k = 50μA

∴ $P_O = 5V \times 50\mu A = 0.25mW$

所以反相器的平均消耗功率 P_O 約為 0.1mw。MOS 邏輯族的低功率消耗使其適用於 LSI，可以在晶片上製作很多邏輯閘、正反器等，不會因過熱而損及晶片。但 PMOS 與 NMOS 的操作速度不能與 TTL 相比，所以在 SSI 與 MSI 應用中極少用到，只有 CMOS 應用在 MSI 領域中優於 TTL。

4-4-5　CMOS邏輯族

（一）CMOS之NAND閘與NOR閘

如圖 4-42(a) 所示為 CMOS NAND 閘，當輸入均為 Hi 時，Q_1 與 Q_2 的導通，輸出為 Lo。當輸入端有一個以上為 Lo，Q_1 與 Q_2 其中一個或兩個均不導通，

所以輸出爲 Hi，故爲一 NAND 閘。

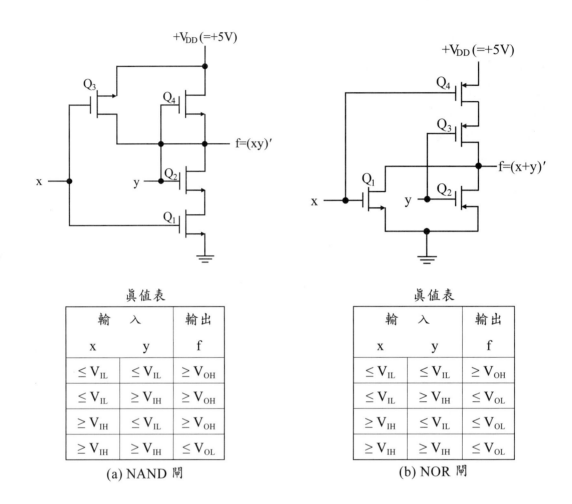

圖 4-42　CMOS 邏輯閘

在圖 4-42(b) 中，當輸入均爲 Lo 時，Q_1 與 Q_2 均不導通，所以輸出爲 Hi。當輸入端有一個或一個以上爲 Hi 時，Q_1 與 Q_2 有一個或兩個均導通，輸出爲 Lo，所以爲一個 NOR 閘。

（二）CMOS傳輸閘（Transmission Gate）

下圖爲一 CMOS 的傳輸閘電路，它是由 PMOS 與 NMOS 並接而成的，以閘極爲控制接腳，其原理如下：

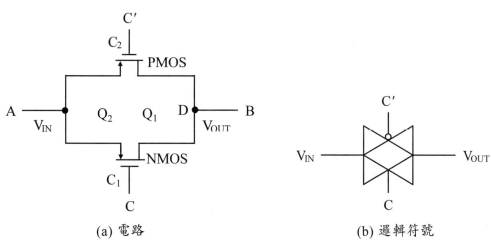

(a) 電路   (b) 邏輯符號

圖 4-43　CMOS 傳輸閘

1. 當 C = 1 時，V_{G1} = V(1)，而 V_{G2} = V(0)，此時若 A 輸入端為 V(1)，則
   V_{GS1} = 0，Q_1 截止。V_{GS2} = V(1) > V_T，∴ Q_2 導通。
   由於沒有 V_{D2} 電壓，所以 Q_2 工作於歐姆區，V_{DS2} ÷ 0，因此 B = A =
   V(1)。同理可證：當 A = V(0) 時，Q_2 Off，Q_1 On，B = A = V(0)。

2. 當 C = 0，V_{G1} = V(0)，V_{G2} = V(1)，若此時 A 輸入值為 V(1)，則 V_{GS1}
   = V(0) – V(1) = –V(1) < V_T，∴ Q_1 截止；而 V_{GS2} = 0 < V_T，∴ Q_2 也截
   止，所以沒有信號傳輸存在。若 A 輸入為 V(0)，其原理也一樣，Q_1 與
   Q_2 均 Off。

   CMOS 傳輸閘相當於一個低電阻的開關電路，常用來當做類比或數位
   開關使用。

（三）CMOS之NOT閘

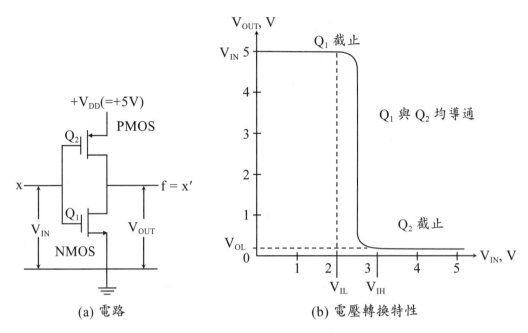

(a) 電路　　　　　　　　　(b) 電壓轉換特性

圖 4-44　CMOS NOT 閘

如上圖所示，CMOS 的 NOT 閘是由兩個增加型 MOSFET 所組成的，Q_2 為 P 通道 MOS，Q_1 為 N 通道 MOS，Q_2 相當於 Q_1 的動態負載，其原理如下：

1. 當輸入為 Hi 時，$V_{GS1} = 5V > V_T$，∴ Q_1 On，而 $V_{GS2} = 0$，Q_2 Off，∴ 輸出為 Lo。

2. 當輸入端為 Lo 時，$V_{GS1} = 0$，Q_1 Off，而 $V_{GS2} = -V_{DD}$，∴ Q_2 On，故 輸出為 Hi，因此為一 NOT 閘。

其電壓轉移曲線如圖 4-44 所示，在 $V_{IN} \leq 2V$ 時，Q_1 Off，Q_2 On，$V_O = 5V$；在 $V_{IN} \geq 3V$ 時，Q_2 Off，Q_1 On，$V_O \doteqdot 0V$；在 $2V < V_{IN} \leq 3$ 時，Q_1 與 Q_2 均 On，此時 V_O 由 5V 降至 0V。

表 4-3　CMOS 邏輯閘的典型特性

項目＼系列	74HC	4000B
$V_{OH,min}/V_{OL,max}$	4.7V/0.26V	4.99V/0.01V
$V_{IH,min}/V_{IL,max}$	3.5V/1.5V	3.5V/1.5V
$I_{OH,min}/I_{OL,max}$	−4.0mA/4.0mA	−2.0mA/0.4mA
$I_{IH,min}/I_{IL,max}$	0.1μA/−0.1μA	10pA/−10pA
t_{pd}（平均）	10ns	35ns
P_d／閘	≈0mW	≈0mW

*74HC系列工作電壓為2V～6V；4000B系列工作電壓為3V～18V。表中的4000B系列的值是在$V_{DD}=5V$下的典型值。

　　所有 CMOS 元件都很容易被靜電放電所損壞，因此必須小心使用，並注意下列事項：

1. 所有 CMOS 元件都是放在導電泡沫中裝運，如此才能防止靜電聚積，從泡沫中取出時，也不要去碰觸其接腳。

2. 安裝元件時，將接腳向下接觸到接地面，從保護材料中取出時，將接腳接觸金屬盤，不要將 CMOS 元件放在聚苯乙烯泡沫或塑膠托盤中。

3. 所有工具，測試設備和金屬工作台都須接地。在特定的環境中使用 CMOS 元件時，應將腕部用長電線與高值電阻接地。

4. 電源打開時，不要將 CMOS 元件插入插座或電路板上。

5. 未使用的輸入腳都必須接地或接電源。

6. 裝在電路板後，在儲存或運送時應將連接器放入導電泡沫中，CMOS 輸入與輸出接腳則應使用高阻值電阻接地。

　　CMOS IC 族有許多不同的系列，包含 4000 系列、74C 系列、74HC 系列（高速 CMOS）、74HCT 系列等。74HC 系列的交換速度大約比 74C 系列快 10 倍，操作速度可與 74LS TTL 系列相比擬，另一改進處是有更高的輸出電流。74HCT 系列與 74HC 系列主要的不同點是具有與 TTL 裝置電壓相容的設計，因此 74HCT 能直接被 TTL 輸出所驅動。至於 CMOS 的其他特性方法如下：

1. 電源電壓

4000 系列與 74C 系列的操作電壓範圍爲 3V～15V，74HC 與 74HCT 系列的操作電壓範圍爲 2V～6V，若 CMOS 與在同一電路中使用，則 V_{DD} 電源經常調整爲 5V。

2. 電壓準位

若 CMOS 輸出僅驅動 CMOS 輸入時，低準位的輸出電壓約爲 0V，而高準位輸出電壓爲 $+V_{DD}$。兩種邏輯狀態所要求的輸入電壓是以 V_{DD} 的百分比表示，最高的低電位狀態輸入電壓 $V_{IL(max)}$ 爲 V_{DD} 的 30%，最低的高電位狀態輸入電壓 $V_{IH(min)}$ 爲 V_{DD} 的 70%，如表 4-3 所示。

表 4-3　CMOS 電壓準位（4000 系列）

$V_{OL(max)}$	0V
$V_{OH(min)}$	V_{DD}
$V_{IL(max)}$	$0.3V_{DD}$
$V_{IH(min)}$	$0.7V_{DD}$

3. 雜訊邊限

$$V_{NH} = V_{OH(min)} - V_{IH(min)} = V_{DD} - 0.7V_{DD} = 0.3V_{DD}$$
$$V_{NL} = V_{IL(max)} - V_{OL(max)} = 0.3V_{DD} - 0 = 0.3V_{DD}$$

所以在 V_{DD} = 5 時，雜訊邊限均爲 1.5V，此較 TTL 與 ECL 爲佳，使 CMOS 廣用於高雜訊的環境下。若使用更大的 V_{DD}，雖可得到更佳的雜訊邊限，但會使功率消耗變大。

4. 功率消耗

CMOS 邏輯電路在靜態或直流情況下功率消耗非常低，以 V_{DD} = 5V 爲例，典型的 CMOS 功率消耗爲 2.5mW。但電路的功率消耗會隨交換狀態的頻率成比例增加，例如在 100kHz 的頻率下，P_o 爲 0.1mW，在 1MHz 下的 P_o 爲 1mW。

5. 扇出

　　CMOS 的扇出數是依允許的最大傳遞延遲時間而定，通常輸出在低頻操作下（≤ 1MHz）的扇出數限制為 50，在較高頻操作時的扇出數會降低。

例 1：下圖為 4000 系列 CMOS 反相器電路，當 A 輸入高電位（V_{DD}），B 輸入低電位（0），則輸出 Y = ？

　　(A) V_{DD}　(B) 0　(C) $\dfrac{V_{DD}}{2}$　(D) 以上皆有可能。

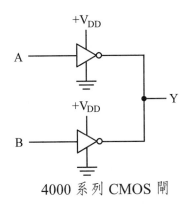

4000 系列 CMOS 閘

解　(C)

例 2：求下圖電路的眞值表。

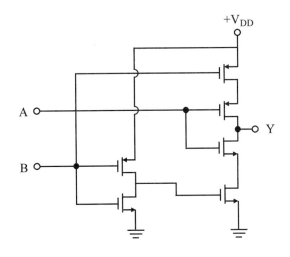

解　(1) 真值表

B	A	Y
0	0	1
0	1	0
1	0	高阻抗
1	1	高阻抗

(2) 等效邏輯符號

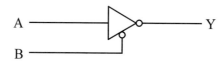

4-5　不同邏輯族之界面問題

一、推動閘與負載閘之電壓／電流條件

　　一個基本的界面電路，為確保電路正常工作，推動閘與負載閘之間的電流與電壓的特性值必須滿足下列的條件：

推動閘	負載閘	電壓／電流條件
1. $-I_{OH}$	$\geq NI_{IH}$	電流條件
2. I_{OL}	$\geq -NI_{IL}$	
3. V_{OL}	$\leq V_{IL}$	電壓條件
4. V_{OH}	$\geq V_{IH}$	

圖 4-45　推動閘與負載閘之電壓／電流值

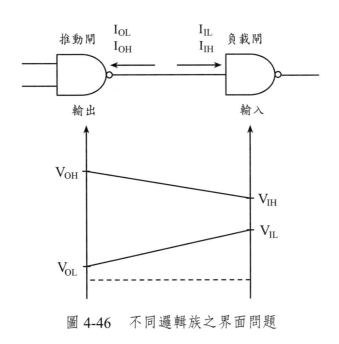

圖 4-46   不同邏輯族之界面問題

　　當電流條件無法滿足時，通常在推動閘與負載閘間加上緩衝器（Buffer），用來做電流放大。

　　當電壓條件無法滿足時，則可在推動閘輸出端加上提升電阻或在推動閘與負載閘加上電壓準位移位器來解決。

二、TTL與NMOS介面

1. TTL 推動 NMOS

　　由下圖 TTL（74LS）之 I_{OH}、I_{OL}、V_{OH} 與 V_{OL} 之數據與 NMOS 之 V_{IL} 相當小，故 TTL（74LS）對 NMOS 之扇出數相當大。

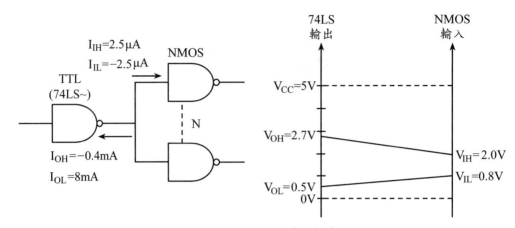

圖 4-47　TTL（74LS～）推動 NMOS

2. NMOS 推動 TTL

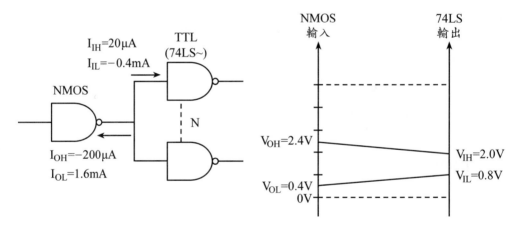

圖 4-48　NMOS 推動 TTL（74LS～）

再由上圖的 TTL 與 NMOS 數據可知，NMOS 對 TTL 的扇出數為：

$$N_L = -\frac{I_{OL}}{I_{IL}} = -\frac{1.6mA}{-0.4mA} = 4$$

$$N_H = -\frac{I_{OH}}{I_{IH}} = -\frac{200\mu A}{20\mu A} = 10$$

$$\therefore N = \min(N_L, N_H) = 4$$

三、TTL與CMOS界面

常用的 CMOS 邏輯族有兩種系列：4000B 與 74HC，其與 TTL 之間的界接方式分別說明如下：

1. 74HC 系列與 TTL 界接

(1) 如下圖所示，74LS 系列推動 74HC 系列邏輯閘時，除 V_{OH} 小於 74HC 的 V_{IH} 外，其餘條件均可滿足，解決 V_{OH} 小於 V_{IH} 的方法是在 TTL 邏輯閘輸出端加上一個 2K～10K 的提升電阻（如圖 4-51）或使用開集極輸出即可。

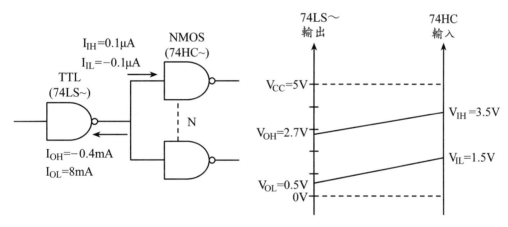

圖 4-49　TTL（74LS～）推動 CMOS（74HC 系列）

(2) 若是 74HC 系列來推 74LS 邏輯閘，依下圖之數據可知電壓條件均可滿足，但電流條件則由扇出數之多寡決定，N 的大小為：

$$N_L = -\frac{I_{OL}}{I_{IL}} = -\frac{4mA}{0.4mA} = 10$$

$$N_H = -\frac{I_{OH}}{I_{IH}} = -\frac{4mA}{20\mu A} = 200$$

$\therefore N = \min(N_L, N_H) = 10$

$\therefore$ 一個 74HC 系列邏輯可推動 10 個 74LS 系列邏輯閘。

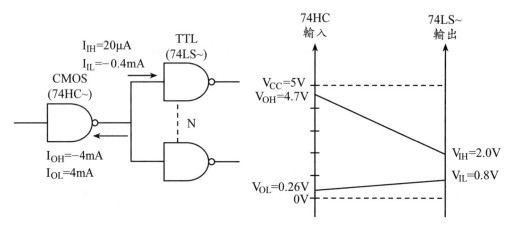

圖 4-50　CMOS（74HC～）推動 TTL（74LS～）

2. 4000B 與 TTL 的界接

4000B 系列之工作電壓為 3～18V，所以它與 TTL 界接方式可分成工作電壓 5V 與工作電壓不是 5V 兩種情況對論。

(1) 4000B 系列工作電壓 5V 時

①在 TTL 推動 CMOS 邏輯閘的情況，所有電壓條件均滿足，電壓條件 $V_{OL} \le V_{IL}$ 也滿足，唯一不能滿足的是 TTL 的 V_{OH} 小於 CMOS 的 V_{IH}。解決的方法是在 TTL 輸出端加上一個 2k～10kΩ 的提升電阻，如下圖所示，提升電阻的大小會影響電路的 t_{PLH} 與功率消耗。

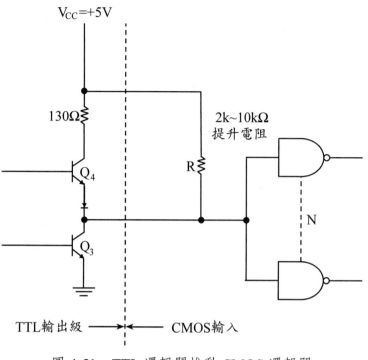

圖 4-51　TTL 邏輯閘推動 CMOS 邏輯閘

②在 CMOS 推動 TTL 邏輯閘的情況，所有電壓條件均能滿足，但電
流條件則依扇出數 N 之多寡而定，N 的大小為：

$$N_H = \frac{20mA}{20\mu A} = 100$$

$$N_L = \frac{0.4mA}{0.4mA} = 1$$

$\therefore N = \min(N_H, N_L) = 1$

即一個 CMOS（4000B～）只能推動一個 TTL（74LS～）邏輯閘。

　　若欲推動較多的 TTL 邏輯閘，必須在 CMOS 輸出加上緩衝器，如下圖所
示：

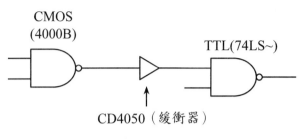

圖 4-52　CMOS 緩衝器

(2) 4000B 系列之工作電壓不是 5V 時

CMOS 系列之工作電壓愈高,其雜訊免疫力愈好,且傳播延遲時間愈小,所以其工作電壓一般為 10V 以上,在這種情況下,CMOS 與 TTL 之間的界面必須涉及電壓準位的轉換。

① TTL 邏輯閘推動 CMOS 邏輯閘

三種常用的 TTL 推動 CMOS 的方法如下圖所示:

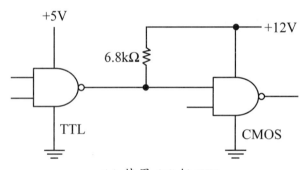

(a) 使用 OC 級 TTL

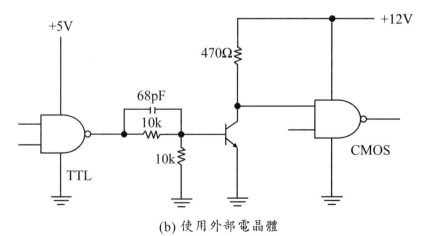

(b) 使用外部電晶體

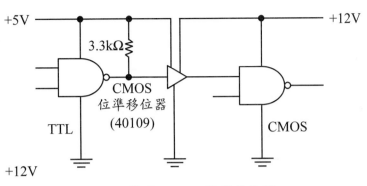

(c) 使用 CMOS 位準移位器

圖 4-53　TTL 與較高工作電壓之 CMOS 界接

② CMOS 邏輯閘推動 TTL 邏輯閘

常用的三種界接方式如下圖所示：

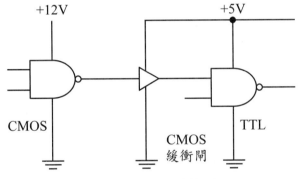

(a) 使用 CMOS 緩衝閘

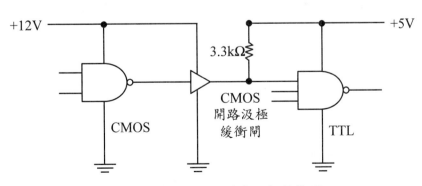

(b) 使用 CMOS 開路汲極緩衝閘

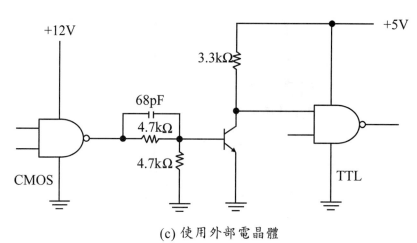

(c) 使用外部電晶體

圖 4-54　CMOS（較高工作電壓）與 TTL 邏輯閘之界接

例 1：已知 CMOS 推動 TTL 時的電壓相容性不會有問題，但扇出可能會有問題，則下列參數所示何者正確？

	CMOS				TTL			
	4000B	74CH/HCT	74AC/ACT		74	74LS	74AS	74ALS
$I_{OH(max)}$	0.4mA	4mA	24mA	$I_{IH(max)}$	0.04mA	0.02mA	0.2mA	0.02mA
$I_{OL(max)}$	0.4mA	4mA	24mA	$I_{IL(max)}$	1.6mA	0.4mA	2mA	0.1mA

(A) 4000B 只能推動一個 74LS 系列，無法推動 74 系列。

(B) 74HC/HCT 可推動 10 個 74LS 系列。

(C) 74AC/ACT 可推動所有 TTL 系列，不會有扇出問題。

(D) 以上皆正確。

解　(D)

(1) (4000B 之 $I_{OL(max)}$ = 0.4mA) $\geq$ N × (74LS 之 $I_{IL(max)}$ = 0.4mA)

∴ N = 1，即 4000B 只能推動一個 74LS 系列。

(2) (4000B 之 $I_{OL(max)}$ = 0.4mA) $\leq$ (74LS 之 $I_{IL(max)}$ = 1.6mA)

∴ 4000B 系列無法推動 74 系列。

(3) (74HC/HCT 之 $I_{OL(max)}$ = 4mA) $\geq$ N × (74LS 之 $I_{IL(max)}$ = 0.4mA)

∴ N = 10，即可推動 10 個 74LS 系列。

(4) (74AC/ACT 之 $I_{OH(max)}$ = $I_{OL(max)}$ = 2.4mA) 皆大於 TTL 之 $I_{IH(max)}$ 和 $I_{IL(max)}$，所有 74AC/ACT 可推動所有 TTL 系列。

(5) 74AC/ACT 系列的性能特性大致與 4000B 系列相同，所以扇出特性問題也類似。

例 2：試舉二種高電壓 CMOS 推動 TTL 的改善方法。

解　(1) 使用 CMOS 緩衝器

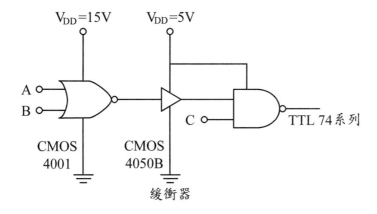

(2) 使用 CMOS 汲極開路緩衝閘

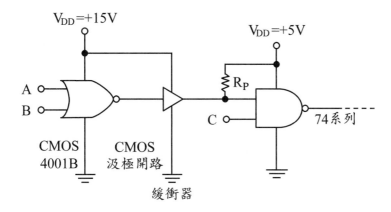

4-6　習題

1. 說明 TTL 與 CMOS 之間界面連接需注意那些事項？

2. 74HC 系列的典型電壓轉換特性值為：$V_{OH} = 4.7V$，$V_{OL} = 0.26V$，$V_{IH} = 3.5V$，$V_{IL} = 1.5V$，則當兩個相同的反相器串接時，其 NML 與 NMH 分別為多少？

3. 試求下圖的數位電路所執行的邏輯函數。

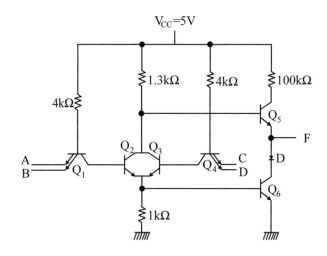

4. 下圖為一 IC 中的反相器電路，試使用下列資料：

$V_{BE(ON)} = 0.7V$，$V_{BE(sat)} = 0.8V$，$V_{CE(sat)} = 0.1V$，$\beta_F = 20$，$\beta_R = 0.2$

(1) 求出該電路的電壓轉換特性，並求出各個轉折點的電壓值。

(2) 計算在 $NH_H = NM_L$ 的扇出數。

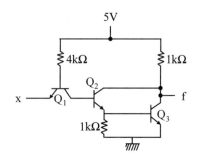

5. 以 NMOS 邏輯閘畫出一個三個輸入端的 NAND 閘及一個三個輸入端的 NOR 閘。

6. 以 CMOS 邏輯閘重畫第 5 題的 NAND 閘及 NOR 閘。

7. 以 CMOS 邏輯閘重畫出二個輸入端的互斥或閘。

8. (1)一個 NMOS 邏輯閘可以推動幾個 74AS 系列的邏輯閘。
   (2)一個 NMOS 邏輯閘可以推動幾個 74ALS 系列的邏輯閘。

9. 一個 74HC 系列的邏輯閘可以推動幾個 74AS 與 74ALS 系列的邏輯閘。

10. 如下圖電路中，當 TTL 邏輯閘輸出為低電位時，流通 TTL 輸出端的電流
    為多少？當 TTL 邏輯閘輸出為高電位時，若 CMOS 邏輯閘的輸入電流為
    $1\mu A$，則 $1.5k\Omega$ 電阻器的電壓降為多少？

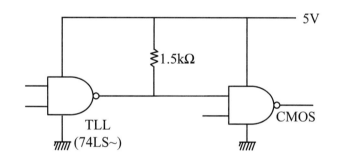

11. 如下圖的電路，若 CMOS 邏輯閘的輸入電容為 10pF，則
    (1) 提升時間常數為多少？
    (2) 當電晶體輸出為低電壓時，其集極電流為多少？

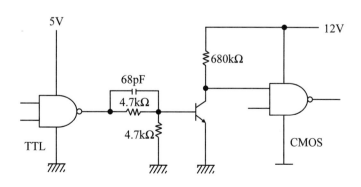

12. 下圖為一線接 AND 電路，試求其輸出函數的布林表示式，並利用 DeMorgan 定理轉換 AND 型式？

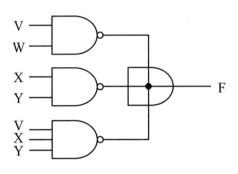

組合邏輯電路設計

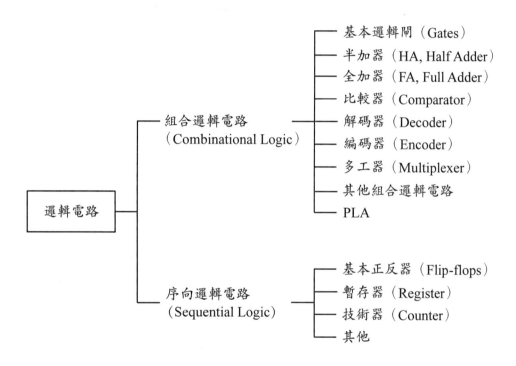

邏輯電路可分成

1. 組合邏輯電路：由邏輯閘組成，在任何時間的輸出是由當時的輸入直接決定，與先前的輸出無關。
2. 序向邏輯電路：除了使用邏輯閘外，還需用記憶元件，它們的輸出是由輸入與記憶元件狀態而定，所以一個序向電路的輸出不但與現在的輸入有關，並且與先前的輸出有關。

組合邏輯電路

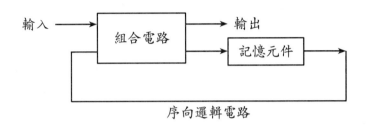

序向邏輯電路

組合邏輯設計的步驟如下：

1. 由題意建立眞值表（Truth Table）。

2. 由眞值表求得布林函數。

3. 化簡布林函數。

4. 畫出組合電路。

5-1 　半加器與全加器（Half-adder & Full-adder）

一、半加器（Half-adder）

用來執行二個位元相加的組合電路稱之。

1. 眞值表

A	B	S	C
0	0	0	0
0	1	1	0
1	0	1	0
1	1	0	1

2. 輸出函數

$$C = AB \; , \; S = \overline{A}B + A\overline{B} = A \oplus B$$

3. 邏輯電路

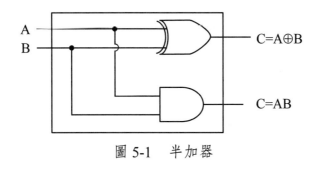

圖 5-1　半加器

二、全加器（Full-adder）

能處理三個位元相加的邏輯電路（⇒ 輸入端有三個，有兩個輸出端）。

1. 真值表

x	y	z	C	S
0	0	0	0	0
0	0	1	0	1
0	1	0	0	1
0	1	1	1	0
1	0	0	0	1
1	0	1	1	0
1	1	0	1	0
1	1	1	1	1

$C(x, y, z) = \sum m(3, 5, 6, 7)$

$S(x, y, z) = \sum m(1, 2, 4, 7)$

2. 化簡

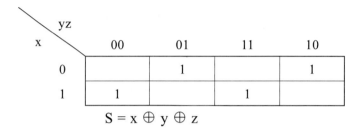

$$S = x \oplus y \oplus z$$

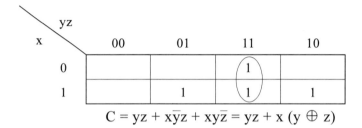

$$C = yz + x\bar{y}z + xy\bar{z} = yz + x\,(y \oplus z)$$

3. 邏輯圖

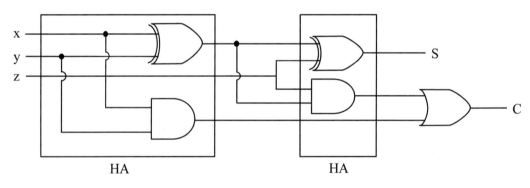

圖 5-2　全加器

註：全加器是由兩個半加器與一個 OR Gate 組合而成的電路。

例 1：設計一警報系統，其鈴聲響的條件：當警鈴開關 On 且房門未關時，或
　　　者下午 6：00 以後且窗戶未關妥時，試設計此一組合邏輯控制電路。

解　設：Ring = 鈴聲響，Win = 窗戶關妥，Sw = 警鈴開關 On
　　　　Door = 房門關妥，Time = 下午 6：00

依題意可知警鈴響（Ring）的條件為：

$Ring = Sw \cdot \overline{Door} + Time \cdot \overline{Win}$

∴其控制電路下：

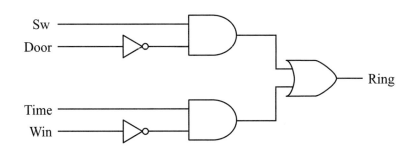

例 2：設計一投票表決機，某一商業團體中，其各個股東所擁有的股份分配如
下：

A 擁有：48%，B 擁有：27%

C 擁有：13%，D 擁有：12%

每一位股東的投票表決權相當於其所擁有的股份，試問如何設置一個按
鈕來選擇一個提案的通過或否決之電路。（當所有股票分配額總和超過
半數時代表通過，否則代表否決）

解　假設通過（Pass）以「1」表決，否決以「0」表示，所以依題意可知共
有四個輸入（A～D），及一個輸出 Pass。當贊成者的股票分配總額超
過 50% 時，則 Pass = 1，否則為 0，故真值表如下：

A (48%)	B (27%)	C (13%)	D (12%)	Pass
0	0	0	0	0
0	0	0	1	0
0	0	1	0	0
0	0	1	1	0
0	1	0	0	0
0	1	0	1	0
0	1	1	0	0
0	1	1	1	1

A (48%)	B (27%)	C (13%)	D (12%)	Pass
1	0	0	0	0
1	0	0	1	1
1	0	1	0	1
1	0	1	1	1
1	1	0	0	1
1	1	0	1	1
1	1	1	0	1
1	1	1	1	1

$\therefore$ Pass = $\sum(7, 9, 10, 11, 12, 13, 14, 15)$

卡諾圖化簡如下：

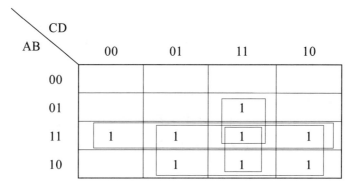

Pass = AB + AD + AC + BCD

$\qquad$ = A(B + C + D) + BCD

控制電路如下：

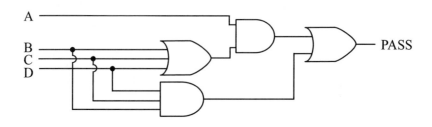

5-2　半減器與全減器

一、半減器

能執行二個位元相減的組合電路。

1. 真值表

X	Y	B	D
0	0	0	0
0	1	1	1
1	0	0	1
1	1	0	0

B：借位

D：差

2. 輸出函數 $B = \overline{X}Y$

　　$D = X \oplus Y$

3. 邏輯電路

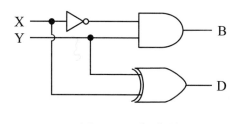

圖 5-3　半減器

二、全減器

能執行三個位元相減的組合電路。

1. 眞值表

X	Y	Z	B	D
0	0	0	0	0
0	0	1	1	1
0	1	0	1	1
0	1	1	1	0
1	0	0	0	1
1	0	1	0	0
1	1	0	0	0
1	1	1	1	1

$B = \sum m(1, 2, 3, 7)$

$D = \sum m(1, 2, 4, 7)$

2. 化簡

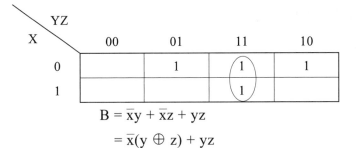

$B = \bar{x}y + \bar{x}z + yz$

$= \bar{x}(y \oplus z) + yz$

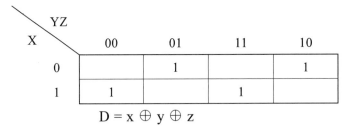

$D = x \oplus y \oplus z$

3. 邏輯電路

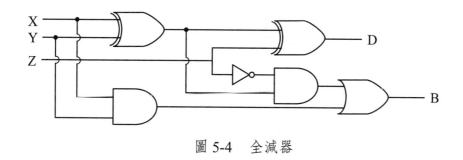

圖 5-4　全減器

註：將全加器之 x 輸入端取補數即為全減器。

5-3　其他組合電路設計

一、二位元比較器

兩個輸入端，三個輸出端（大於，等於，小於）。

1. 真值表

A B	A > B	A = B	A < B
0 0	0	1	0
0 1	0	0	1
1 0	1	0	0
1 1	0	1	0

2. 輸出方程式

$F = (A > B) = A\overline{B}$

$F(A = B) = \overline{A}\,\overline{B} + AB = A \odot B$

$F = (A < B) = \overline{A}B$

3. 邏輯電路

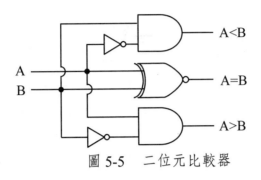

圖 5-5　二位元比較器

二、4位元2's補數

　　四個輸入端，輸出端為輸入端之 2's 補數。

1. 真值表

A	B	C	D	W	X	Y	Z
0	0	0	0	0	0	0	0
0	0	0	1	1	1	1	1
0	0	1	0	1	1	1	0
0	0	1	1	1	1	0	1
0	1	0	0	1	1	0	0
0	1	0	1	1	0	1	1
0	1	1	0	1	0	1	0
0	1	1	1	1	0	0	1
1	0	0	0	1	0	0	0
1	0	0	1	0	1	1	1
1	0	1	0	0	1	1	0
1	0	1	1	0	1	0	1
1	1	0	0	0	1	0	0
1	1	0	1	0	0	1	1
1	1	1	0	0	0	1	0
1	1	1	1	0	0	0	1

$W(A, B, C, D) = \sum m(1, 2, 3, 4, 5, 6, 7, 8)$

$X(A, B, C, D) = \sum m(1, 2, 3, 4, 9, 10, 11, 12)$

$Y(A, B, C, D) = \sum m(1, 2, 5, 6, 9, 10, 13, 14)$

$Z(A, B, C, D) = \sum m(1, 3, 5, 7, 9, 11, 13, 15)$

2. 以卡諾圖化簡得輸出函數

AB＼CD	00	01	11	10
00		1	1	1
01	1	1	1	1
11				
10	1			

$W = \overline{A}(B + C + D) + \overline{A}\,\overline{B}\,\overline{C}\,\overline{D}$

AB＼CD	00	01	11	10
00		1	1	1
01	1			
11	1			
10		1	1	1

$X = \overline{B}C + \overline{B}D + B\overline{C}\,\overline{D}$

AB＼CD	00	01	11	10
00		1		1
01		1		1
11		1		1
10		1		1

$Y = C \oplus D$

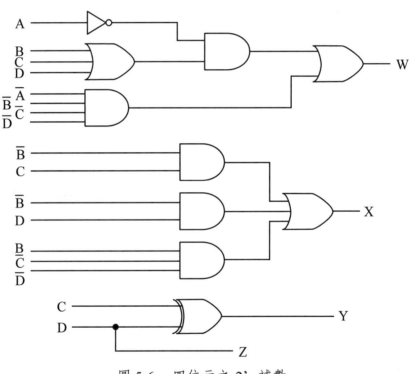

	00	01	11	10
00		1	1	
01		1	1	
11		1	1	
10		1	1	

$Z = D$

3 邏輯電路

圖 5-6　四位元之 2's 補數

三、格雷碼對二進制碼的轉換

輸入四個位元，輸出四個位元。

1. 真值表

	格雷碼				二進制碼					格雷碼				二進制碼			
	A	B	C	D	w	x	y	z		A	B	C	D	w	x	y	z
0	0	0	0	0	0	0	0	0	8	1	1	0	0	1	0	0	0
1	0	0	0	1	0	0	0	1	9	1	1	0	1	1	0	0	1
2	0	0	1	1	0	0	1	0	10	1	1	1	1	1	0	1	0
3	0	0	1	0	0	0	1	1	11	1	1	1	0	1	0	1	1
4	0	1	1	0	0	1	0	0	12	1	0	1	0	1	1	0	0
5	0	1	1	1	0	1	0	1	13	1	0	1	1	1	1	0	1
6	0	1	0	1	0	1	1	0	14	1	0	0	1	1	1	1	0
7	0	1	0	0	0	1	1	1	15	1	0	0	0	1	1	1	1

2. 輸出函數

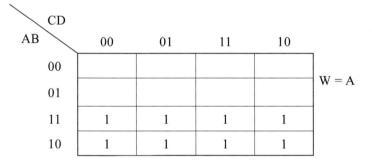

$W = A$

$X = A \oplus B$

AB \ CD	00	01	11	10
00			1	1
01	1	1		
11			1	1
10	1	1		

$Y = A \oplus B \oplus C = X \oplus C$

AB \ CD	00	01	11	10
00		1		1
01	1		1	
11		1		1
10	1		1	

$Z = A \oplus B \oplus C \oplus D = Y \oplus D$

3. 邏輯電路

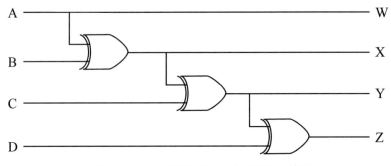

圖 5-7　格雷碼對二進制碼的轉換

四、二進制碼對格雷碼的轉換

1. 真值表如上。

2. 輸出函數

(1) A = W

(2) B = W ⊕ X

WX \ YZ	00	01	11	10
00				
01	1	1	1	1
11				
10	1	1	1	1

(3) C = X ⊕ Y

WX \ YZ	00	01	11	10
00			1	1
01	1	1		
11	1	1		
10			1	1

(4) D = Y ⊕ Z

WX\YZ	00	01	11	10
00		1		1
01		1		1
11		1		1
10		1		1

3. 邏輯電路

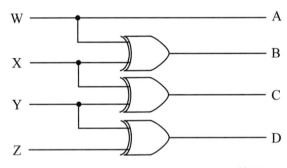

圖 5-8　二進制碼對格雷碼的轉換

五、三位元奇同位產生器

輸入三個位元資料，輸出一個位元。

1. 真值表

X	Y	Z	P
0	0	0	1
0	0	1	0
0	1	0	0
0	1	1	1

X	Y	Z	P
1	0	0	0
1	0	1	1
1	1	0	1
1	1	1	0

2. 輸出函數

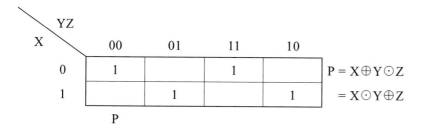

$$P = X \oplus Y \odot Z$$
$$ = X \odot Y \oplus Z$$

3. 邏輯電路

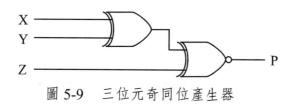

圖 5-9　三位元奇同位產生器

六、四位元奇同位檢查器

1. 真值表

接收四位元訊息同位錯誤檢查。

X	Y	Z	P	C
0	0	0	0	1
0	0	0	1	0
0	0	1	0	0
0	0	1	1	1
0	1	0	0	0
0	1	0	1	1
0	1	1	0	1
0	1	1	1	0

X	Y	Z	P	C
1	0	0	0	0
1	0	0	1	1
1	0	1	0	1
1	0	1	1	0
1	1	0	0	1
1	1	0	1	0
1	1	1	0	0
1	1	1	1	1

2. 輸出函數

ZP XY	00	01	11	10
00	1		1	
01		1		1
11	1		1	
10		1		1

$C = x \odot y \odot z \odot p$

$$C = \overline{x}\,\overline{y}\,\overline{z}\,\overline{p} + \overline{x}\,\overline{y}zp + \overline{x}y\overline{z}p + \overline{x}yz\overline{p} + x\overline{y}\overline{z}p + x\overline{y}z\overline{p} + xy\overline{z}\,\overline{p} + xyzp$$

$$= \overline{x}\,\overline{y}(\overline{z}\,\overline{p} + zp) + \overline{x}y(\overline{z}p + z\overline{p}) + x\overline{y}(\overline{z}p + z\overline{p}) + xy(\overline{z}\,\overline{p} + zp)$$

$$= \overline{x}\,\overline{y}(z \odot p) + xy(z \odot p) + \overline{x}y(z \oplus p) + x\overline{y}(z \oplus p)$$

$$= (x \odot y)(z \odot p) + (x \oplus y)(z \oplus p)$$

$$= x \odot y \odot z \odot p$$

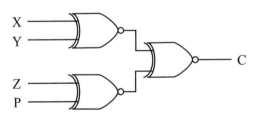

圖 5-10　四位元奇同位檢查器

七、四位元偶同位檢查器

1. 真值表

X	Y	Z	P	C
0	0	0	0	0
0	0	0	1	1
0	0	1	0	1
0	0	1	1	0
0	1	0	0	1
0	1	0	1	0
0	1	1	0	0
0	1	1	1	1

X	Y	Z	P	C
1	0	0	0	1
1	0	0	1	0
1	0	1	0	0
1	0	1	1	1
1	1	0	0	0
1	1	0	1	1
1	1	1	0	1
1	1	1	1	0

2. 輸出函數

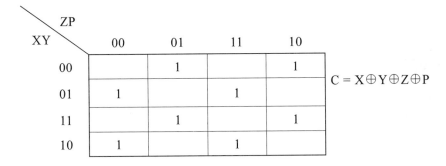

$C = X \oplus Y \oplus Z \oplus P$

3. 邏輯電路

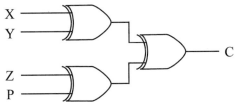

圖 5-11　四位元偶同位檢查器

八、BCD對加三碼之轉換電路

1. 真值表

a	b	c	d	W	X	Y	Z
0	0	0	0	0	0	1	1
0	0	0	1	0	1	0	0
0	0	1	0	0	1	0	1
0	0	1	1	0	1	1	0
0	1	0	0	0	1	1	1
0	1	0	1	1	0	0	0
0	1	1	0	1	0	0	1
0	1	1	1	1	0	1	0
1	0	0	0	1	0	1	1
1	0	0	1	1	1	0	0

$W = \sum m(5, 6, 7, 8) + d(10, 11, 12, 13, 14, 15)$

$X = \sum m(1, 2, 3, 4, 9) + d(10, 11, 12, 13, 14, 15)$

$Y = \sum m(0, 3, 4, 7, 8) + d(10, 11, 12, 13, 14, 15)$

$Z = \sum m(0, 2, 4, 6, 8) + d(10, 11, 12, 13, 14, 15)$

2. 卡諾圖化簡與輸出函數

cd＼ab	00	01	11	10
00			×	1
01		1	×	1
11		1	×	×
10		1	×	×

$W = a + bc + bd$

cd \ ab	00	01	11	10
00		1	×	
01	1		×	1
11	1		×	×
10	1		×	×

$$X = b\bar{c}\,\bar{d} + \bar{b}d + \bar{b}c$$

cd \ ab	00	01	11	10
00	1	1	×	1
01			×	
11	1	1	×	×
10			×	×

$$Y = \bar{c}\,\bar{d} + cd$$

cd \ ab	00	01	11	10
00	1	1	×	1
01			×	
11			×	×
10	1	1	×	×

$$Z = \bar{d}$$

CHAPTER

5

3. 邏輯電路

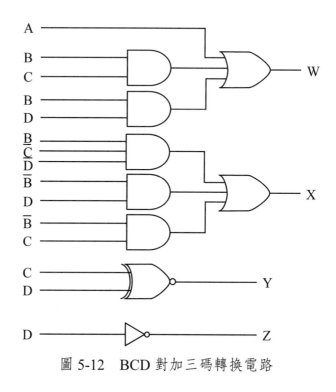

圖 5-12　BCD 對加三碼轉換電路

九、BCD碼對7碼顯示器的轉換電路

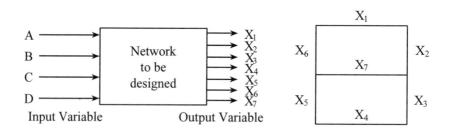

1. 1010～1111 爲 Don't Care 狀態，∴眞值表如下：

Decimal	BCD碼				7 Segment Indicator						
	A	B	C	D	X_1	X_2	X_3	X_4	X_5	X_6	X_7
0	0	0	0	0	1	1	1	1	1	1	0
1	0	0	0	1	0	1	1	0	0	0	0
2	0	0	1	0	1	1	0	1	1	0	1
3	0	0	1	1	1	1	1	1	0	0	1
4	0	1	0	0	0	1	1	0	0	1	1
5	0	1	0	1	1	0	1	1	0	1	1
6	0	1	1	0	1	0	1	1	1	1	1
7	0	1	1	1	1	1	1	0	0	0	0
8	1	0	0	0	1	1	1	1	1	1	1
9	1	0	0	1	1	1	1	1	0	1	1

2. 若題目要求寫出各段的輸出函數，則利用卡諾圖化簡如下：

$X_1 = \overline{A}C + \overline{A}BD + A\overline{B}\,\overline{C} + \overline{B}CD$　　$X_2 = \overline{A}\,\overline{B} + \overline{B}\,\overline{C} + \overline{A}\,\overline{C}D + \overline{A}C\overline{D}$

$X_3 = \overline{A}B + \overline{A}D + \overline{B}\,\overline{C}$　　$X_4 = \overline{A}\,\overline{B}\,\overline{C} + \overline{A}C\overline{D} + A\overline{B}\,\overline{C} + \overline{B}CD + \overline{A}BC\overline{D}$

$X_5 = \overline{A}C\overline{D} + \overline{B}C\overline{D}$　　$X_6 = \overline{A}\,\overline{B}\,\overline{C} + \overline{A}B\overline{D} + A\overline{B}\,\overline{C} + B\overline{C}D$

$X_7 = \overline{A}\,\overline{B}C + \overline{A}C\overline{D} + \overline{A}B\overline{C} + A\overline{B}\,\overline{C}$ 或 $X_6 = \overline{A}B\overline{C} + \overline{A}B\overline{D} + A\overline{B}\,\overline{C} + \overline{A}CD$

十、四位元優先編碼電路

所謂優先編碼器（Priority Encoder）是指低位元有較高的輸出優先權，不必考慮高位元的值。

1. 眞值表如下

P_0	P_1	P_2	P_3	X	Y
1	0	0	0	0	0
×	1	0	0	0	1
×	×	1	0	1	0
×	×	×	1	1	1

此為一 4 對 2 的優先編碼電路。

此處 P_i 比 P_j 有較高的優先權,當 $i > j$,X 與 Y 代表編碼電路的輸出。

2. 利用卡諾圖化簡如下

P_3P_2 \ P_1P_0	00	01	11	10
00				
01	1	1	1	1
11	1	1	1	1
10	1	1	1	1

$$X = P_3 + P_2$$

P_3P_2 \ P_1P_0	00	01	11	10
00			1	1
01				
11	1	1	1	1
10	1	1	1	1

$$Y = P_3 + \overline{P_2}P_1$$

3. 邏輯電路如下

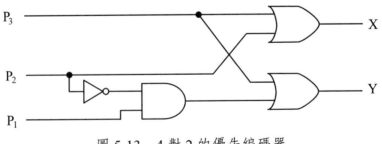

圖 5-13　4 對 2 的優先編碼器

5-4 算術運算電路

　　在一位數位系統中,加法運算是最基本的算術運算,若一系統能執行兩個二進制數的加法運算,則其他的減、乘、除法運算便可利用加法運算的硬體來執行。例如上一章所介紹的半減器與全減器,拿其與半加器與全加器相比,可清楚了解二者只差一個反相器,所以減法運算即是將減數取 2's 補數後,再與被減數相加的結果,乘法運算是連續的加法運算的結果,除法運算則是連續的減法運算的結果。

　　本節乃是延續上一章的加、減法器之介紹,利用硬體線路之設計,來進行各種算術運算之操作。

5-4-1 　並加器與前看式進位加法器

（一）並加器

　　使用 n 個全加器電路,使所有的加數與被加數各位元同時作加法運算。而每個全加器的輸出進位被連接到左邊高一位全加器的輸入進位處,只要有進位產生,所有全加器的和即會產生正確的和位元。

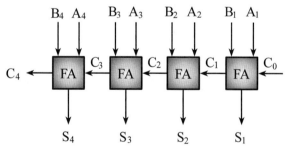

圖 5-14　4 位元並加器

　　例如上圖為 4 位元並加器,可同時進行 4 位元的加法運算。

例 1：利用 4 位元並加器設計一 BCD 碼對加三碼轉換電路。

解　加三碼等於 BCD 碼加 3，所以電路如下：

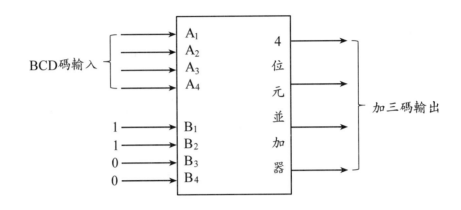

（二）進位傳遞（Carry Propagation）

在並加器中，任何級的 S 值僅在輸入進位傳遞到達該級後，才會達到最後的穩定值。所以以上例為例，C_4 必須等待 C_3 獲得穩態值後，才會達到最後的穩定狀態值，同理 C_3 必須等待 C_2、C_2 必須等待 C_1，以此類推，此稱之進位傳遞。

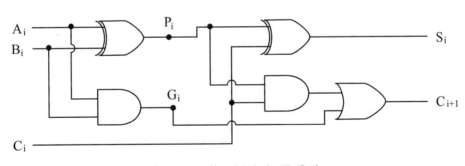

圖 5-15　第 i 級全加器電路

在 P_i 和 G_i 上的信號待傳遞經過它們各自的閘後，才安定於它們的穩定值，這二個信號為全部全加器所有，而僅視輸入被加數與加數位元而定。

信號從輸入進位 C_i 至輸出進位 C_{i+1} 必須經過一 AND 閘與 OR 閘傳輸，這 AND 與 OR 閘組成二個閘階，對 n 位元並加器而言，就有 2n 個閘階進位傳遞。

所以改善進位傳遞所消耗的時間之方法：

1. 採用縮短延遲時間的快速閘：能力有限。
2. 增加設備的複雜性，使進位延遲時間縮短：最廣泛採用的技術，前看進位（Look-ahead Carry）原理。

（三）前看進位（Look-ahead Carry）

1. 定義二個新二進位變數：

$$P_i = A_i \oplus B_i \qquad G_i = A_i B_i$$

其中 G_i 稱爲進位產生：當 A_i 與 B_i 均爲 1 時，就會產生一個輸出進位，此與輸入進位無關，P_i 稱爲進位傳遞。

$$\Rightarrow S_i = P_i \oplus C_i \qquad C_{i+1} = G_i + P_i C_i$$

2. $\therefore$ 每級進位輸出的布林函數爲：

$$C_2 = G_1 + P_1 C_1$$
$$C_3 = G_2 + P_2 C_2 = G_2 + P_2(G_1 + P_1 C_1) = G_2 + P_2 G_1 + P_2 P_1 C_1$$
$$C_4 = G_3 + P_3 C_3 = G_3 + P_3 G_2 + P_3 P_2 G_1 + P_3 P_2 P_1 C_1$$

$\because$ 每個輸出進位的布林函數是以 SOP 表示，所以每個函數就能以一階 AND 跟著一個 OR 來製作。

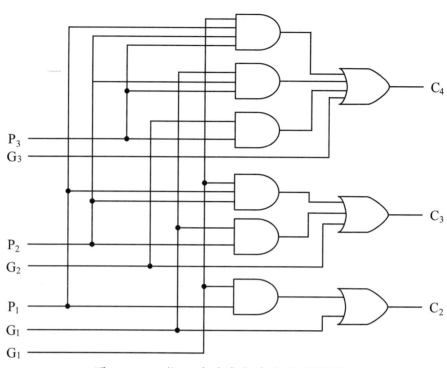

圖 5-16　4 位元前看進位產生器邏輯閘

　　所有輸出進位都經二階的邏輯閘延遲而產生，所以其輸出 S_2、S_3 及 S_4 均有相同的傳遞延遲時間，如此改善了並加器電路中進位傳遞的延遲問題。下圖即為 MSI 的前看進位產生器電路。

　　具有前看進位的 4 位元並加器的設計，其結構如下圖，每個和輸出要有二個 XOR 閘，第一個 XOR 的輸出產生 P_i 變數，及 AND 閘產生 G_i 變數，所有 P 與 G 均在二個閘階中產生。其進位經過前看進位產生器傳遞，作為第二個 XOR 的輸入。

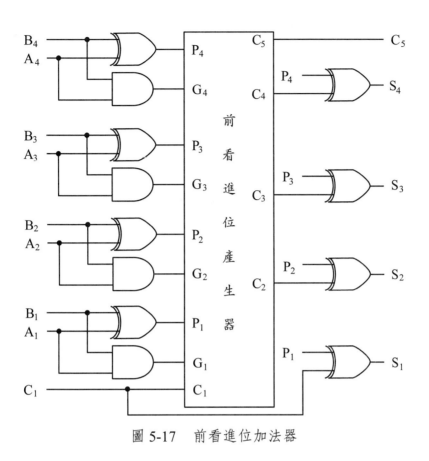

圖 5-17　前看進位加法器

（四）真值／補數產生器

　　在設計減法電路時，必須有一個 2's 補數產生器，但 2's 補數實際上是 1's 補數加 1，所以只要設計一個 1's 補數產生器即可，至於如何設計 1's 補數產生器呢？在介紹基本邏輯閘時，曾提到互斥或閘的特性，如下圖所示，若以一個輸入端為控制端（C），另一個輸入端為資料輸入端（D）時，則輸出 Y 的值為 D 或 $\overline{D}$，依 C 的值而定。

C	Y
0	D
1	$\overline{D}$

圖 5-18　互斥或閘的特性

　　若將 4 個互斥或閘（XOR）並接在一起，則可形成如下圖的 4 位元真值 / 補數產生器。

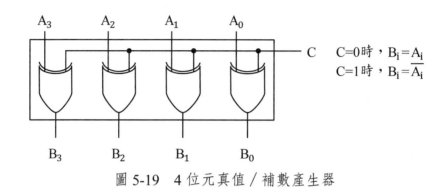

$$C \quad C=0時，B_i=A_i$$
$$C=1時，B_i=\overline{A_i}$$

圖 5-19　4 位元真值 / 補數產生器

例 2：利用 4 位元並加器與真值 / 補數產生器，設計一 4 位元加 / 減法器。

　　解　如下圖所示：

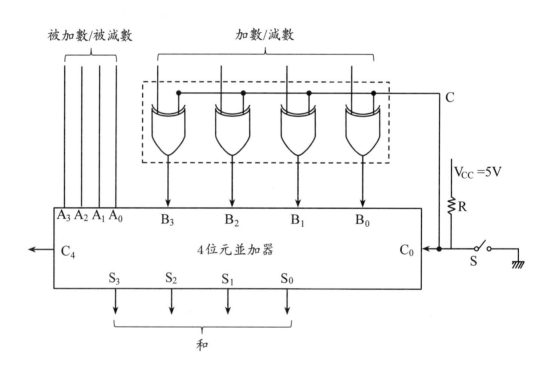

原理：

當 S 關閉時，$C_0 = 0$，而真值／補數產生器輸出為真值，因此進行加法運算。

當 S 打開時，$C_0 = 1$，真值／補數產生器輸出為補數，故得到減數的 2's 補數，進行減法運算。

5-4-2　BCD加／減法運算電路

（一）BCD加法器

BCD 加法器是一個將二個 BCD 碼數目相加後產生 BCD 碼結果的算術電路。在 BCD 碼中，每一數目均由四個位元來表示，若以 4 位元並加器來運算，連同前一級的進位來說，其和可能超過 9（兩個 BCD 數字相加最大值為 19），但在 BCD 碼中，最大數為 9，因此當總和超過 9 時，必須進行修正，才能得到正確結果，如下表所示。修正的方法是當產生的二進制和大於 9 時，需加 6 到總和上，因而產生進位，得到正確的 BCD 輸出，這個修正的程序叫十進制調整（Decimal Adjust）。

表 5-1　二進制與 BCD 碼的關係

二進位和					BCD和					十進位數
K	Z_8	Z_4	Z_2	Z_1	C_4	S_8	S_4	S_2	S_1	
0	0	0	0	0	0	0	0	0	0	0
0	0	0	0	1	0	0	0	0	1	1
0	0	0	1	0	0	0	0	1	0	2
0	0	0	1	1	0	0	0	1	1	3
0	0	1	0	0	0	0	1	0	0	4
0	0	1	0	1	0	0	1	0	1	5
0	0	1	1	0	0	0	1	1	0	6
0	0	1	1	1	0	0	1	1	1	7
0	1	0	0	0	0	1	0	0	0	8

（續下頁）

二進位和					BCD和					十進位數
K	Z_8	Z_4	Z_2	Z_1	C_4	S_8	S_4	S_2	S_1	
0	1	0	0	1	0	1	0	0	1	9
0	1	0	1	0	1	0	0	0	0	10
0	1	0	1	1	1	0	0	0	1	11
0	1	1	0	0	1	0	0	1	0	12
0	1	1	0	1	1	0	0	1	1	13
0	1	1	1	0	1	0	1	0	0	14
0	1	1	1	1	1	0	1	0	1	15
1	0	0	0	0	1	0	1	1	0	16
1	0	0	0	1	1	0	1	1	1	17
1	0	0	1	0	1	1	0	0	0	18
1	0	0	1	1	1	1	0	0	1	19

例 3：十進制調整

(1)
```
      7              0111
  +   8          +   1000
  ------         ----------
     15              1111        大於 9
                +   0110        加 6 調整
                ----------
                   10101
                   1  5（BCD 碼）
```

(2)
```
      9              1001
  +   4          +   0100
  ------         ----------
     13              1101        大於 9
                +   0110        加 6 調整
                ----------
                   10001
                   1  3（BCD 碼）
```

　　由表 5-1 及上面的範例可知，當二進制和產生下列結果時，就必須做十進制調整，其情況有二：

1. 當和 $S_8S_4S_2S_1$ 大於 1001（9）時。

2. 當二進制和有進位（$K = 1$）時。

∴由卡諾圖化簡得：

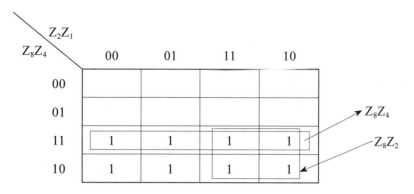

∴ $C = K + Z_8Z_4 + Z_8Z_2$

此處的 C 為十進制調整電路的致能控制，當 $C = 1$ 時，就必須將 6（0110）加到二進制和中，當 $C = 0$ 時，則否。

完整的 BCD 加法器如下圖所示。

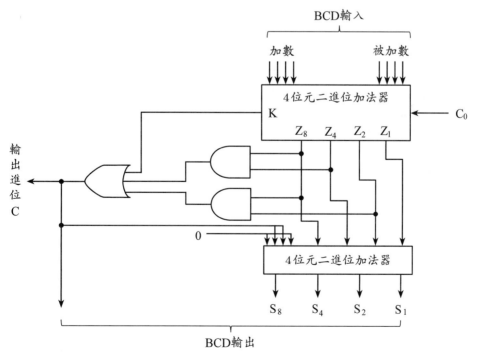

圖 5-20　4 位元 BCD 加法器

（二）BCD減法器

　　BCD 減法運算係將減數取 10's 補數之後，再與被減數相加所得的結果。而 10's 補數等於 9's 補數加 1，故要進行 BCD 減法運算，必須是設計一個 9's 補數產生器，如下面的範例所示。

例 4：設計一個 9's 補數產生器。

　解　單一數字之 9's 補數是以 9 減去該數字即得，所以 BCD 碼的 9's 補數如下表所示：

BCD碼				9's補數			
A_3	A_2	A_1	A_0	Z_3	Z_2	Z_1	Z_0
0	0	0	0	1	0	0	1
0	0	0	1	1	0	0	0
0	0	1	0	0	1	1	1
0	0	1	1	0	1	1	0
0	1	0	0	0	1	0	1
0	1	0	1	0	1	0	0
0	1	1	0	0	0	1	1
0	1	1	1	0	0	1	0
1	0	0	0	0	0	0	1
1	0	0	1	0	0	0	0

　　BCD 碼的 1010～1111 為 Don't Care。

　　卡諾圖化簡如下：

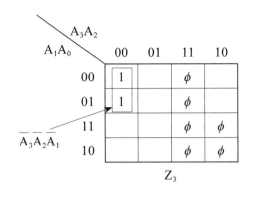

$\overline{A_3}\overline{A_2}\overline{A_1}$

$A_1A_0 \backslash A_3A_2$	00	01	11	10
00	1		φ	
01	1		φ	
11			φ	φ
10			φ	φ

Z_3

$A_2\overline{A_1}$　　$\overline{A_2}A_1$

$A_1A_0 \backslash A_3A_2$	00	01	11	10
00		1	φ	
01		1	φ	
11	1		φ	φ
10	1		φ	φ

Z_2

$A_1A_0 \backslash A_3A_2$	00	01	11	10
00			φ	
01			φ	
11	1	1	φ	φ
10	1	1	φ	φ

A_1　Z_1

$\overline{A_0}$

$A_1A_0 \backslash A_3A_2$	00	01	11	10
00	1	1	φ	1
01	1		φ	
11			φ	φ
10	1	1	φ	φ

Z_0

∴ 9's 補數之輸出為：

$$Z_3 = \overline{A_3}\,\overline{A_2}\,\overline{A_1}$$

$$Z_2 = A_1 \oplus A_2$$

$$Z_1 = A_1$$

$$Z_0 = \overline{A_0}$$

9's 補數產生器之電路如下：

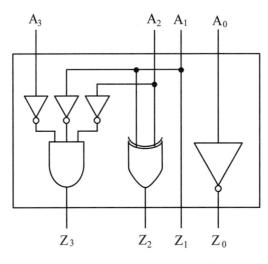

圖 5-21　　9's 補數產生器

例 5：設計一 BCD 加／減法器電路（利用圖 5-22 的眞值／9's 補數產生器）。

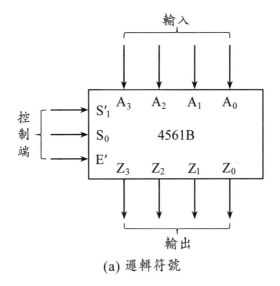

(a) 邏輯符號

輸入			輸出				說明
E'	S'_1	S_0	Z_3	Z_2	Z_1	Z_0	
1	ϕ	0	0	0	0	0	0輸出
0	ϕ	0	A_3	A_2	A_1	A_0	眞值輸出
0	ϕ	1	$\overline{A_1 A_2 A_3}$	$A_1 \oplus A_2$	A_1	$\overline{A_0}$	9's補數輸出
0	1	ϕ	A_3	A_2	A_1	A_0	眞值輸出

(b) 眞值表

圖 5-22　IC 4561B 眞值／9's 補數產生器

解　由上圖的眞值表可知：當 S = 0 時，眞值／9's 補數產生器的輸出為輸入的眞值，利用此情況即可進行 BCD 加法運算。當 S = 1 時，眞值／9's 補數產生器的輸出為輸入的 9's 補數，加上 C_0 之後，便形成 10's 補數，以此情況來執行 BCD 減法運算。所以 BCD 的加／減法器電路如下：

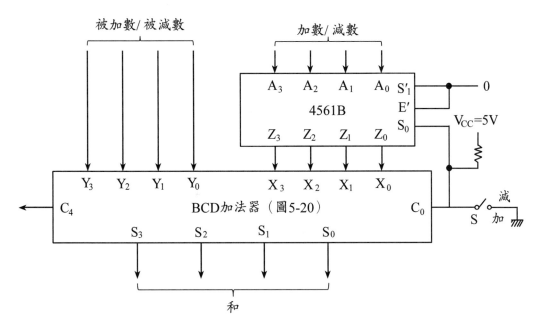

圖 5-23　BCD 加／減法器

5-4-3　二進制乘法運算電路

二進制乘法運算的規則有二：

1. 若被乘數位元為 1，則結果為乘數。

2. 若被乘數位元為 0，則結果為 0。

此即將兩相乘二進制進行 AND 運算所得的結果。若以 4 位元的二進制相乘為例：

		a_3	a_2	a_1	a_0	乘數
	$\times$	b_3	b_2	b_1	b_0	被乘數
		a_3b_0	a_2b_0	a_1b_0	a_0b_0	
	a_3b_1	a_2b_1	a_1b_1	a_0b_1		
	a_3b_2	a_2b_2	a_1b_2	a_0b_2			部分積
$+$	a_3b_3	a_2b_3	a_1b_3	a_0b_3			
P_6	P_5	P_4	P_3	P_2	P_1	P_0	乘積

由上述的運算可知：其需要 16 個 2 輸入的 AND 閘與三個 4 個位元並加器。其電路如下圖所示：

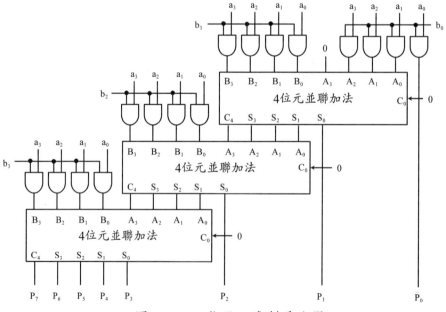

圖 5-24　4 位元二進制乘法器

5-5　MSI組合邏輯電路

在組合邏輯中，常用的 MSI 電路有多工器、解多工器、解碼器、編碼器、比較器等，其中多工器可用來執行任意布林函數，又稱為通用邏輯模組（Universal Logic Module, ULM），本節將分別介紹之。

5-5-1　解碼器（Decoder）

是一種能將 n 個輸入的二進位資訊轉成最多 2^n 個單獨輸出線的組合電路。

若 n 位元所解碼的資訊有不使用的組（Don't Care 項），則解碼器輸出將小於 2^n 個輸出，即 $m < 2^n$，此稱為未完全解碼，所產生的最小項也只有前面的 m 項。

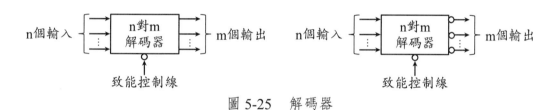

圖 5-25　解碼器

若 n 個位元的輸入組合皆使用時，$m = 2^n$，稱為完全解碼，產生所有的最小項。

解碼器的原理是：當致能控制線為 Lo 時，在每一個輸入值的組合中，只有一條輸出線為 1（非反相輸出）或 0（反相輸出）。

例 1：設計一個具致能控制的 2 對 4 反相輸出解碼器電路。
　　解

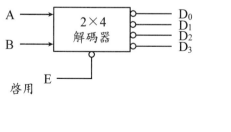

E	A	B	D_0	D_1	D_2	D_3
1	×	×	1	1	1	1
0	0	0	0	1	1	1
0	0	1	1	0	1	1
0	1	0	1	1	0	1
0	1	1	1	1	1	0

(a) 方塊圖　　　　　　　　　(b) 真值表

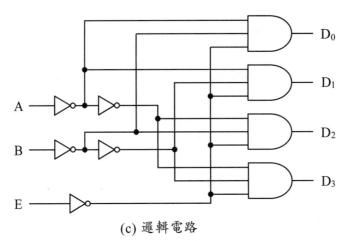

(c) 邏輯電路

圖 5-26　具致能控制的 2 對 4 反相輸出解碼器

此處的 $D'_0 = E'A'B'$　　$D'_1 = E'A'B$

　　　　　　$D'_2 = E'AB'$　　$D'_3 = E'AB$

$\Rightarrow D_0 = (E'A'B')'$　$D_1 = (E'A'B)'$　$D_2 = (E'AB')'$　$D_3 = (E'AB)'$

例 2：使用一解碼器與兩個 OR 閘來表示全減器電路。

　解　全減器之真值表如下：

X	Y	Z	D	B	
0	0	0	0	0	
0	0	1	1	1	
0	1	0	1	1	D：差
0	1	1	0	1	B：借位
1	0	0	1	0	
1	0	1	0	0	
1	1	0	0	0	
1	1	1	1	1	

因此，$D = \sum m(1, 2, 4, 7)$，$B = \sum m(1, 2, 3, 7)$

故電路圖如下：

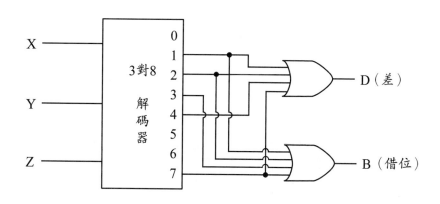

例 3：設計一個反相輸出的 BCD 解碼器。

解 反相輸出的 BCD 碼真值表、方塊圖及解碼電路如圖 5-27 所示。

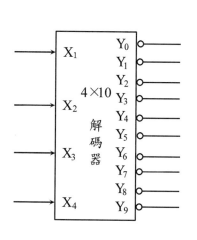

(a) 方塊圖

X_8	X_4	X_2	X_1	Y_0	Y_1	Y_2	Y_3	Y_4	Y_5	Y_6	Y_7	Y_8	Y_9
0	0	0	0	0	1	1	1	1	1	1	1	1	1
0	0	0	1	1	0	1	1	1	1	1	1	1	1
0	0	1	0	1	1	0	1	1	1	1	1	1	1
0	0	1	1	1	1	1	0	1	1	1	1	1	1
0	1	0	0	1	1	1	1	0	1	1	1	1	1
0	1	0	1	1	1	1	1	1	0	1	1	1	1
0	1	1	0	1	1	1	1	1	1	0	1	1	1
0	1	1	1	1	1	1	1	1	1	1	0	1	1
1	0	0	0	1	1	1	1	1	1	1	1	0	1
1	0	0	1	1	1	1	1	1	1	1	1	1	0
其他組合				1	1	1	1	1	1	1	1	1	1

(b) 真值表

CHAPTER

5

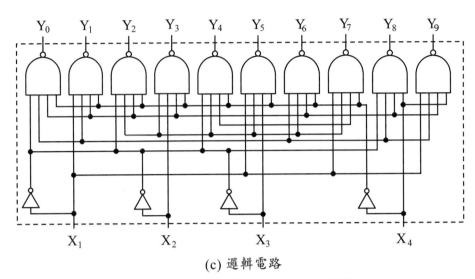

(c) 邏輯電路

圖 5-27　反相輸出的 BCD 解碼器

由眞值表利用卡諾圖化簡，可得各輸出函數爲：

$Y'_0 = X'_8 X'_4 X'_2 X'_1$	$\therefore Y_0 = (X'_8 X'_4 X'_2 X'_1)'$
$Y'_1 = X'_8 X'_4 X'_2 X_1$	$\therefore Y_1 = (X'_8 X'_4 X'_2 X_1)'$
$Y'_2 = X'_8 X'_4 X_2 X'_1$	$\therefore Y_2 = (X'_8 X'_4 X_2 X'_1)'$
$Y'_3 = X'_8 X'_4 X_2 X_1$	$\therefore Y_3 = (X'_8 X'_4 X_2 X_1)'$
$Y'_4 = X'_8 X_4 X'_2 X'_1$	$\therefore Y_4 = (X'_8 X_4 X'_2 X'_1)'$
$Y_5 = X'_8 X_4 X'_2 X_1$	$\therefore Y_5 = (X'_8 X_4 X'_2 X_1)'$
$Y'_6 = X'_8 X_4 X_2 X'_1$	$\therefore Y_6 = (X'_8 X_4 X_2 X'_1)'$
$Y'_7 = X'_8 X_4 X_2 X_1$	$\therefore Y_7 = (X'_8 X_4 X_2 X_1)'$
$Y'_8 = X_8 X'_4 X'_2 X'_1$	$\therefore Y_8 = (X_8 X'_4 X'_2 X'_1)'$
$Y'_9 = X_8 X'_4 X'_2 X_1$	$\therefore Y_9 = (X_8 X'_4 X'_2 X_1)'$

例 4：利用兩個 2×4 解碼器（具有致能控制輸入）組成一個 3×8 解碼器電路。

解　如圖 5-28 所示，當 $x_3 = 0$ 時，解碼器 A 致能；當 $x_3 = 1$ 時，解碼器 B 致能。但兩者不能同時致能，故形成一個 3×8 解碼器電路。

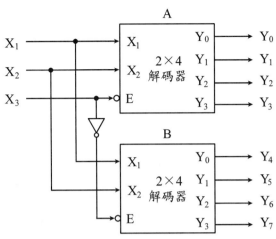

圖 5-28　利用兩個 2×4 解碼器組成一個 3×8 解碼器

例 5：試用四個 3×8 解碼器與一個 2×4 解碼器結構一個 5×32 解碼器。

解　利用 2 對 4 解碼器來產生 4 條致能信號，分別來致能四個 3 對 8 解碼器。
亦即：

d	e	資料表
0	0	$D_0 \sim D_7$
0	1	$D_8 \sim D_{15}$
1	0	$D_{16} \sim D_{23}$
1	1	$D_{24} \sim D_{31}$

A，B，C 變數用來作為 3 對 8 解碼的輸入線，所以整個電路　：

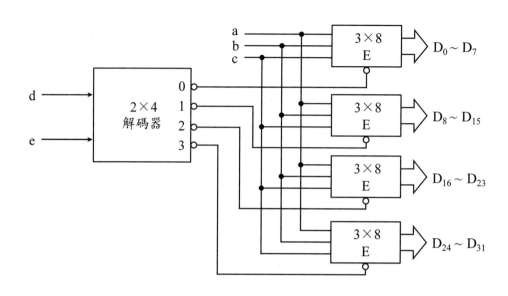

5-5-2　多工器（Multiplexer）

又稱資料選擇器，是一種多對 1 的組合電路，具有 2^n 條輸入線，1 條輸出線，n 個控制線。n 條控制線用來控制 2^n 個輸入線與輸出線連接的情況。

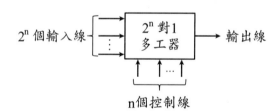

例 6：設計一個 4 對 1 的多工器電路。

　　解　4 對 1 多工器之方塊圖與真值表如下圖所示：

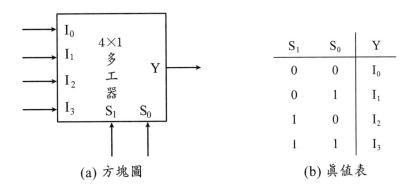

(a) 方塊圖   (b) 真值表

$$\therefore Y = S'_1 S'_0 I_0 + S'_1 S_0 I_1 + S_1 S'_0 I_2 + S_1 S_0 I_3$$

電路圖如下：

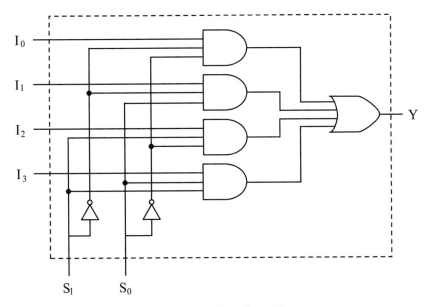

圖 5-29   4 對 1 多工器

如解碼器一樣，在實際應用的多工器中都會有一條致能線（Enable），用來控制多工器的動作與否。致能線的控制方式有高、低電位兩種，如圖 5-30 所示，若致能線沒有啟動，則多工器的輸出維持為 0。

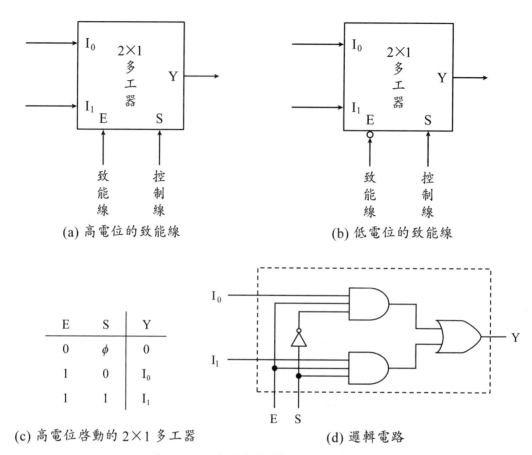

(a) 高電位的致能線　　　　　　　　　(b) 低電位的致能線

E	S	Y
0	ϕ	0
1	0	I_0
1	1	I_1

(c) 高電位啟動的 2×1 多工器　　　　(d) 邏輯電路

圖 5-30　具致能控制的 2×1 多工器

　　兩個或多個多工器也可以組合在一起，形成一個具有較多輸入端的多工器，此即多工器的擴充，所擴充出來的多工器稱為多工器樹（Multiplexer Tree）。

例 7：(1) 利用兩個 2×1 多工器組合成一個 3×1 多工器，且不得加入任何邏輯閘。

　　　(2) 利用兩個 2×1 多工器配合額外的邏輯閘，組合成一個 4×1 多工器（多工器具致能線）。

　　　(3) 利用三個 2×1 多工器組合成一個 4×1 多工器。

解　令三個輸入為 A、B、C，選擇線為 S2、S1，而輸出為 F，則 3-to-1 的多工器如下：

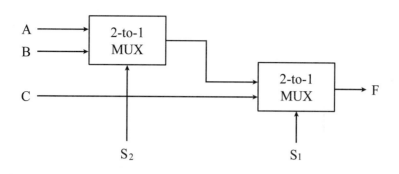

(2)$S_1 = 0$，上一個多工器動作

$S_1 = 1$，下一個多工器動作

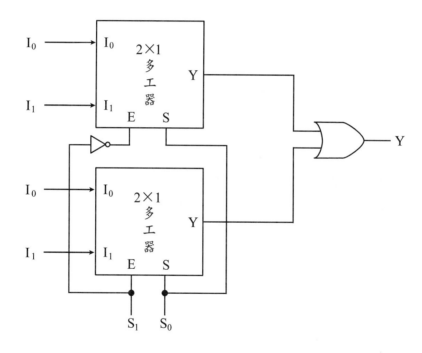

(3)

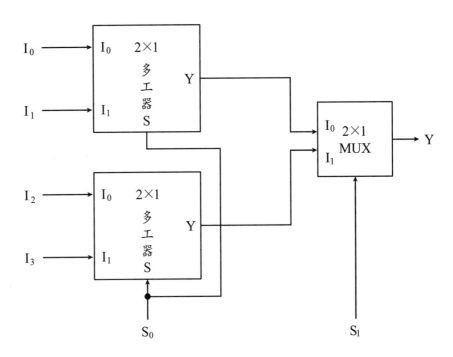

此外，多工器還可以用來執行任意布林函數，使用單級多工器執行一個 n 個變數的布林函數時，可以採用下列三種方式：

1. $2^n \times 1$ 多工器

2. $2^{n-1} \times 1$ 多工器

3. $2^{n-m} \times 1$ 多工器

其執行步驟如下：

1. 選定輸入與控制變數。

2. 決定多工器之各個輸入，依布林函數來圈起相對應的全及項化簡：

　　(1) 若同行中，上、下均圈起來，則為「1」。

　　(2) 若同行中，上列圈起來，則為輸入變數之補數。

　　(3) 若同行中，下列圈起來，則為輸入變數。

　　(4) 若同行中，上、下均沒圈起來，則為 0。

3. 畫出多工器。

底下分別依上述三種執行方式說明之：

(1) 以 $2^n \times 1$ 多工器製作 n 個變數布林函數

一般而言，$2^n \times 1$ 多工器輸出函數與輸入端 I_i 及選擇線（$S_{n-1}, \cdots, S_0$）的二進制組合關係為：

$$F = \sum_{i=0}^{2^n-1} I_i m_i$$

其中 m_i 為選擇線，$S_{n-1}, \cdots, S_1, S_0$ 等組合而成的第 i 個最小項。

例 8：使用一個 8×1 多工器執行下列的布林函數：

$f(A, B, C) = \sum(0, 2, 4, 6, 7)$

解 布林函數：$f(A, B, C) = m_0 + m_2 + m_4 + m_6 + m_7$

∴在 $F = \sum_{i=0}^{2^n-1} I_i m_i$ 中，多工器的輸入端 $I_0 = I_2 = I_4 = I_6 = I_7 = 1$

$I_1 = I_3 = I_5 = 0$，邏輯電路如下：

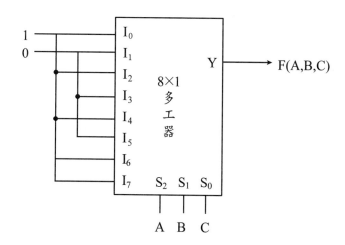

例 9：下圖為一 8 對 1 之多工器（Multiplexer），其輸入為 $I_0 \sim I_7$，輸出為 Z，多工選擇輸入為 $S_2 \sim S_0$，分別連接至 A、B、C。$Z = f(A, B, C)$，請問以最簡積之和（Sum of Product）表示時，$Z = \underline{\qquad}$（註：當 $S_2 S_1 S_0 = 100$ 時，$Z = I_4$）。

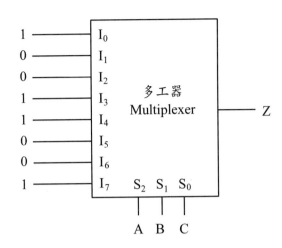

解　$Z = \sum m(0, 3, 4, 7)$ 以卡諾圖化簡得：

A \ BC	00	01	11	10
0	1	0	1	0
1	1	0	1	0

$Z = B'C' + BC$

例 10：試利用下圖之多工器製作下列布林函數：

$$Y = \overline{A}\,\overline{B}\,\overline{C}D + AB\overline{C}\,\overline{D} + \overline{A}B\overline{C}\,\overline{D} + A\overline{B}\,\overline{C}D + \overline{A}BC\overline{D} + \overline{A}\,\overline{B}\,\overline{C}\,\overline{D} + A\overline{B}\,\overline{C}\,\overline{D}$$

已知 $S_0 = A$，$\overline{S}_1 = \overline{B}$，$S_2 = C$。試求 $X_0 = $ _____，$X_3 = $ _____，

$X_4 = $ _____。

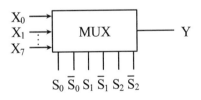

解　$Y = \sum(0, 1, 6, 8, 9, 10, 12)$

D \ ABC	000	001	010	011	100	101	110	111
0	⓪	2	4	⑥	⑧	⑩	⑫	14
1	①	3	5	7	⑨	11	13	15
	1	0	0	$\overline{D}$	1	$\overline{D}$	$\overline{D}$	0

$\therefore X_0 = 0$，$X_3 = 1$，$X_4 = D$

(2) 以 $2^{n-1} \times 1$ 多工器來製作 n 個變數布林函數

從 n 個變數中，任選一個變數當做輸入變數，其餘 n – 1 個變數為控制變數，如此便可以利用 $2^{n-1} \times 1$ 多工器來表示 n 個變數的布林函數。

例 11：以 4×1 多工器來製作下列的布林函數：

$F(A, B, C) = A'B' + AC$

解　將 F 展開，使得所有的項都會有控制變數 A、B：

$F(A, B, C) = A'B' + AC(B + B') = A'B' \cdot 1 + AB' \cdot C + AB \cdot C$

$\Rightarrow I_0 = 1$，$I_1 = 0$，$I_2 = C$，$I_3 = C$

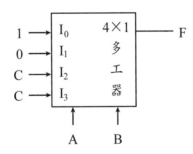

例 12：以 8×1 多工器來製作下列的布林函數：

$F(A, B, C, D) = \sum(0, 1, 3, 4, 8, 9, 15)$

解　以 A 為輸入變數，BCD 為控制變數。

	I_0	I_1	I_2	I_3	I_4	I_5	I_6	I_7
A'	⓪	①	2	③	④	5	6	7
A	⑧	⑨	10	11	12	13	14	⑮
	1	1	0	A'	A'	0	0	A

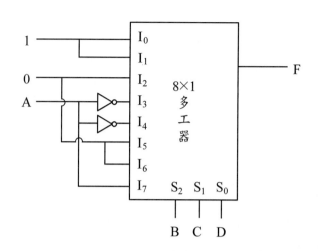

(3) 以 $2^{n-m} \times 1$ 多工器來製作 n 個變數布林函數

以 $2^{n-m} \times 1$ 多工器來表示 n 個變數時，必須選定 m 個變數當做輸入變數，而（n−m）個變數當做控制變數，再利用 n 個輸入變數的組合，配合化簡動作，求出所表示的布林函數。

例 13：以 4×1 多工器來表示下列布林函數，以 AB 為控制變數，CD 為輸入變數。

　　　$F(A, B, C, D) = \sum m(0, 1, 2, 4, 7, 9, 12, 13, 15)$

解

CD ＼ AB	I_0	I_1	I_2	I_3
00	⓪	④	8	⑫
01	①	5	⑨	⑬
10	②	6	10	14
11	3	⑦	11	⑮
	$\overline{C} + \overline{D} = \overline{CD}$	$C \odot D$	$\overline{C}D$	$\overline{C} + D$

∴以多工器表示如下：

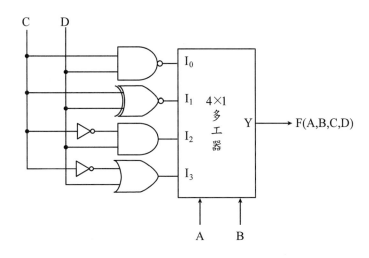

例 14：如下圖所示，其實現的布林函數 F(A, B, C, D) 為何？

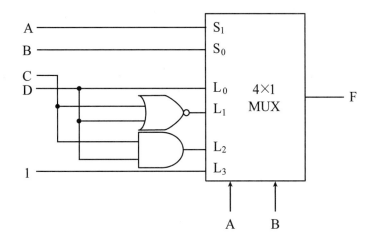

解 由上圖可知：AB 為控制變數，CD 為輸入變數。

CD\AB	I_0	I_1	I_2	I_3	
00	0	④	8	⑫	$\therefore I_0 = D$
01	①	5	9	⑬	$I_1 = \overline{C + D} = \overline{C}\,\overline{D}$
10	2	6	10	⑭	$I_2 = CD$
11	③	7	⑪	⑮	$I_3 = 1$
	D	$\overline{C}\,\overline{D}$	CD	1	

$$\therefore F(A, B, C, D) = \sum m(1, 3, 4, 11, 12, 13, 14, 15)$$

5-5-3　解多工器（DeMultiplexer）

　　解多工器是一種單輸入端，2^n 輸出端的組合邏輯電路，輸出線的指定由 n 條控制線決定，其動作恰與多工器相反，如下圖所示：

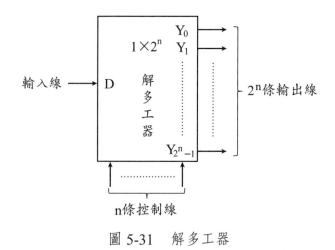

圖 5-31　解多工器

例 15：(1) 1 對 2 的解多工器。

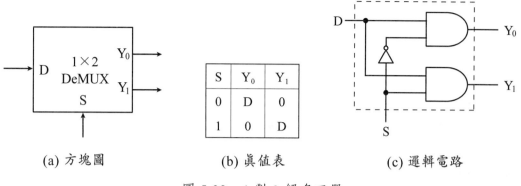

<table>
<tr><th>S</th><th>Y_0</th><th>Y_1</th></tr>
<tr><td>0</td><td>D</td><td>0</td></tr>
<tr><td>1</td><td>0</td><td>D</td></tr>
</table>

(a) 方塊圖　　　　　(b) 真值表　　　　　(c) 邏輯電路

圖 5-32　1 對 2 解多工器

(2) 1×4 具致能的解多工器

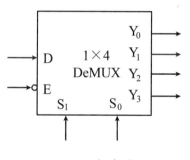

S_1	S_0	E	Y_0	Y_1	Y_2	Y_3
ϕ	ϕ	1	0	0	0	0
0	0	0	D	0	0	0
0	1	0	0	D	0	0
1	0	0	0	0	D	0
1	1	0	0	0	0	D

(a) 方塊圖　　　　　　　　　　　　(b) 真值表

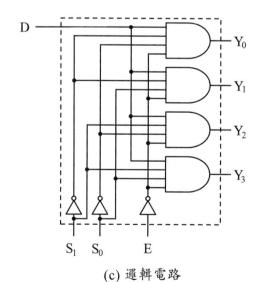

(c) 邏輯電路

圖 5-33　1 對 4 解多工器

$$Y_0 = E'S'_1S'_0D \text{，} Y_1 = E'S'_1S_0D$$
$$Y_2 = E'S_1S'_0D \text{，} Y_3 = E'S_1S_0D$$

解多工器的擴充：

　　在實際的應用上，若一時找不到合用的解多工器，也可以將多個具致能控制的解多工器串接起來，以形成較多輸出端的解多工器，如下面的範例所示。

例16：利用兩個具致能控制的1×4解多工器，組合成一個1×8解多工器電路。

　　解　如下圖所示：

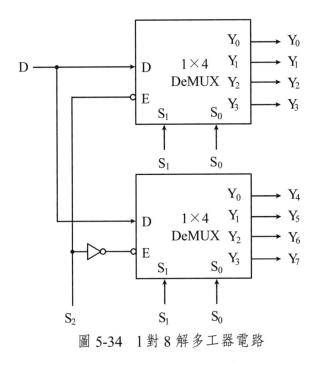

圖 5-34　1 對 8 解多工器電路

　　當 $S_2 = 0$ 時，上半部的解多工器動作，而下半部的解多工器不動作，輸出為 0；當 $S_2 = 1$ 時，下半部的解多工器致能，上半部解多工器輸出為 0，故形成一個 1×8 解多工器電路。

利用解多工器來製作布林函數：

由於解多工器本身是一個乘積產生電路，所以要執行 SOP 型式的布林函數時，必須配合使用 OR 閘。

例 17：利用 1×8 解多工器執行下列布林函數：

$$F(A, B, C) = \sum(1, 2, 4, 7)$$

解

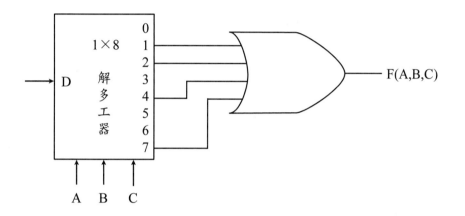

解多工器與解碼器之關係：

對於具致能控制輸入的解碼器而言，若將其致能控制線當做資料輸入端，則可以當作解多工器使用。解多工器若將其資料輸入線當作致能控制線，則其等效於解碼器。圖 5-35 為利用一顆 74155（包含兩組一對四解多工器）擴充成 3×8 解碼器的方法。

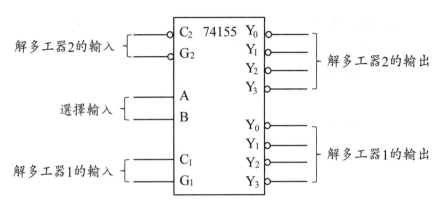

(a) 74155 一對四解多工器方塊圖

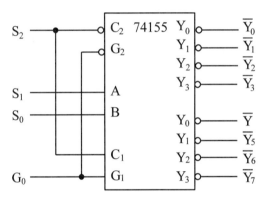

(b) 1×8 解多工器或 3×8 解碼器

圖 5-35　利用 74155 擴充的 3×8 解碼電路

5-5-4　編碼器（Encoder）與優先編碼器（Pariority Encoder）

編碼器的動作與解碼器相反，解碼器相當於 AND 功能，編碼器相當於 OR 的功能。解碼器是將輸入線分解成許多最小項的輸出，所以一個編碼器如下面的方塊圖所示，具有 m 條輸入線，n 條輸出線，且 $m \le 2^n$。

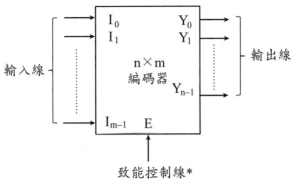

* 有些電路沒有致能控制線
(a) 非反相輸出

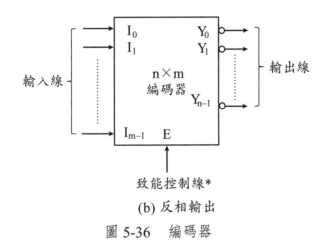

(b) 反相輸出

圖 5-36　編碼器

　　在編碼器中，每次只允許一條輸入線作用，經編碼電路的組合後，才能產生輸入線的二進制組合值。若有一條以上的輸入線同時作用，則編碼器將無法正常動作。

例 18：設計一個 8×3 編碼器電路。

　解　如下圖所示，因 8 個輸入線每次只能有一條使用，所以由真值表可得輸出分別為：

$Y_0 = I_1 + I_3 + I_5 + I_7$

$Y_1 = I_2 + I_3 + I_6 + I_7$

$Y_2 = I_4 + I_5 + I_5 + I_7$

電路如圖 5-37 所示。

I_0	I_1	I_2	I_3	I_4	I_5	I_6	I_7	Y_2	Y_1	Y_0
1	0	0	0	0	0	0	0	0	0	0
0	1	0	0	0	0	0	0	0	0	1
0	0	1	0	0	0	0	0	0	1	0
0	0	0	1	0	0	0	0	0	1	1
0	0	0	0	1	0	0	0	1	0	0
0	0	0	0	0	1	0	0	1	0	1
0	0	0	0	0	0	1	0	1	1	0
0	0	0	0	0	0	0	1	1	1	1

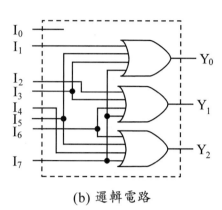

(a) 真值表　　　　　　　　(b) 邏輯電路

圖 5-37　8×3 編碼器

在編碼電路中,限制每次只允許一條輸入線動作在實際線應用上是不太可能的,所以一般採用優先權編碼器(Priority Encoder),其說明如下:

優先編碼器:

係指輸入中至少有一個是 1(作用),且低位元的優先權高於高位元,當低位元為 1 時,不管高位元的值,故稱之。

例 19:設計一 8×3 優先編碼器。

解

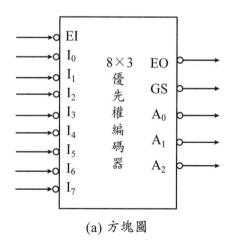

(a) 方塊圖

EI'	輸　入								輸　出				
	I'_0	I'_1	I'_2	I'_3	I'_4	I'_5	I'_6	I'_7	A'_2	A'_1	A'_0	GS'	EO'
1	ϕ	ϕ	ϕ	ϕ	ϕ	ϕ	ϕ	ϕ	Z	Z	Z	1	1
0	1	1	1	1	1	1	1	1	Z	Z	Z	1	0
0	ϕ	ϕ	ϕ	ϕ	ϕ	ϕ	ϕ	0	0	0	0	0	1
0	ϕ	ϕ	ϕ	ϕ	ϕ	ϕ	0	1	0	0	1	0	1
0	ϕ	ϕ	ϕ	ϕ	ϕ	0	1	1	0	1	0	0	1
0	ϕ	ϕ	ϕ	ϕ	0	1	1	1	0	1	1	0	1
0	ϕ	ϕ	ϕ	0	1	1	1	1	1	0	0	0	1
0	ϕ	ϕ	0	1	1	1	1	1	1	0	1	0	1
0	ϕ	0	1	1	1	1	1	1	1	1	0	0	1
0	0	1	1	1	1	1	1	1	1	1	1	0	1

(b) 真值表

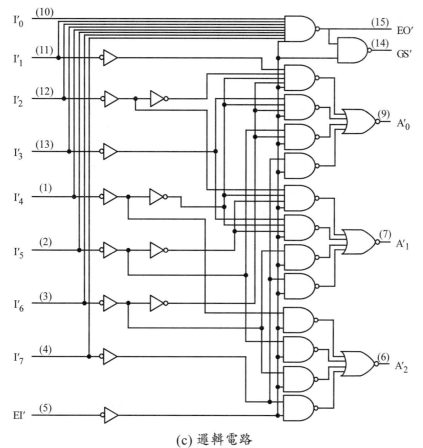

(c) 邏輯電路

圖 5-38　8×3 優先編碼器

由眞值表可化簡 A_2、A_1、A_0 之輸出如下：

$A_2 = (I'_4)'I'_5I'_6I'_7 + (I'_5)'I'_6I'_7 + (I'_6)'I'_7 + (I'_7)'$

$\quad = I_4I'_5I'_6I'_7 + I_5I'_6I'_7 + I_6I'_7I_7$

$\quad = I_4 + I_5 + I_6 + I_7$

$A_1 = (I'_2)'I'_3I'_4I'_5I'_6I'_7 + (I'_3)'I'_4I'_5I'_6I'_7 + (I'_6)'I'_7 + (I'_7)'$

$\quad = I_2I'_3I'_4I'_5I'_6I'_7 + I_3I'_4I'_5I'_6I'_7 + I_6I'_7 + I_7$

$\quad = I_2I'_4I'_5 + I_3I'_4I'_5 + I_6 + I_7$

$A_0 = (I'_1)I'_2I'_3I'_4I'_5I'_6I'_7 + (I'_3)I'_4I'_5I'_6I'_7 + (I'_5)I'_6I'_7 + (I'_7)'$

$\quad = I_1I'_2I'_4I'_6 + I'_3I'_4I'_6 + I_5I'_6 + I_7$

所以 $A'_2 = (I_4 + I_5 + I_6 + I_7)$

$\quad\quad A'_1 = (I_2I'_4I'_5 + I'_3I'_4I'_5 + I_6 + I_7)$

$\quad\quad A'_0 = (I_1I'_2I'_4I'_6 + I_3I'_4I'_6 + I_5I'_6 + I_7)'$

電路圖如圖 5-38 所示。

5-5-5　比較器

比較器是一種用來比較兩個 n 位元數目之大小，並指出其結果（A > B，A = B，A < B）的組合邏輯電路。

互斥或閘可以當作一個基本的比較器，當兩個輸入相同時，輸出爲 0，兩輸入不相同時，輸出爲 1，如圖 5-39 所示。若要比較兩個二位元的二進制數，則需兩個互斥或閘，如圖 5-40 所示。

圖 5-39　基本比較器

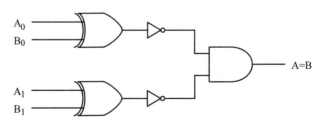

圖 5-40　兩個 2 位元比較的邏輯電路

　　若兩個數相等時，經互斥或閘再反相（即互斥反或閘），由 AND 閘輸出得到 1。當兩個數不相等時，至少有一個互斥反或閘輸出不為 1，所以 AND 閘輸出為 0。至於 4 位元的比較器則如圖 5-41 所示。

例 20：4 位元比較器的設計。

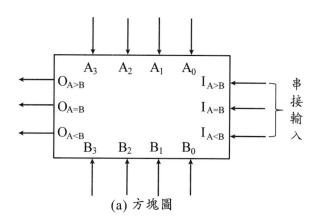

(a) 方塊圖

資料輸入				串級輸入			串級輸出		
$A_3 \cdot B_3$	$A_2 \cdot B_2$	$A_1 \cdot B_1$	$A_0 \cdot B_0$	$I_{A>B}$	$I_{A=B}$	$I_{A<B}$	$O_{A>B}$	$O_{A=B}$	$O_{A<B}$
$A_3 > B_3$	ϕ	ϕ	ϕ	ϕ	ϕ	ϕ	1	0	0
$A_3 < B_3$	ϕ	ϕ	ϕ	ϕ	ϕ	ϕ	0	0	1
$A_3 = B_3$	$A_2 > B_2$	ϕ	ϕ	ϕ	ϕ	ϕ	1	0	0
$A_3 = B_3$	$A_2 < B_2$	ϕ	ϕ	ϕ	ϕ	ϕ	0	0	1
$A_3 = B_3$	$A_2 = B_2$	$A_1 > B_1$	ϕ	ϕ	ϕ	ϕ	1	0	0
$A_3 = B_3$	$A_2 = B_2$	$A_1 < B_1$	ϕ	ϕ	ϕ	ϕ	0	0	1
$A_3 = B_3$	$A_2 = B_2$	$A_1 = B_1$	$A_0 > B_0$	ϕ	ϕ	ϕ	1	0	0
$A_3 = B_3$	$A_2 = B_2$	$A_1 = B_1$	$A_0 < B_0$	ϕ	ϕ	ϕ	0	0	1
$A_3 = B_3$	$A_2 = B_2$	$A_1 = B_1$	$A_0 = B_0$	1	0	0	1	0	0
$A_3 = B_3$	$A_2 = B_2$	$A_1 = B_1$	$A_0 = B_0$	0	0	1	0	0	1
$A_3 = B_3$	$A_2 = B_2$	$A_1 = B_1$	$A_0 = B_0$	0	1	0	0	1	0

(b) 真值表

由真值表可得其三個結果為：

1. $A = B$ 結果 $A_3 = B_3$，$A_2 = B_2$，$A_1 = B_1$，$A_0 = B_0$

$\Rightarrow X_i = A_i B_i + \overline{A_i}\,\overline{B_i}$　$i = 0, 1, 2, 3$

$(A = B) = X_3 X_2 X_1 X_0$

2. $(A > B) = A_3 \overline{B_3} + X_2 A_2 \overline{B_2} + X_3 X_2 A_1 \overline{B_1} + X_3 X_2 X_1 A_0 \overline{B_0}$

3. $(A < B) = \overline{A_3} B_3 + X_2 \overline{A_2} B_2 + X_3 X_2 \overline{A_1} B_1 + X_3 X_2 X_1 \overline{A_0} B_0$

其邏輯電路如圖 5-41 所示。

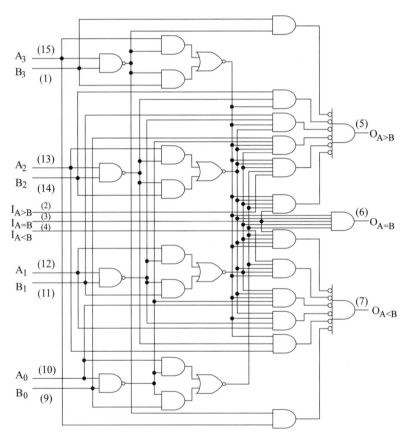

圖 5-41　4 位元比較器

5-6　可程式邏輯元件（Programmable Logic Device, PLD）

常用的可程式邏輯元件（PLD）有三種：

1. ROM（Read Only Memory，唯讀記憶體）。

2. PLA（Programmable Logic Array，可程式邏輯陣列）。

3. PAL（Programmable Array Logic，可程式陣列邏輯）。

這三種 PLD 的基本結構均是 AND-OR 電路，所以可用來執行任何的布林函數。三者之差別在於 AND 陣列或 OR 陣列的可規劃性，如下表所示：

表 5-2　PLD 元件之比較

	AND陣列	OR陣列	輸出型態
ROM	固定	固定	三態、開路集極
PROM	固定	可規劃	同上
PAL	可規劃	固定	三態、可規劃極性、暫存器回授
PLA	可規劃	可規劃	三態、開路集極、可規劃接地

5-6-1　可程式元件的基本概念

PLD 的規劃方式有兩種：

1. 罩網式規劃（Mask Programming）：需使用者提供規劃圖型或程式（Interconnection Pattern 或 Program）給 IC 製造商，才能利用光罩技術製造 IC。且這種 IC 一旦製造完成功能即已固定，不能再改變。所以這類 IC 一般用在系統設計完成後的大量生產的電路中，以降低成本。

2. 場效式規劃（Field Programming）：使用者可自行利用規劃器（Programming Equipment）規劃所需的功能，且有些場效式 IC 可清除重新再規劃。所以一般用在數位系統設計的初級階段，以獲得較佳的彈性。

下圖為 PLD 元件之簡便符號（Shortand Notation），在圖中的熔絲的位置依製造技術之不同而不同。在場效式可程式元件中，若以雙極性的製造技術，

則為鎳鉻熔絲（Nickel-chromium Fuse）；若以 MOS 製造技術，則為浮動閘極 FET（Floating Gate FET）。但在罩網式可程式元件中則直接以雙極性元件（電晶體）或 FET（MOS）的有無來代表熔絲的存與否。

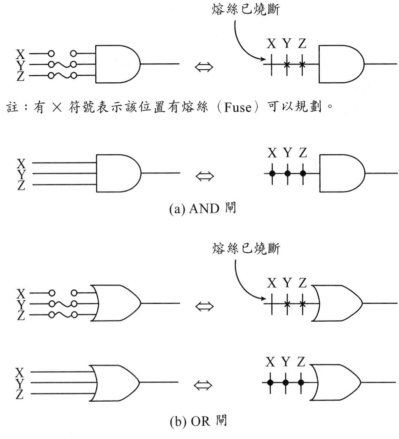

註：有 × 符號表示該位置有熔絲（Fuse）可以規劃。

(a) AND 閘

(b) OR 閘

圖 5-42　AND 閘與 OR 閘的簡便符號

　　如前面所談的，三種 PLD 元件（ROM、PLA 與 PAL）之差別在於 AND 陣列或 OR 陣列之可規劃與否。從表 5-2 中可知：ROM 元件可規劃 OR 陣列，如圖 5-43(a) 所示。PLA 元件 AND 與 OR 陣列均可規劃，如圖 5-43(b) 所示。而 PAI 則只可規劃 AND 陣列，如圖 5-43(c) 所示。

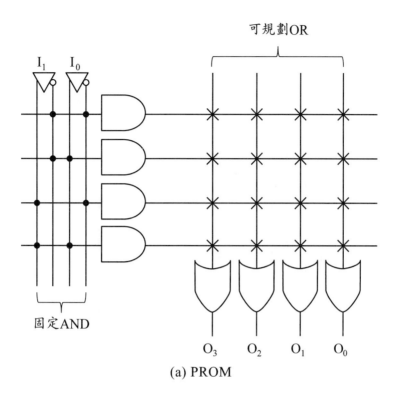

(a) PROM

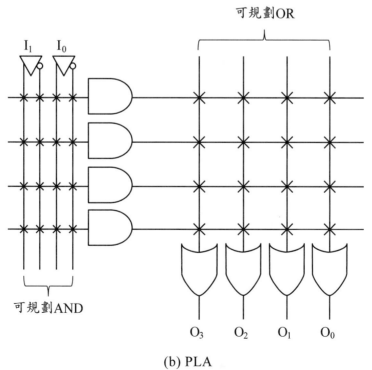

(b) PLA

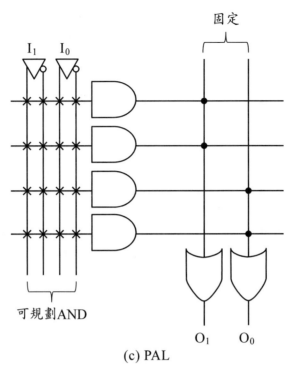

(c) PAL

圖 5-43　PLD 元件規劃之比較

5-6-2　ROM（Read Only Memory）

ROM 的架構如下圖所示；是由一個 n 對 2^n 之解碼器與 m 個可規劃的 OR 陣列所組成。

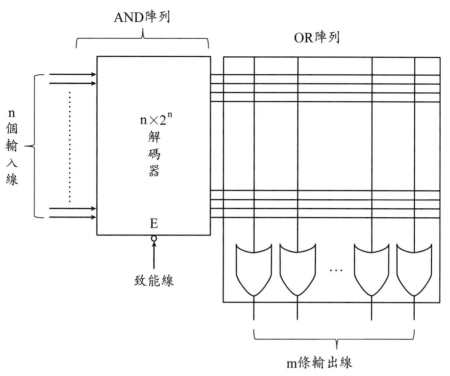

圖 5-44　ROM 基本架構

ROM 的容量是由 ROM 所包含的總位元數決定，其大小表示的方式爲 2^n*m 位元。其中 2^n 代表字組（Word），即每一個輸出線的組合，而每一個輸入變數的二進制組合稱爲一個位址，所以 ROM 的架構可表示成下列的方塊圖。

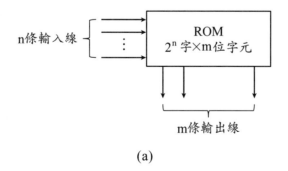

(a)

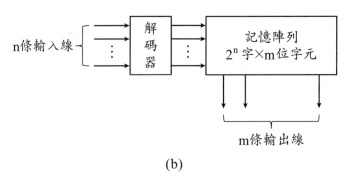

(b)

圖 5-45　ROM 的架構

（一）ROM的種類

1. 罩網式 ROM（Mask ROM）：元件出廠後，其內容已由廠商設計完成，使用者無法自行更改，一般用於大量生產的產品中。

2. PROM（Programmable ROM）：此元件可依使用者需要自行規劃，但其內容一經規劃後，即永久固定，無法再更改，故只能規劃一次。

3. EPROM（Erasable Programmable ROM）：可清除式可規劃 ROM，使用者可依需要任意規劃或清除其內容，清除的方法是利用紫外線照射 10～20 分鐘。

4. EEPROM（或 EAROM, Electrical EPROM）：與 EPROM 差不多，只是清除內容的方法是以電流信號，所以速度較快。

（二）ROM的擴充

ROM 的擴充方式可分為字組（Word）的擴充與位元長度的擴充兩種，其方式差不多，如下面的範例說明。

例 21：位元長度的擴充，利用兩個 16×4 的 ROM 組成一個 16×8 的 ROM。

　解　如下圖所示，只要將兩個 ROM 之位址線與致能線並聯，使兩個 ROM 同時動作，即形成一個 16×8 的 ROM。

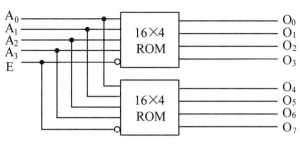

圖 5-46 ROM 位元長度的擴充

例 22：字組的擴充，利用兩個 16×4 的 ROM 設計一個 32×4 的 ROM。

解 將 A_4 當做致能控制，$A_4 = 0$ 時 ROM 1 致能，$A_4 = 1$ 時，ROM 2 致能，即 ROM 1 與 ROM 2 一次只有一個動作，故組成一個 32×4 的 ROM，如下圖所示。

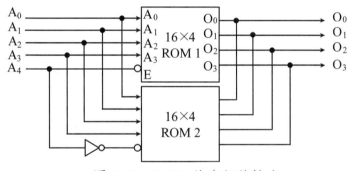

圖 5-47 ROM 的字組的擴充

例 23：字組與位元長度均改變的 ROM 的擴充，試將 64×8 的 ROM 轉換成 256×2 的 ROM。

解 如下圖所示，256×2 的 ROM 需有 8 條（2^8）位址線，兩條輸出線，而 64×8 有 8 條輸出線，故將這 8 條輸出經過兩組的 4 對 1 多工器即得兩條輸出。

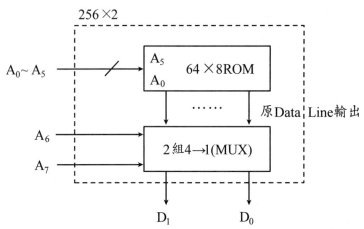

圖 5-48　將 64×8 的 ROM 轉成 256×2 的 ROM

例 24：已知一個 4K 位元（1024×4）的 ROM。若編碼器為方形矩陣，試問：

　　　(1) 列（X）位址線數。

　　　(2) 行（Y）位址線數。

　　　(3) 繪出此系統的方塊圖。

　　　(4) 如何利用此 4K 位元 ROM 來連接成一個 16K 位元（2048×8）的 ROM。

解　(1) 4K 位元（1024×4）的 ROM 其列位址線有 10 條。

　　(2) 行位址線有 4 條。

　　(3) 方塊圖如下：

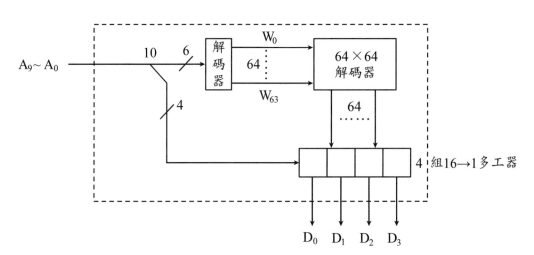

(4)

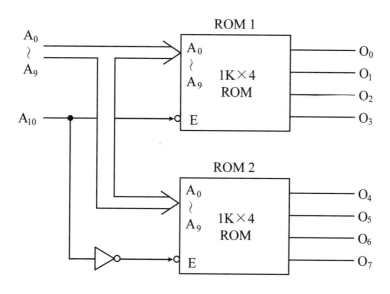

以 A10 來選 ROM 1 或 ROM 2 的效能，故組成了 2K×8 的 ROM（即 16K 位元）。

（三）ROM大小的決定及ROM相對位址之內容

在使用 ROM 來設計邏輯電路時，我們必須依邏輯電路要求來決定使用多大的 ROM，甚至需了解 ROM 指定位址之內容，如此才能真正掌握 ROM 的動作方式。

例 25：4 位元的 BCD 加法器（Binary Coded Decimal Adder）用 ROM 來設計，
ROM 中各接腳安排如下。
其中

$X_3 \sim X_0$ 為一 4 位元 BCD 數值輸入

$Y_3 \sim Y_0$ 為另一 4 位元 BCD 數值輸入

$S_3 \sim S_0$ 為和（SUM）的輸出　　C 位進位元

$A_7 \sim A_0$ 為 ROM 的位址線　　$D_4 \sim D_0$ 為 ROM 的資料線

問此 ROM 可儲存多少位元_____，又位址 $(10011001)_2$ 的儲存內容為_____。

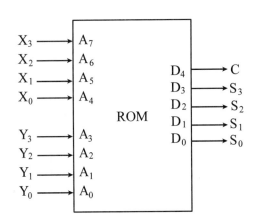

解　輸入線有 8 條，輸出線有 5 條，$\therefore$ ROM 的大小為

$$2^8 \times 5 = 256 \times 5$$

位址 $(10011001)_2 = (99)_{16} = (99)_{BCD}$；內容：$9 + 9 = 18 = (11000)_{BCD}$

例 26：試問多大 ROM 將可製作：

(1) 一個 BCD 加法／減法器，以一個控制輸入作加法與減法間的選擇。

(2) 一個二進制乘法器，將二個 4 位元數相乘。

(3) 對偶 4 對 1 多工器用共用選擇輸入。

解　(1) 一個 BCD 加法／減法器包含 4 位元的被加數、4 位元加數，一個進位輸入及一個控制輸入作加法或減法選擇線，總共 10 輸入。產生 4 位 BCD 及一個進位輸出，其 5 個輸出，由 10 個輸入及 5 個輸出可得 ROM 的大小為：$2^{10} \times 5$，即 1024×5。

(2) 2 個 4 位元輸入及 8 位元輸出，所以共有 8 個輸入 8 個輸出，所以 ROM 大小為 $2^8 \times 8$，即 256×8。

(3) 一個對偶 4 對 1 多工器包含 4 個輸入線及兩個選擇輸入，由於對偶 4 對 1 多工器選擇輸入共同，所以須 10 個輸入，產生 2 個輸出，所以 ROM 的大小為 $2^{10} \times 2 = 1024 \times 2$。

例 27：以 64×7 大小的 ROM 如下圖，來設計一個邏輯電路，其具有一個 6 位元的二進制數字，轉換成對應的 2 個 BCD 數字，問此 ROM 位址 $(15)_{16}$

的內容爲_____（以十六進制表示）。

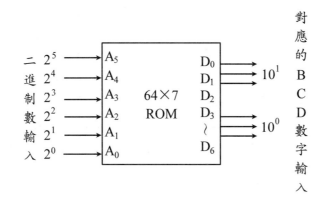

解　$(15)_{16} = (21)_{10} = (00100001)_{BCD}$

　　∴ $(15)_{16}$ 之內容爲 $(21)_{10}$

（四）以ROM來執行布林函數

　　對於較複雜的布林函數而言，使用 ROM 、PAL 或 PLA 等元件來執行是一種較經濟的作法，而且速度也較快。

　　如前面所介紹的，ROM 是由解碼器及 OR 陣列所組成的，解碼器相當於 AND 陣列，可產生所輸入變數的最小項，所以 ROM 可以實現任何布林函數。一般來說，要執行 m 個 n 變數的布林函數，要使用的 ROM 大小爲 $2^n \times m$ 個位元。

例 28：$F_0 = \sum m(0, 1, 4, 6) = A'B' + AC'$

　　　　$F_1 = \sum m(2, 3, 4, 6, 7) = B + AC'$

　　　　$F_2 = \sum m(0, 1, 2, 6) = A'B' + BC'$

　　　　$F_3 = \sum m(2, 3, 5, 6, 7) = AC + B$

　　　　以 ROM 來製作。

解　(1) 先決定 ROM 之大小：

　　　　輸入端有 3 個變數，所以有 2^3 條輸入線，亦即使用一個 3 對 8 的解碼器。輸出端有 4，即 $F_0 \sim F_3$，所以使用 8×4 的 ROM 來製作。

　　　(2) 電路如下：

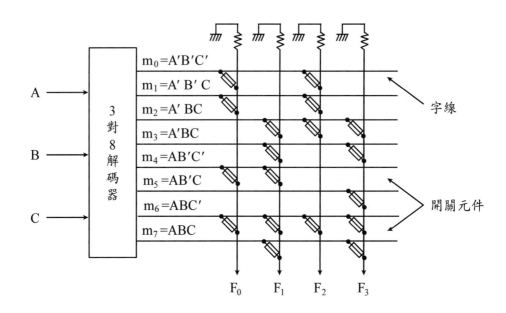

開關元件通常是指二極體、電晶體或 MOSFET 等，在記憶陣列中這種開關元件的連接方式事實上與 OR 閘是等效。

例 29：使用一個 ROM 設計一組合電路，這電路接受 3 位元的數字，產生一個輸出二進位數等於輸入數字的平方。

解　(1) 真值表

輸入			輸出						十進位數
A_2	A_1	A_0	B_5	B_4	B_3	B_2	B_1	B_0	
0	0	0	0	0	0	0	0	0	0
0	0	1	0	0	0	0	0	1	1
0	1	0	0	0	0	1	0	0	4
0	1	1	0	0	1	0	0	1	9
1	0	0	0	1	0	0	0	0	16
1	0	1	0	1	1	0	0	1	25
1	1	0	1	0	0	1	0	0	36
1	1	1	1	1	0	0	0	1	49
			F_1	F_2	F_3	F_4			

(2) 電路

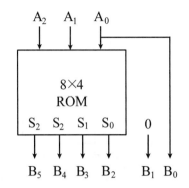

說明：由真值表中得知 $A_0 = B_0$，而 $B_1 = 0$，所以只要使用 8×4 的 ROM 即能完全此功能。

　　除了可以雙極性 ROM 與 NMOS ROM 來表示布林函數外，還可以 PROM 或 EPROM，如例 30 所示。

例 30：以 ROM 表示下列的布林函數：
$$F_1(A, B) = \sum(0, 2, 3)$$
$$F_2(A, B) = \sum(1, 3)$$

解

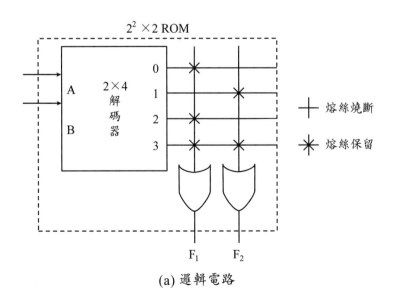

(a) 邏輯電路

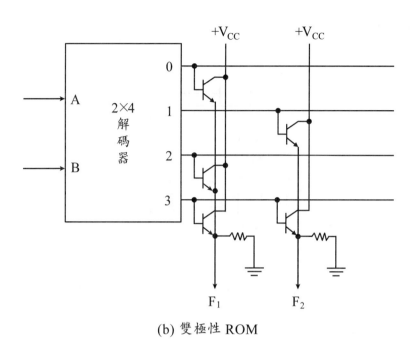

(b) 雙極性 ROM

(c) NMOS ROM

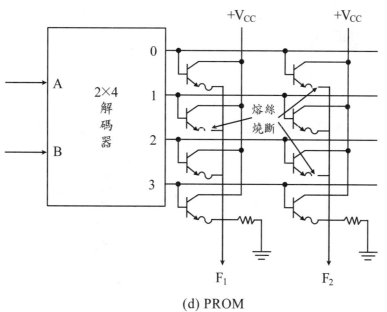

(d) PROM

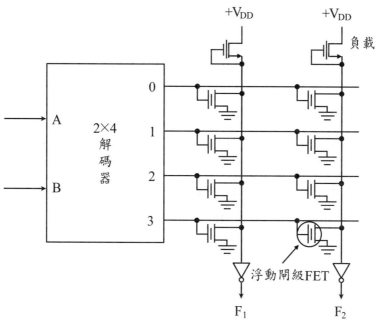

(e) EPROM（或 E^2PROM）

5-6-3 PLA（Programmable Logic Arry，可程式邏輯陣列）

PLA 的基本功能與 ROM 相同，但內部架構卻與 ROM 不同。ROM 中的解碼器在此被 AND 陣列所取代，AND 陣列用來產生由輸入變數相乘所得的積項，再由 OR 陣列將輸出函數所需要的項以 OR 方式連接起來。

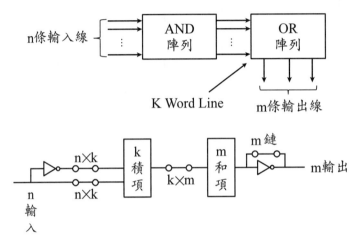

圖 5-49 PLA 方塊圖

PLA 的大小是以輸入的數目、積項的數目及輸出的數目來指定。如圖 5-49 所示，要編排用的鏈的數目為 $2n \times k + k \times m + m$，而 ROM 的鏈數目為 $2^n \times m$。

典型的 $n \times k \times m$ PLA 電路如圖 5-50 所示，它共具有 n 個輸入端與緩衝器／反相器閘、k 個 AND 閘、m 個 OR 閘與 XOR 閘。在輸入端與 AND 閘陣列共有 $2n \times k$ 條熔絲，在 AND 閘與 OR 閘陣列間共有 $k \times m$ 條熔絲，輸出端的 XOR 閘有 m 條熔絲。輸出端的 XOR 閘與熔絲之功能在提供補數（熔絲燒斷）或真值（熔絲保留）輸出。

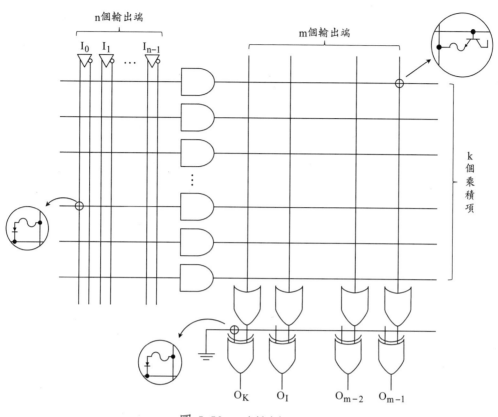

圖 5-50　n×k×m PLA

PLA 電路：

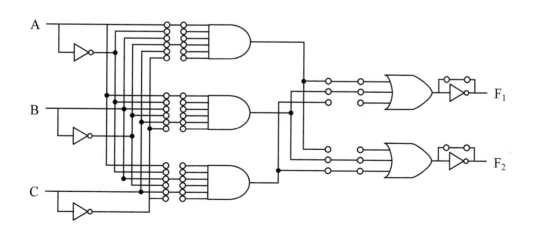

例 32：下圖可程式邏輯陣列（PLA）的規劃表（Program Table）所表示的布
　　　林函式為何？

Inputs			Ouputs	
A	B	C	F_1	F_2
—	0	0	1	1
0	—	0	1	1
0	0	—	1	—
1	1	1	—	1
			C	T

T/C

(A) $F_1 = AC + AB + BC$，$F_2 = \overline{B}\,\overline{C} + \overline{A}\,\overline{C} + ABC$

(B) $F_1 = \overline{B}\,\overline{C} + \overline{A}\,\overline{C} + \overline{A}\,\overline{B}$，$F_2 = \overline{B}C + \overline{A}C + ABC$

(C) $F_1 = (\overline{B} + \overline{C})(\overline{A} + \overline{C})(\overline{A} + \overline{B})$

　　 $F_2 = (\overline{B} + \overline{C})(\overline{A} + \overline{C})(A + B + C)$

(D) $F_1 = (B + C)(A + C)(A + B)$

　　 $F_2 = (B + C)(A + C)(\overline{A} + \overline{B} + \overline{C})$

解　(A)

$\overline{F_1} = \overline{B}\,\overline{C} + \overline{A}\,\overline{C} + \overline{A}\,\overline{B}$

$F_1 = (\overline{B}\,\overline{C} + \overline{A}\,\overline{C} + \overline{A}\,\overline{B})' = (B + C)(A + C)(A + B) = AC + AB + BC$

$F_2 = \overline{B}\,\overline{C} + \overline{A}\,\overline{C} + ABC$

$F'_2 = (B + C)(A + C)(\overline{A} + \overline{B} + \overline{C})$

註：PLA 和 ROM 比較

　1.PLA 和 ROM 的真值表有差異：PLA 的每一列中為一般積項，ROM
　　的每一列則為全及項。

　2.在 Don't Care 數目過多或輸入輸出數目過多的情況，使用 PLA 較經濟。

　3.PLA 並不提供變數的全部解碼，不產生 ROM 中所有的最小項。

　4.PLA 是由 AND 陣列與 OR 陣列所組成，ROM 是由解碼器與記憶陣
　　列（OR 功用）所組成。

例 33：試使用 PLA 設計下列布林函數

$F_1(a, b, c, d) = \sum(0, 1, 2, 6, 7, 8, 9, 10)$

$F_2(a, b, c, d) = \sum(3, 6, 7, 11, 12, 13, 14, 15)$

解　$F_1 = \overline{b}\,\overline{d} + \overline{a}bc + \overline{b}\,\overline{c}$，$\overline{F_1} = b\overline{c} + ab + \overline{b}cd$

$F_2 = ab + bc + cd$，$\overline{F_2} = \overline{a}\,\overline{c} + \overline{b}\,\overline{c} + \overline{b}\,\overline{d}$

由於 F_1 與 $\overline{F_2}$ 的組合有共同項 $\overline{b}\,\overline{d}$、$\overline{b}\,\overline{c}$，$\therefore$ 該組合只須 4 個積項。

PLA 程序表：

積項	輸入				輸出	
	a	b	c	d	F_1	F_2
$\overline{b}\,\overline{d}$	—	0	—	0	1	1
$\overline{b}\,\overline{c}$	—	0	0	—	1	1
$\overline{a}\,\overline{c}$	0	—	0	—	1	—
$\overline{a}bc$	0	1	1	—	—	1
					C	T	T/C

5-6-4　PAL（Programmable Array Logic，可程式規劃的陣列邏輯）

PAL 是可程式規劃邏輯陣列的一種特例，其 AND 陣列可以作程式規劃，而 OR 陣列則是固定形式者。PLA 的基本結構和 PLA 類似。因為只有 AND 陣列可以作程式規劃，所以 PAL 比 PLA 便宜，並且比較容易作程式規劃。因此在邏輯設計需要實現多個函數時，通常以 PAL 替換個別的邏輯閘。

1. 基本構造

與 PROM 類似，係由 AND 陣列與 OR 陣列兩大部分組成如圖示。

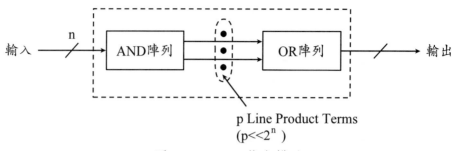

p Line Product Terms
$(p << 2^n)$

圖 5-51　PAL 基本構造

> 註：與 Memory 之不同處：
>
> 1. 輸入 n 條，但解碼出來的乘積項數量 $P << 2^n$ 項（一般記憶體位址輸入線 n 條，全解碼有 2^n 乘積項產生）。
>
> 2. AND 陣列可規劃（選擇性地造成不同之乘積項）。

2. 依輸出的型態可分為四種

　(1) 組合型：最基本型，沒有回授（到 AND 陣列作輸入）。

　(2) 可規劃 I/O 型：可規劃輸出為 INPUT 或 OUTPUT ，其輸出配有三態與回授。

　(3) 配合回授的暫存器緩衝型。

　(4) 互斥或輸出型。

3. PAL 元件編號說明

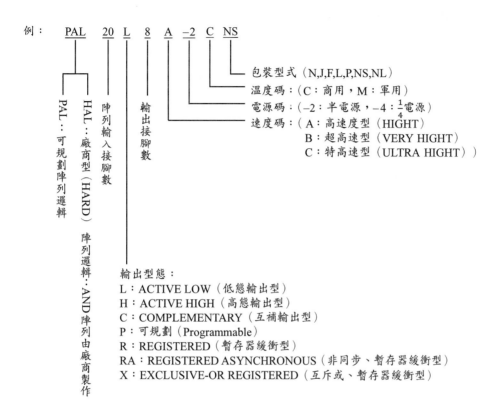

輸出型態：
L：ACTIVE LOW（低態輸出型）
H：ACTIVE HIGH（高態輸出型）
C：COMPLEMENTARY（互補輸出型）
P：可規劃（Programmable）
R：REGISTERED（暫存器緩衝型）
RA：REGISTERED ASYNCHRONOUS（非同步、暫存器緩衝型）
X：EXCLUSIVE-OR REGISTERED（互斥或、暫存器緩衝型）

4. 使用 PAL 的優點

(1) 可直接取代 TTL 等現有分離式邏輯設計之成品。

(2) 設計具彈性。

(3) 空間效率：無論庫存或電路板均可減小。

(4) 高速。

(5) 易規劃：利用 PALASM 語言組譯器，且可利用 PROM 規劃器燒錄 PAL。

(6) 保密性：若將一特殊的「最後鏈接」（Last Link）熔絲燒斷，則無法對 PAL 內容作驗證，即無法讀出 PAL 內容，以防他人 Copy。

例 34：試以 PAL 完成下列二布林函數：

$$F_1(A, B, C) = A\overline{B} + AC$$
$$F_2(A, B, C) = AC + \overline{B}C + \overline{A}B$$

解

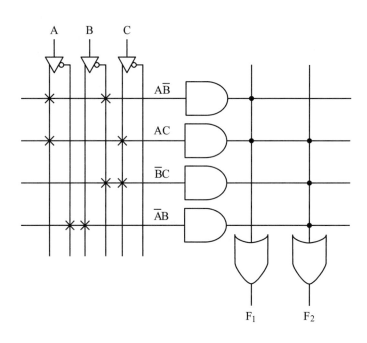

✕：表示熔絲規劃後連接
●：表示固定連接

例 35：下列有關 PAL16L8 元件的敘述何者不正確？

(A) 有 16 個輸入。

(B) 有 8 個輸出。

(C) 輸出是採輸入的積之和，且積項數目限制在 7 個。

(D) 其輸出經由正反器最適合作同步循序邏輯。

解　(D)

PAL16L8 的輸出型態為低態輸出，並不適合作循序邏輯，一般以 16R8 較適合。

5-7 習題

1. 何謂進位傳遞，何謂前看式進位產生器？

   (1) 假設 XOR 有 20ns 的傳遞延遲，而 AND 或 OR 閘有 10ns，試問 4 位二元加法器中的總傳遞延遲時間為多少？

   (2) 同上題，求 16 位元全加器的總傳遞延遲時間？

2. 試以二個選擇變數 V_1 與 V_0，及二個 BCD 數 A 與 B，設計一十進制算術單元。

V_1	V_0	輸出作用
0	0	A + B 的 9 補數
0	1	A + B
1	0	A + B 的 10 補數
1	1	A + 1

   設計時使用 MSI 功能。

4. 試用四個 3×8 解碼器與一個 2×4 解碼器結構一個 5×32 解碼器。

5. 一個組合電路由下列三個函數組成，試用一個解碼器與邏輯閘設計這電路。

   $F_1 = X'Y' + XYZ'$

   $F_2 = X' + Y$

   $F_3 = XY + X'Y'$

6. 試比較解碼器、解多工器、多工器與編碼器之間的差別與關係。

7. 試設計一八進制對二進制的優先編碼器。

8. 試用一個對偶 4 對 1 多工器，具有分開的啟用線與共用的選擇，設計出一個 8×1 多工器。

9. 使用一個 8×1 多工器執行交換函數 $f(W, X, Y, Z) = \Sigma(0, 1, 3, 4, 9, 15)$。

   假設選擇線變數（$S_2 S_1 S_0$）依下列方式指定：

(1) (W, X, Y)　(2) (W, Y, Z)

10. 下列為 ROM 的擴充問題：

(1) 使用兩個 32×8 的 ROM，設計一個 64×8 的 ROM。

(2) 使用四個 16×4 的 ROM，設計一個 32×8 的 ROM。

11. 使用 ROM 執行下列多輸出交換函數電路：

$f_1(W, X, Y, Z) = W'Y + W'Z' + X'Y$

$f_2(W, X, Y, Z) = Y'Z' + WX' + WY'$

12. 分別使用 PLA 與 PAL 等元件，執行下列多輸出布林函數：

$f_1(X, Y, Z) = \sum(0, 1, 3, 5)$

$f_2(X, Y, Z) = \sum(1, 2, 4, 7)$

$f_3(X, Y, Z) = \sum(3, 4, 5, 6, 7)$

13. 比較 ROM、PROM、PAL 與 PLA 之差別。

14. 如下圖所示，求原布林函數 F(A, B, C, D) 為何？

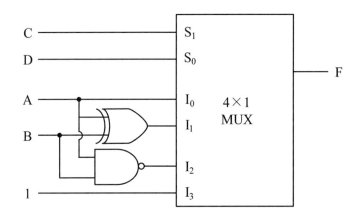

15. 某一個組合邏輯電路具有兩個控制輸入端（C_0，C_1），兩個資料輸入端（A，B）與一個輸出端（F），如下圖所示。當 $C_0 = C_1 = 1$ 時，輸出 F = 1；當 $C_0 = C_1 = 1$ 時，輸出 F = 0；當 $C_0 = 1$ 而 $C_1 = 0$ 時，輸出 F = A；當 $C_0 = 0$，而 $C_1 = 1$，輸出 F = B。試導出輸出函數 F 的真值表，並求其最簡的 SOP

表示式及邏輯電路。

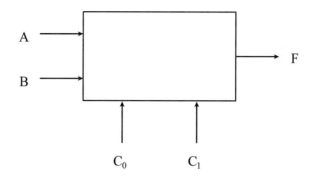

16. 設計一組合邏輯電路，將一個 3 位元的輸入取平方後輸出。

17. 試說明半加器、全加器與全減器之間的關係。

18. 試使用三個半加器電路，來製作下列四個布林函數：

    (1) $D = A \oplus B \oplus C$

    (2) $E = A'BC + AB'C$

    (3) $F = ABC' + (A' + B')C$

    (4) $G = ABC$

19. 設計一個 2 個位元 ×2 個位元的乘法器電路。

CHAPTER 6

同步序向邏輯電路

在組合邏輯電路中,電路的輸出只與目前的輸入有關,但在序向邏輯電路中,電路的輸出除了與目前的輸入有關外,還與上一個狀態的輸出有關。所以可以說組合邏輯電路是一種無記憶能力的電路(Memoryless Circuit),而序向邏輯電路則是一種具記憶功能的電路。

在序向邏輯中,依電路的時序關係可分成兩大類:即同步序向電路(Synchronous Sequential Circuit)與非同步序向電路(Asynchronous Sequential Circuit)。二者最大的差別在於電路時脈動作的同步與否。本章的內容將以同步序向電路為主,非同步序向電路將留在第八章介紹。

6-1 序向電路的原理

一個序向電路的基本模式如下圖所示,由 n 個輸入變數、m 個輸出變數與 k 個記憶元件所組成。記憶元件的輸出組合($y_0 \cdots y_{k-1}$)為此序向電路目前狀態(Present State, PS),而輸入組合($Y_0 \cdots Y_{k-1}$)稱為下一狀態(Next State, NS)。目前的狀態與輸入變數組合後,才決定電路輸出的下一狀態。電路從現在狀態轉變為下一狀態的情況稱為轉態(State Transition)。

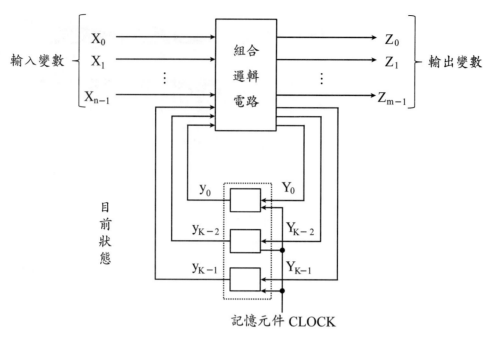

圖 6-1　同步序向電路基本模式

　　由於每一個記憶元件只能記錄 0 與 1 兩種不同值，故其有 K 個記憶元件的序向電路，最多有 2^k 個不同的狀態。亦即若電路具有 i 個不同的狀態，則需有 k 個記憶元件，$k \geq [\log_2 i]$。

　　有了上述的介紹與觀念後，序向電路可以以下列式子來表示：

$$SC = (I, O, S, T, Q)$$

式中：I = 有限且非空的輸入變數集合。

　　　O = 有限且非空的輸出變數集合。

　　　S = 有限且非空的狀態集合。

　　　T = 轉態函數，即 $T : I \times S \rightarrow O$

　　　Q = 輸出函數，有兩種輸出類型：

　　　Mealy 機器：$Q : I \times S \rightarrow O$

　　　Moore 機器：$Q : S \rightarrow O$

當一序向電路中的輸出只與目前狀態有關者，稱爲 Moore 機器；若序向電路的輸出不但和目前狀態有關，而且與輸入變數有關時，稱爲 Mealy 機器。理論上，Mealy 機器與 Moore 機器是等效的，而且可以互相轉換。

同步與非同步序向電路之差別：

1. 在同步序向電路中，每一個記憶元件的狀態改變皆發生在同一固定的時刻，電路的動作完全由時脈（Clock）來控制。
2. 在非同步序向電路中，電路的動作只受輸入變數的改變的順序影響，且任何時刻皆可能發生。在此種電路中，記憶元件並非時脈控制方式，在輸入變數改變時，其也隨之轉態。

序向電路的表示方式

序向電路的表示方式有下列幾種：

一、邏輯方程式（即布林函數）

利用輸出函數與轉態函數來決定序向電路的動作方式。

例 1：設計一偵測輸入信號序列爲 0101 時，即輸出「1」，否則輸出「0」的序向電路。

解　假設此序向電路有四個狀態：

A 爲初始狀態、B 認知「0」狀態、

C 認知「01」狀態、D 認知「010」狀態，

則依序向電路的表示方式：SC = (I, O, S, T, Q)。

描述可知 I = {0, 1}，O = {0, 1}，S = {A, B, C, D}。

依題意要求可得轉換函數如下：

$T(A, 0) = B$，$T(B, 0) = B$，$T(C, 0) = D$，$T(D, 0) = B$；

$T(A, 1) = A$，$T(B, 1) = C$，$T(C, 1) = A$，$T(D, 1) = C$。

所以其輸出函數爲：

$$Q(A, 0) = 0 \text{，} Q(B, 0) = 0 \text{，} Q(C, 0) = 0 \text{，} Q(D, 0) = 0 \text{；}$$
$$Q(A, 1) = 0 \text{，} Q(B, 1) = 0 \text{，} Q(C, 1) = 0 \text{，} Q(D, 1) = 1 \text{。}$$

二、狀態圖（State Diagram）

　　利用邏輯方程式並無法清楚表示狀態輸出與輸入之間的關係，所以一般只適於理論的分析，並不適合電路的設計。為改善這些缺點，所以使用圖形或表格方式直接表示出狀態轉換與輸出入間的關係之表示方式較為普遍。

　　以圖形表示狀態間關係的表示方式稱為狀態圖，在狀態圖中，每一個頂點（Vertex）均代表一個狀態，每一個分支代表狀態轉移，頂點內的符號代表狀態的名稱，分支上的標記則代表所對應的輸入與輸出關係。

例 2：以狀態圖表示範例 1 的序向電路。

解　　已知 A 為初始狀態，B 認知「0」的狀態，C 認知「01」的情況，D 認知「010」的情況，所以狀態圖表示如下：

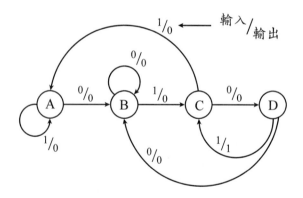

所以若輸入信號序列為 0101001，則其狀態轉換與輸出值為：

輸入：0101001

狀態：ABCDCDBC（依認知前面數個輸入順序來決定狀態）

輸出：00010000

三、狀態表（State Table）

　　狀態表與狀態圖的表示方式是相對應的，在狀態表中，每一列相當於序向電路的每一狀態，而每一行相當於一個輸入變數的組合，故行與列交點便代表該列下的狀態與輸出。

例 3：將範例 2 的狀態圖表示成狀態表。

PS	NS X = 0	Z X = 1
A	B, 0	A, 0
B	B, 0	C, 0
C	D, 0	A, 0
D	B, 0	C, 1

PS：現在狀態
NS：下一狀態
Z：輸出變數
X：輸入變數

四、時序圖與時序序列

　　序向電路除了可以上述三種方式表示外，也可以時序圖配合輸入序列來表示其下一狀態及輸出。

例 4：以輸入時序 010101101001 為例，繪出範例 1 的序向電路之時序圖與時序序列。

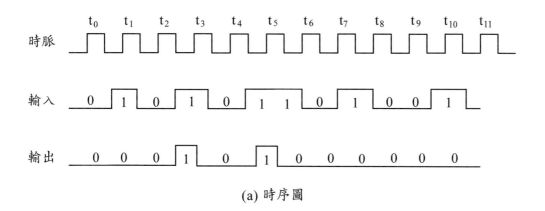

(a) 時序圖

時脈 :	t_0	t_1	t_2	t_3	t_4	t_5	t_6	t_7	t_8	t_9	t_{10}	t_{11}
輸入 :	0	1	0	1	0	1	1	0	1	0	0	1
PS :	A	B	C	D	C	D	C	A	B	C	D	C
NS :	B	C	D	C	D	C	A	B	C	D	C	A
輸出 :	0	0	0	1	0	1	0	0	0	0	0	0

(b) 時序序列

6-2　正反器（Flip Flop）

6-2-1　NAND閘閂鎖電路

　　正反器又稱為閂鎖（Latch）或雙穩態多諧振盪器，由邏輯閘組合而成，雖然邏輯本身沒有儲存的能力，但經過適當的連接便具有記憶儲存的功能。一般而言，每一個正反器能儲存一個位元的資訊。

　　正反器的符號如下圖所示，則有兩個輸出端：Q 為正常輸出，$\overline{Q}$ 為反相輸出，輸出的狀態有 0 與 1 兩種。

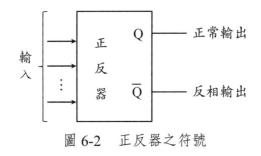

圖 6-2　正反器之符號

　　每一個正反器可有一個或多個輸入，這些輸入可用來改變輸出狀態。當一輸入送到正反器而得到一已知新的狀態時，此新的狀態會一直保留在正反器中，一直到下一個輸入信號或時脈訊號進來，才輸出到輸出端，這便是記憶體的特性。

NAND 閘閂鎖（Latch）

　　基本的正反器電路可由兩個 NAND 閘或兩個 NOR 閘構成。由 NAND 閘所構成者稱爲 NAND 閘閂鎖（NAND Gate Latch），如下圖所示。

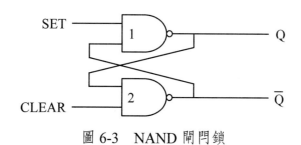

圖 6-3　　NAND 閘閂鎖

　　兩個 NAND 閘係以交互耦合方式連接，NAND-1 的輸出接到 NAND-2 的輸入端，反之亦然。所以邏輯閘輸出爲 Q 與 $\overline{Q}$，亦爲閂鎖的輸出。其原理：

1. SET = CLEAR = 1 時，而 NAND-1 輸出 Q = 0，$\overline{Q}$ = 1，則 NAND-2 輸出 $\overline{Q}$ = 1，而 NAND-1 輸出 Q = 0，保持原狀態。
   若原始的狀態：Q = 1，$\overline{Q}$ = 0，則 NAND-1 輸出 Q = 1，而 NAND-2 輸出 Q = 0，故還是保持原狀態。

2. 當 SET = 0，CLEAR = 1 時，NAND-1 輸出 Q = 1，而 NAND-2 輸出 $\overline{Q}$ = 0，所以設定閂鎖。

3. 當 SET = 1，CLEAR = 0 時，NAND-2 輸出 $\overline{Q}$ = 1，而 NAND-1 輸出 Q = 0，所以清除閂鎖。

4. 當 SET = CLEAR = 0 時，兩個 NAND 閘輸出 Q = $\overline{Q}$ = 1，很明顯的這是不正確的狀態，因兩個輸出應該是反相的，所以在此情況下，此閂鎖爲不定狀態（Don't Care）。

綜合以上，我們可得 NAND 閂鎖電路之眞值表如下：

CHAPTER

6

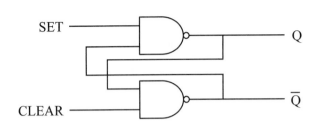

圖 6-4　NAND FF 及真值表

SET	CLEAR	FF輸出
1	1	不變
0	1	1
1	0	0
0	0	不定

從真值表中，SET 與 CLEAR 都是低準位動作，若將 CLEAR 輸入端改稱為 Reset（重設），則此電路便是一個 SR 正反器。

例 1：如下圖的兩個波形送至 NAND 閘所組成的 SR 正反器之輸入端，若開始時 Q = 0，則輸出 Q 之波形為何？

解

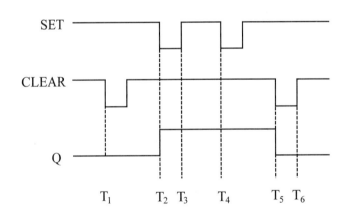

(1) $T_1 \sim T_2$ 時，SET = 1，CLEAR = 0 ∴ Q = 0

(2) $T_2 \sim T_3$ 時，SET = 0，CLEAR = 1 ∴ Q = 1

(3) $T_3 \sim T_4$ 時，SET = CLEAR = 1 ∴ Q = 1（維持不變）

(4) $T_4 \sim T_5$ 時，SET = 0，CLEAR = 1 ∴ Q = 1

(5) $T_4 \sim T_5$ 時，SET = 1，CLEAR = 0 ∴ Q = 0

彈跳（Bounce）與除彈跳（Debounce）

在組合電路中，由於有接觸彈跳（Contract Bounce）的現象，不太可能以機械開關得到一完美的電壓轉態特性。如下圖所示，將開關由位置 1 扳至位置 2，則在開關保持在閉合於位置 2 前將因開關彈跳，而產生數次電壓準位變化，此即開關的彈跳現象。

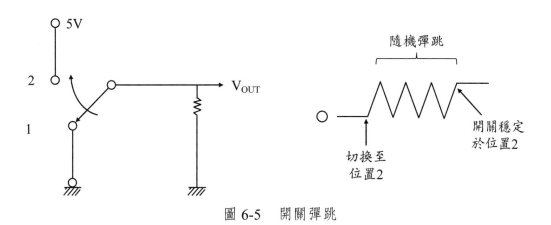

圖 6-5　開關彈跳

一般開關的彈跳時間約數毫秒（ms），為了消除這種不正常的現象，可以使用 NAND 閘閂鎖（Latch）電路，如下圖所示。

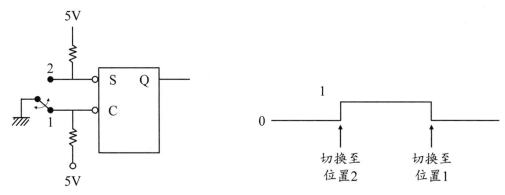

圖 6-6　除彈跳電路

原理：當開關於位置 1 時，CLEAR = 0，∴ Q = 0。當開關切換至位置 2 時，
CLEAR = 1，SET = 0，∴ Q = 1；如果開關在位置 2 有彈跳現象，此時，
SET = CLEAR = 1，輸出 Q 不受影響，仍維持高電位。

6-2-2　NOR閘門鎖

　　將上小節的 NAND 閘門鎖改成 NOR，即成為 NOR 閘閂鎖。其電路與真值表如下圖所示。

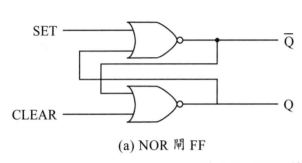

SET	CLEAR	FF輸出
0	0	不變
0	1	1
1	0	1
1	1	不定

(a) NOR 閘 FF　　　　　　　(b) 真值表

圖 6-7　NOR 閘閂鎖

原理：

1. SET = CLEAR = 0，NOR 閘輸出均維持不變，即保持原來的狀態。
2. SET = 1，CLEAR = 0，$\overline{Q}$ = 0，Q 也保持為 1（設定狀態）。
3. SET = 0，CLEAR = 1 時，Q = 0，也使 $\overline{Q}$ = 1（清除狀態）。
4. SET = CLEAR = 1 時，對 NOR 閘而言均會產生 0 的結果，故非所求之結果，此輸入狀態不可使用（不定狀態）。

例 2：下圖為檢測光束中斷的簡易電路，光線聚射在當作開關的光電晶體上。設 FF 事先因瞬間打開 S_1 開關而清除為 0，且光束瞬間被中斷，試描述將產生什麼動作？

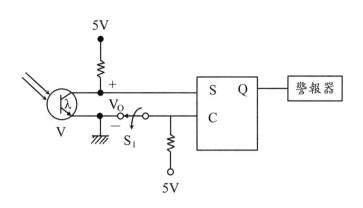

解　光照射於光電晶體上時，導通，$V_O \doteq 0V$，閂鎖的 SET = 0 且將使 SET = CLEAR = 0。

當光束中斷時，光電晶體截止，使 $V_O = 5V$，所以 SET = 1，而使警報器啟動。

此時，因 Q 維持在高電位，警報器也保持在啟動狀態，所以縱使光束僅瞬間中斷一次又使 $V_O = 0$，但仍維持原狀。此警報器僅能以打開 S_1 開關來關閉。

6-2-3　正反器的組成

　　數位系統可操作於非同步或同步的模式，在非同步系統中，邏輯電路的輸出是隨輸入訊號而變化的。前面所提的 NAND 或 NOR 閘閂鎖電路即為非同步序向電路。為了使電路的動作受到穩定的控制，通常會有一個時脈信號（Clock）方波送到 NAND 或 NOR 閂鎖電路中，如此可以得到同步的序向電路的正反器，可避免因輸入政變狀態造成輸出的不穩定。

一、時脈信號（Clock）

　　同步序向邏輯電路只允許狀態改變的特定時間來產生輸出變化，此特定時間係由系統的時脈信號所決定。時脈信號是一個週期性方法，如圖 6-8 所示，每一週期可分為高準位（On）與低準位（Off）兩種狀態，且兩狀態的時間長度可以不相等。時脈信號通常係由一無穩態多諧振盪器（Astable Multivibrator）所產生，最常用的元件是 555 計時器，其中 T 為時脈週期。

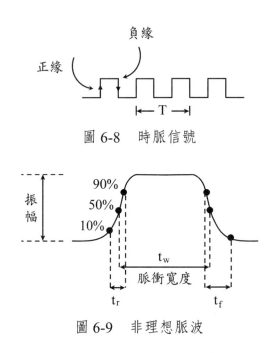

圖 6-8　時脈信號

圖 6-9　非理想脈波

圖 6-9 所示為一非理想脈波，脈波由低準位（10%）轉變為高準位（90%）所需的時間稱為上升時間（Rise Time, t_r）。而由高準位（90%）變為低準位（10%）所需的時間稱為下降時間（Full Time, t_f）。而脈衝寬度（Pulse Width, t_w）是指脈波持續的時間，其定義為正緣到負緣 50% 間的間隔為脈衝寬度。週期性數位波形的一個重要參數工作率定義為脈衝寬度（t_w）與週期（T）之比。

即：
$$工作率 = \frac{t_w}{T} \times 100\%$$

準位間的變動可分成正緣觸發、負緣觸發及準位觸發三種。當時脈由 0 變 1 後，正反器才觸發使輸出變動者稱為正緣觸發，反之若時脈由 1 變 0 後，正反器改變狀態者，稱為負緣觸發。若正反器等到時脈訊號高準位或低準位時才改變輸出狀態者，稱為準位觸發。所以準位觸發分成高準位觸發與低準位觸發兩種，這是控制正反器動作最簡單的方式。

　　正反器是 1 位元的記憶元件，可作為計數器、暫存器及其他序向邏輯電路

的基本單位，常見的參數有：

1. f_{max}：能維持正反器正常切換工作的最高時脈頻率。
2. t_{pd}（傳遞延遲時間）：從時脈信號觸發開始，到正反器完成切換的反應延遲時間。
3. t_w：加至正反器的重置（Reset）或清除端（Clear），能使正反器正確動作的最小脈衝寬度。
4. t_{setup}（設定時間）：在時脈觸發前，資料預先出現在輸入端的時間。
5. t_{hold}（保持時間）：在時脈觸發後，資料保持在輸入端的最短時間。

二、脈波觸發正反器

準位觸發型的正反器因時脈寬度太長，可能會產生振盪，所以在實際的應用上是受到限制的。而且它在時脈觸發時，輸出對控制線上的雜訊是非常靈敏的。所以一股使用脈波觸發型或邊緣觸發型正反器來改善此缺點。

圖 6-10 所示爲主僕式（Master-slave）JK 正反器的邏輯電路，它是由兩個 SR 正反器與一個反相器組合而成，而且輸出分別交叉反饋至輸入端，這樣的結構使主正反器在時脈高準位時致能，僕正反器在時脈低準位時致能。所以在時脈低態時，主正反器的輸出爲僕正反器的輸入。

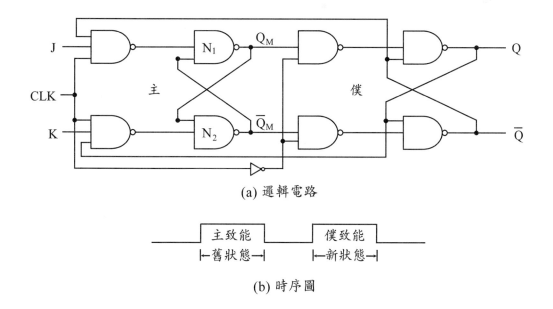

(a) 邏輯電路

(b) 時序圖

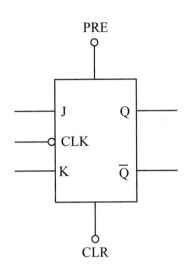

(c) 具預設與清除的邏輯符號

圖 6-10　　主僕式 JK 正反器

工作原理：

　　當時脈 CLK = 1 時，主正反器致能，會依據輸入端（JK）的狀態來改變主正反器的輸出狀態。若 JK = 00,01,10 或 11 時，則主正反器的輸出 Q_M 分別為保持（Hold）、重置（Reset）、設定（Set）與恆變，而且僕正反器沒有產生致能，因反饋到輸入端的是 Q，不是主正反器的輸出 Q_M，所以 Q_M 的值不會影響 Q 的值，如此可避免振盪的發生。當 CLK = 0 時，僕正反器致能，會根據主正反器輸出 Q_M 與 $\overline{Q_M}$ 的狀態傳送至僕正反器的輸出 Q 與 $\overline{Q}$，此時主正反器沒有被致能，所以 JK 的任何訊號都不會影響到正反器的輸出 Q。

　　然而當時脈 CLK = 1 時，控制訊號 J 與 K 必須保持常數，若此時 J 或 K 突然故障，則主正反器將產生不正確的輸出 Q_M，會在時脈 CLK = 0 時傳送到僕正反器。由於此突然故障的截取緣故，所以目前在大多數的應用上，均採用邊緣觸發型的正反器。

例 3：假設下圖 (a) 之電路由理想的正反器所組成，其中 R_1、S_1、Q_1 以及 CLK 之信號如圖 (b) 所示，則 Q_2 之信號應是圖 (b) 中之哪一個？

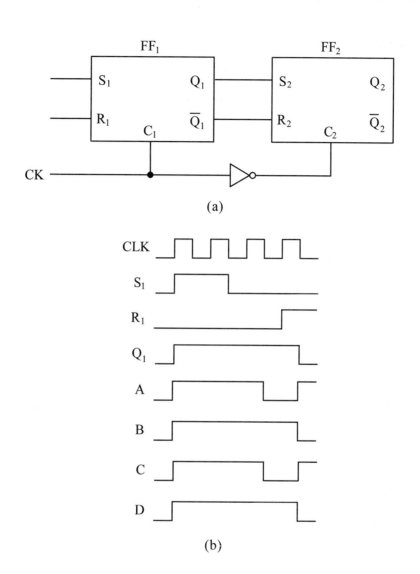

(a)

(b)

解　(D)

此電路為 SR 型之主僕式準位觸發正反器，CLK = 1 時，C_1 觸發，CLK = 0 時，C_2 觸發，所以其動作方式為：

CLK = 1，C_1 = 1，S_1R_1 = 10 ⇒ Q_1 = 1，Q_2 = 0

CLK = 0，C_2 = 1 ⇒ Q_1 = 1，S_2R_2 = 10，Q_2 = 1

CLK = 1，C_1 = 1，S_1R_1 = 00 ⇒ Q_1 = 1，Q_2 = 1

CLK = 0，C_2 = 1，S_1R_1 = 00 ⇒ Q_1 = 1，Q_2 = 1

∴ Q_2 的輸出波圖如圖 (b) 之 D。

三、邊緣觸發正反器

　　邊緣觸發正反器可用來消除準位觸發正反器的振盪與靈敏度對雜訊的問題，並能解決主僕成正反器突然故障截取的缺點。

　　圖 6-11 為正緣觸發 D 型正反器的邏輯電路，它由三個基本記憶單元所組合而成，並且包含兩個非同步訊號預設（Preset）與清除（Clear）。圖 6-11(b) 為正緣觸發 D 型正反器的邏輯符號，在時脈 CLK 處有一個小三角形而無小圓圈在圓形外。而預設（Preset）與清除（Clear）均為 Low 動作，平常時應保持在 High。

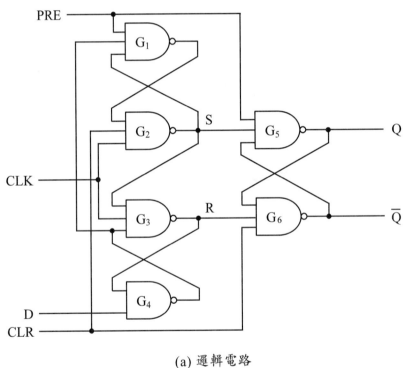

(a) 邏輯電路

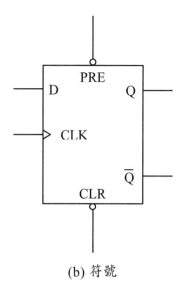

(b) 符號

圖 6-11　正緣觸發 D 型正反器

　　由圖 6-11(a) 可知當 PRE = O，使得 Q = 1，而 CLR = 0，Q = 0。若 PRE
與 CLR 同時為 Low 時，會有競跑現象，所以平時應使 PRE 與 CLR 皆保持在
High 才能使正反器正常動作。

　　此 D 型正反器包含三個閂鎖電路：G_1 與 G_2 的 NAND 閘形成第一個閂鎖，
G_3 與 G_4 形成第二個閂鎖，G_5 與 G_6 形成第三個閂鎖。為了使輸出能有穩定狀
態，第三個閂鎖的 PRE 與 CLR 必須維持在 Hi。當 SR = 01 時，輸出 Q = 1；
SR = 10 時，輸出 Q = 0。第三個閂鎖的輸入 S 與 R 由前面兩個閂鎖的狀態來
決定，而這兩個閂鎖則由控制輸入 D 及時脈 CLK 來決定其狀態。

　　所以圖 6-11(a) 的動作原理為：

　　當 CLK = 0 時，輸入 D 無論為 0 或 1，都會使 S = R = 1，此時輸出狀態
保持不變。G_4 閘加上 G_1 閘的傳遞延遲時間必須等於設定時間（Setup Time）：
設定時間代表時脈邊緣觸發前，D 輸入必須事先出現的最小時間。由於 D 改
變時，先改變 G_4 再使 G_1 變更，所以在設定時間內保持 D 不變，再使時脈
CLK 由 0 變為 1，則會有下列兩種情形產生：

1. 當 CLK 由 0 變為 1 時，若 D 保持為 0，則 S 仍然為 1，但 R 變為 0，
　　所以正反器的輸出為 0。

2. 當 CLK 由 0 變爲 1 時，若 D 爲 1，則 S 變爲 0，R 仍爲 1，使得正反器的輸出變爲 1。

亦即，在時脈正緣時，若 D = 1，則 S = 0，R = 1，若時脈 CLK = 1，則 D 的改變並不會使 S 與 R 改變。同理，在正緣後 CLK = 1 與 D = 0，D 值的改變並不會使 S 與 R 值發生改變。而當 CLK = 0 時，S 與 R 都爲 1，但正反器的輸出仍然不變。

例 4：某個負緣觸發式 J-K 正反器，Q 代表正反器輸出，H 表示邏輯高電位，L 表示邏輯低電位，當 J = H，K = L，Q = L，下列何時正確？

(A) 觸發脈波由 L 變 H 時，Q 改變爲 H。

(B) 觸發脈波由 H 變 L 時，Q 改變爲 H。

(C) 觸發脈波由 H 變 L 時，Q 狀態不良。

(D) Q 之狀態改變不受觸發時脈影響。

解　(B)

例 5：下列何者爲邊緣觸發動作？

(A) NOR 閘之 RS Latch　　　　(B) Clocked D 型正反器

(C) Master-slave 式 JK 型正反器　(D) NAND 閘之 RS Latch

解　(C)

一般主僕式 JK 型正反器之動作方式採邊緣觸發操作。

6-2-4　正反器

（一）SR正反器

1.真值表：

R	S	Q_{n+1}	
0	0	Q_n	（不變）
0	1	1	
1	0	0	
1	1	$\times$	（不允許）

2.符號：

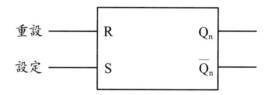

3.特性方程式：

$$Q_{n+1} = S + \overline{R}Q_n$$

4.構造：

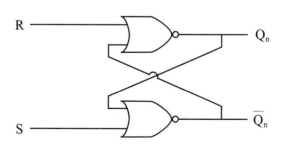

5. 有時脈控制的 RS 正反器：

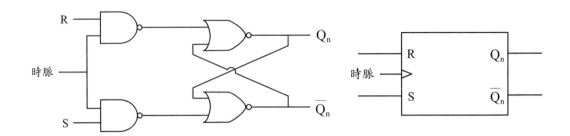

真值表：

輸入			輸出	
R	S	時脈	Q_{n+1}	$\overline{Q}_{n+1}$
×	×	0	Q_n	$\overline{Q}_n$
0	0	1	Q_n	$\overline{Q}_n$
0	1	1	1	0
1	0	1	0	1
1	1	1	×	×

6. 激勵表：

Q_n	→	Q_{n+1}	S	R
0		0	0	×
0		1	1	0
1		0	0	1
1		1	×	0

7. 說明：

(1) 時脈的觸發方式有正緣觸發（▲⎍）與負緣觸發（⎍▼）等方式。

(2) SR 正反器之特性方程式 $Q_{n+1} = S + \overline{R}Q_n$ 之證明如下：

真值表：　　　　　化簡：

S	R	Q_n	Q_{n+1}
0	0	0	0
0	0	0	1
0	1	0	0
0	1	0	0
1	0	1	1
1	0	1	1
1	1	1	$\times$
1	1	1	$\times$

S \ RQ_n	00	01	11	
0		1		
1	1	1	$\times$	$\times$

$$\therefore Q_{n+1} = S + \overline{R}Q_n$$

(3) SR 正反器的特性是 S 代表設定，R 代表清除，在 S = R = 1 時不使用（Don't Care）。

(4) 激勵表是由輸出的轉態看輸入端的值，真值表是由輸入端的信號看輸出端的狀態，兩者有密切關係。

（二）JK正反器

1. 真值表：

J	K	Q_{n+1}
0	0	Q_n
0	1	0
1	0	1
1	1	$\overline{Q_n}$

2. 符號：

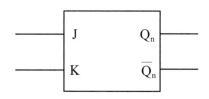

3. 特性方程式：

$$Q_{n+1} = J\overline{Q}_n + \overline{K}Q_n$$

4. 邊緣觸發式 JK 正反器：

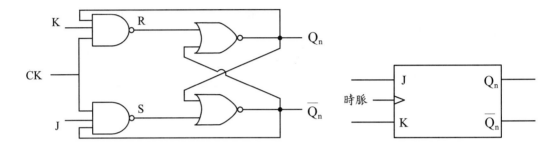

輸入			輸出	
J	K	時脈	Q_{n+1}	$\overline{Q}_{n+1}$
×	×	0	Q_n	$\overline{Q}_n$
0	0	↑	Q_n	$\overline{Q}_n$
0	1	↑	0	1
1	0	↑	1	0
1	1	↑	$\overline{Q}_n$	Q_n

5. 激勵表：

Q_n	→	Q_{n+1}	J	K
0		0	0	×
0		1	1	×
1		0	×	1
1		1	×	0

6. 說明：

(1) 特性方程式 $Q_{n+1} = J\overline{Q}_n + \overline{K}Q_n$ 證明如下：

眞値表：　　　　　　　　　化簡：

J	K	Q_n	Q_{n+1}
0	0	0	1
0	0	1	1
0	1	0	0
0	1	1	0
1	0	0	1
1	0	1	1
1	1	0	1
1	1	1	0

J \ KQ_n	00	01	11	10
0		1		
1	1	1		1

$$\therefore Q_{n+1} = J\overline{Q_n} + \overline{K}Q_n$$

(2) 激勵表之說明：

　　①在 0 → 0 時，有兩種情況：J = 0，K = 0（維持不變）或 J = 0，K = 1，故組合起來爲 J = 0，K = ×。

　　②在 0 → 1 時，有兩種情況：J = 1，K = 1（輸出反相）或 J = 1，K = 0（設定），故組合起來爲 J = 1，K = ×。

(3) JK 正反器比 SR 正反器多了一個 J = K = 1 的狀態，其餘均相同。

（三）D型正反器

1. 眞値表：

D	Q_{n+1}
0	0
1	1

2. 符號：

3. 特性方程式：

$$Q_{n+1} = D$$

4. 邊緣觸發式 D 型正反器：

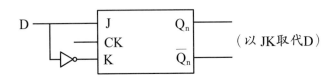

（以 JK 取代 D）

5. D 型激勵表：

Q_n	Q_{n+1}	D
0	0	0
0	1	1
1	0	0
1	1	1

6. 說明：

　　D 型正反器的特性就是輸入什麼，下一個狀態輸出就是什麼，是正反器中最簡單的一種，一般用來做為傳輸延遲之用。

（四）T 型正反器

1. 真值表：

T	Q_{n+1}
0	Q_n
1	$\overline{Q_n}$

2. 符號：

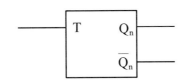

3. 特性方程式：

$$Q_{n+1} = T \oplus Q_n$$

4. 邊緣觸發式 T 型正反器：

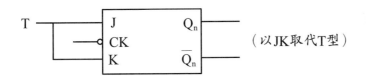

（以JK取代T型）

5. T 型激勵表：

Q_n	Q_{n+1}	T
0	0	0
0	1	1
1	0	1
1	1	0

6. 說明：

(1) T 型正反器的特性是：當 T = 1 時，輸出轉態；T = 0 時，輸出維持不變，所以又稱為補數型正反器。

(2) 特性方程式之證明如下：

眞值表：

T	Q_n	Q_{n+1}
0	0	0
0	1	1
1	0	1
1	1	0

$$\therefore Q_{n+1} = T \oplus Q_n$$

(3) 每當 T 輸入端由 0 變 1 時，輸出端即改變狀態一次，所以輸出的信號頻率相當於輸入頻率的一半，即除以 2。

6-2-5　正反器之互換

（一）SR正反器對JK、D、T型正反器的轉換

1. SR → JK

依題意，可得如下的眞值表：　　　　化簡得：

J	K	Q_n	Q_{n+1}	S	R
0	0	0	0	0	×
0	0	1	1	×	0
0	1	0	0	0	×
0	1	1	0	0	1
1	0	0	1	1	0
1	0	1	1	×	0
1	1	0	1	1	0
1	1	1	0	0	1

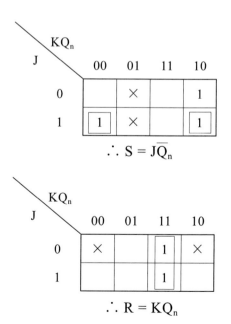

$$\therefore S = J\overline{Q_n}$$

$$\therefore R = KQ_n$$

∴轉換後之電路如下：

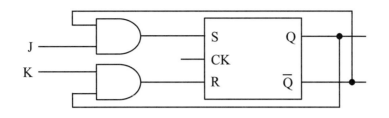

2. 將上圖之 JK 接在一起即得 SR → T 正反器。

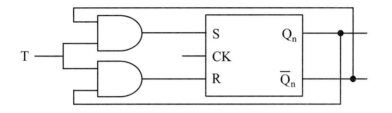

或

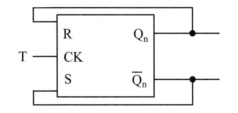

或

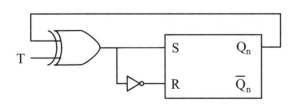

3. SR → D

依題意可得：

D	Q_n	Q_{n+1}	S	R	
0	0	0	0	×	$\therefore S = D$
0	1	0	0	1	$R = \overline{D}$
1	0	1	1	0	
1	1	1	×	1	

∴轉換電路如下：

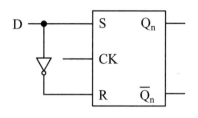

（二）JK對D、T型的轉換

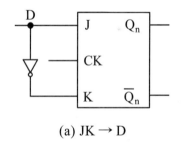

(a) JK → D

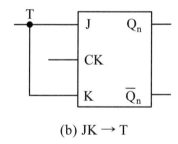

(b) JK → T

（三）D對T型轉換

T	Q_n	Q_{n+1}	D	$\therefore D = T \oplus Q_n$
0	0	0	0	
0	1	1	1	
1	0	1	1	
1	1	0	0	

∴轉換電路如下：

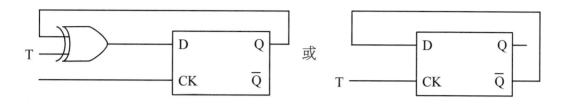

或

（四）T對D型正反器之轉換

D	Q_n	Q_{n+1}	TY
0	0	0	0
0	1	1	1
1	0	1	1
1	1	0	0

$T = D \oplus Q_n$

∴轉換電路如下：

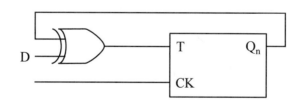

6-3 同步序向電路設計與分析

6-3-1 同步序向電路之分析

同步序向邏輯電路分析的步驟為：

1. 由電路中寫出每一正反器輸入端的輸入函數。

2. 由 000 開始分析每一正反器隨時鐘脈波（Clock）變化的情形，建立狀態轉移表（Transition Table，經過狀態指定後的狀態表稱之）。

　　狀態轉移表：可表示 I/P，O/P 及正反器變化情形的表格，可分為 3 部分：

　　(1) P.S（現在狀態）：正反器在脈衝出現之前的狀態。

　　(2) N.S（次態）：正反器在脈衝出現之後的狀態。

　　(3) O/P（輸出）：輸出的值。

3. 繪出序向電路工作狀態轉移情形的狀態圖。

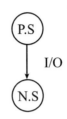

4. 描述正反器狀態條件之代數式。

例 1：分析下列之序向邏輯電路：

(1)

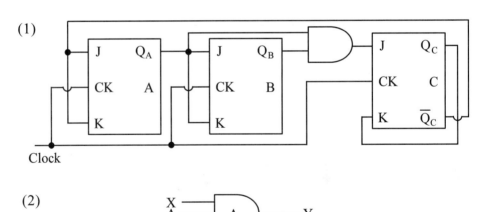

(2)

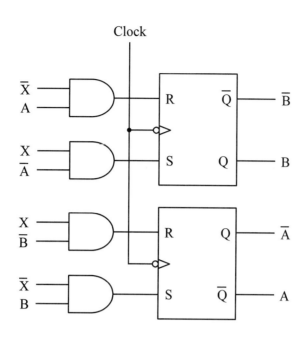

解 (1) ①由圖中可知各正反器之輸入函數為：

$$J_A = K_A = \overline{Q}_C \text{；} J_B = K_B = Q_A \text{；} J_C = Q_A Q_B \text{，} K_C = Q_C \text{。}$$

②狀態表如下：

P.S.			各正反器之狀態						N.S.		
Q_A	Q_B	Q_C	J_A	J_K	J_B	K_B	J_C	K_C	Q_A	Q_B	Q_C
0	0	0	1	1	0	0	0	0	1	0	0
0	0	1	0	0	0	0	0	1	0	0	0
0	1	0	1	1	0	0	0	0	1	1	0
0	1	1	0	0	0	0	0	1	0	1	0
1	0	0	1	1	1	1	0	0	0	1	0
1	0	1	0	0	1	1	0	1	1	1	0
1	1	0	1	1	1	1	1	0	0	0	1
1	1	1	0	0	1	1	1	1	1	0	0

③狀態圖：

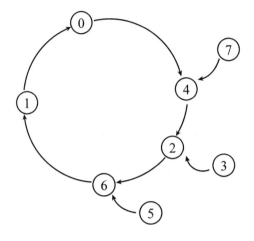

(2) ① $Y = XA\overline{B}$

$R_B = \overline{X}A$　　$S_B = X\overline{A}$

$R_A = X\overline{B}$　　$S_A = \overline{X}B$

②狀態表：

P.S.		下一狀態				輸出	
		X = 0		X = 1		X = 0	X = 1
A	B	A	B	A	B	Y	Y
0	0	0	0	0	1	0	0
0	1	1	1	0	1	0	0
1	0	1	0	0	0	0	1
1	1	1	0	1	1	0	0

③狀態圖：

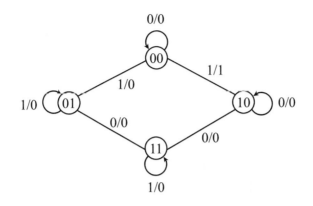

例 2：求下圖之狀態圖：

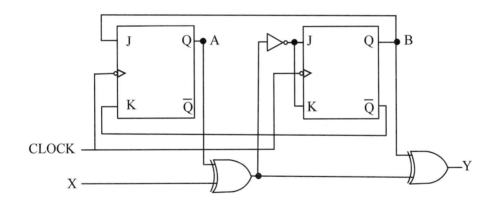

解 $J_A = B$，$K_A = \overline{B}$

$J_B = \overline{A}\,\overline{X} + AX$，$K_B = \overline{A}\,\overline{X} + AX$

狀態表：

X	A	B	$J_A = B$	$K_A = \overline{B}$	$J_B = \overline{A}\,\overline{X} + AX$	$K_B = \overline{A}\,\overline{X} + AX$	A^+	B^+	$Y = A \oplus B \oplus X$
0	0	0	0	1	1	1	0	1	0
0	0	1	1	0	1	1	1	0	1
0	1	0	0	1	0	0	0	0	1
0	1	1	1	0	0	0	1	1	0
1	0	0	0	1	0	0	0	0	1
1	0	1	1	0	0	0	1	1	0
1	1	0	0	1	1	1	0	1	0
1	1	1	1	0	1	1	1	0	1

狀態表：

P.S		N.S，Z	
A	B	X = 0	X = 1
0	0	01, 0	00, 1
0	1	10, 1	11, 0
1	1	11, 0	10, 1
1	0	00, 1	01, 0

狀態圖：

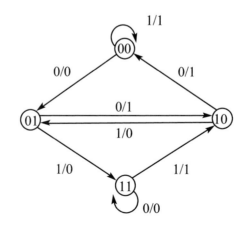

例 3：

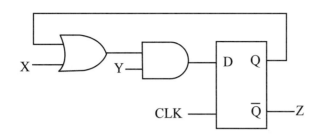

(1) 求狀態圖。

(2) 若輸出（Z）初值為 1，若輸入（x, y）之順序為（1, 0），（0, 1），（1, 1），（0, 1），（1, 1），（0, 1）則輸出端依序為何？

解 $D = (Q + x) \cdot y$

Q(t)	X	Y	$D = (Q + x) \cdot y$	Q(t + 1)	Z
0	0	0	0	0	1
0	0	1	0	0	1
0	1	0	0	0	1
0	1	1	1	1	0
1	0	0	0	0	1
1	0	1	1	1	0
1	1	0	0	0	1
1	1	1	1	1	0

	N.S				Z			
Q	XY = 00	01	11	10	00	01	11	10
0	0	0	1	0	1	1	0	1
1	0	1	1	0	1	0	0	1

(1)

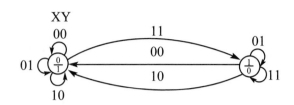

(2) Z = 110000

例 4：如下圖所示的邏輯電路，Z 輸出端的初始值爲 1，每當 CLK 輸入端被觸發時，由 X 輸入端依序輸入 00101，問 Z 輸出端輸出值依序爲何？

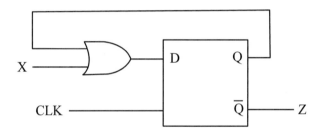

解　∵ Z 輸出端的初始值爲 1，∴ $Q_{(t)}$ 的初始值爲 0，∴其輸出端的相關資訊如下：

$Q_{(t)}$	X	D	$Q_{(t+1)}$	Z
0	0	0	0	1
0	0	0	0	1
0	1	1	1	0
1	0	1	1	0
1	1	1	1	0

例 5：如圖所示的非同步序向電路中：

(1) 電路的轉態表（Transition Table）爲_____。

(2) 若 NAND 閘的傳播延遲時間平均值爲 3ns，而 NOT 閘爲 10ns，則

當電路最初在全體狀態（Total State）$(X_1X_2Y) = 111$ 而 X_2 由 1 改變為 0 時，電路將進入穩定的全體狀態 $(X_1X_2Y) = $ _____ 。

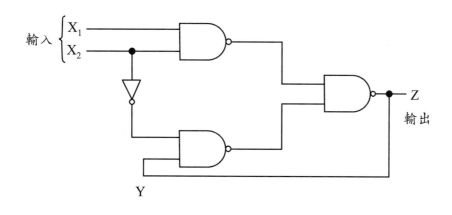

輸入 $\begin{cases} X_1 \\ X_2 \end{cases}$

Z 輸出

Y

解 (1) $Z = X_1X_2 + \overline{X_2}Y$

Y＼X_1X_2	00	01	11	10
0	0	0	1	0
1	1	0	1	1

(2) 100

例 6：如下圖所示之序向邏輯電路，當 A、B 輸出端分別為 1 及 0 時，在 CP 輸入端又產生 3 個脈波後，問 A、B 之輸出各為何？

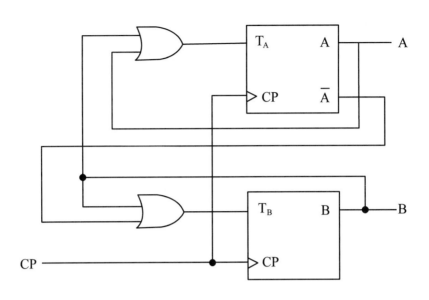

解

CP	目前狀態		$T_A = A + B$	$T_B = \bar{A} + B$	下一狀態	
	A	B			A	B
1	1	0	1	0	0	0
2	0	0	0	1	0	1
3	0	1	1	1	1	0

由上表可知在 3 個 CP 之後，A = 1，B = 0。

6-3-2　同步序向電路之設計

同步序向邏輯電路設計的步驟：

1. 繪出狀態圖：依題意而得。

2. 建狀態表。

3. 狀態化簡。

4. 狀態指定：指定後的狀態表稱為狀態轉移表。

5. 繪出所選用正反器的激勵表及真值表。

6. 決定輸入方程式。

7. 決定輸出方程式。

8. 繪出電路圖。

（一）狀態圖與狀態表之轉換

如前一節所介紹，在此不再贅述。

例 6：將下列狀態圖化成狀態表。

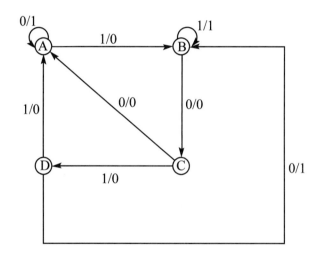

解 狀態表：

P.S.	N.S., Z	
	X = 0	X = 1
A	A, 1	B, 0
B	C, 0	B, 1
C	A, 0	D, 0
D	B, 1	A, 0

例 7：如下圖之 State Table 為何？（P.S：目前狀態，N.S：下一狀態）

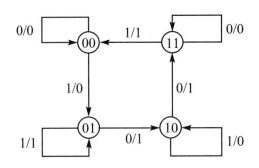

解　狀態表如下：

P.S		N.S, Output (AB, Y)	
A	B	X = 0	X = 1
0	0	00, 0	01, 0
0	1	10, 1	01, 1
1	0	11, 1	10, 0
1	1	11, 0	00, 1

AB: State Codes
X/Y: Input/Output

（二）狀態化簡

採用等位狀態原理來減少狀態變數，使得在設計電路時，所採用的硬體數目能減為最少。其化簡的技巧一般有下列三種：

1. 直接化簡法（直觀法）：

觀察狀態表中每一狀態變數，若對任何可能的輸入順序，以 S_i、S_j 而言，產生相同的下一狀態與輸出，則稱 S_i、S_j 等效（Equivalent）。等效的兩狀態即可相互取代，並且捨棄其中之一。

例 8：化簡下列狀態表：

P.S	N.S		Output	
	X = 0	X = 1	X = 0	X = 1
a	f	b	0	0
b	d	c	0	0
c	f	e	0	0
d	g	a	1	0
e	d	c	0	0
f	f	b	1	1
g	g	h	0	1
h	g	a	1	0

解 由表中觀察得：a 與 c 等效，b 與 e 等效，h 與 d 等效，所以化簡後狀態表為：

P.S	N.S		Output	
	X = 0	X = 1	X = 0	X = 1
a	f	b	0	0
b	d	a	0	0
d	g	a	1	0
f	f	b	1	1
g	g	d	0	1

2. 分離法：

先以輸出狀態將所有變數分成兩組，一組輸出為 0，一組輸出為 1，然後再從各組中找出輸出狀態與下一狀態相同者（即等效）予以分離成另一組，以此類推，最後在同一組者，即為等效，可捨棄其中一個狀態。

例 9：化簡下列狀態表：

P.S	N.S, Z	
	X = 0	X = 1
A	E, 0	D, 1
B	F, 0	D, 0
C	E, 0	B, 1
D	F, 0	B, 0
E	C, 0	F, 1
F	B, 0	C, 0

解　$P_0 = (ABCDEF)$

$P_1 = (ACE)(BDF)$

$P_2 = (ACE)(BD)(F)$

$P_3 = (AC)(E)(BD)(F)$

....

$P_4 = (AC)(E)(BD)(F)$

兩列相同停止

今 $AC \rightarrow A$，$BD \rightarrow B$，$E \rightarrow E$，$F \rightarrow F$

新的狀態表

P.S	N.S, Z	
	X = 0	X = 1
A	E, 0	B, 1
B	F, 0	B, 0
E	A, 0	F, 1
F	B, 0	A, 0

註：直接化簡法與分離法有不同結果時，以分離法為主。

3. 合併法（Merge Method）：

一般用於有 Don't Care 項的狀態表中。

方法 (1) 先依據狀態表的下一狀態與輸出（N.X，Z）畫出合併圖。

(2) 依據合併圖寫出最大相容的狀態對。

(3) 簡化此狀態對，並指定一狀態名稱取代之。

(4) 最後畫出簡化的狀態表。

例 10：化簡下列狀態表：

P.S	N.S, Z			
	I_1	I_2	I_3	I_4
A	—	C, 1	E, 1	B, 1
B	E, 0	—	—	—
C	F, 0	F, 1	—	—
D	—	—	B, 1	—
E	—	F, 0	A, 0	D, 1
F	C, 0	—	B, 0	C, 1

解 (1) 使用合併圖：

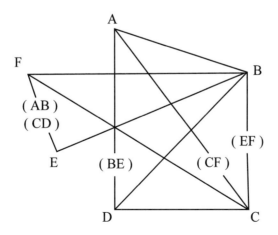

(2) 最大相容對：

(ABCD)(BE)(CF)(EF)

可得

(AB)(CD)(EF)

　α　　β　　γ

(3) 狀態表：

P.S	N.S, Z			
	I_1	I_2	I_3	I_4
(AB)→α	γ, 1	β, 1	γ, 1	α, 1
(CD)→β	γ, 0	γ, 1	α, 1	—
(EF)→γ	β, 0	γ, 0	α, 0	β, 1

狀態化簡之綜合範例：

例 11：(1) 試簡化下列狀態表中的狀態數目，及列出所簡化的狀態表。

現在狀態	次一狀態		輸出	
	X = 0	X = 1	X = 0	X = 1
a	f	b	0	0
b	d	c	0	0
c	f	e	0	0
d	g	a	1	0
e	d	c	0	0
f	f	b	1	1
g	g	h	0	1
h	g	a	1	0

(2) 上題中狀態表的狀態 a 開始，試求出輸入順序為 01110010011 的輸出順序。

解 (1)

現在狀態	次一狀態		輸出	
	X = 0	X = 1	X = 0	X = 1
a	f	b	0	0
b	d	a	0	0
d	g	a	1	0
f	f	b	1	1
g	g	d	0	1

說明：由表中，b 與 e 等效，a 與 c 等效，d 與 h 等效，所以刪除 e、c、h 三個狀態。

(2) 輸入：01110010011
　　狀態：afbcedghggha
　　輸出：01000111010

例 12：求出下圖所示狀態表的最簡狀態表為＿＿＿。

P.S	N.S, Z	
	X = 0	X = 1
A	B, —	C, 1
B	A, —	D, —
C	D, 0	C, —
D	C, 1	B, —

P.S：表目前的狀態
N.S：表下一狀態
Z：表輸出
—：表未指定輸出

解　使用合併圖：

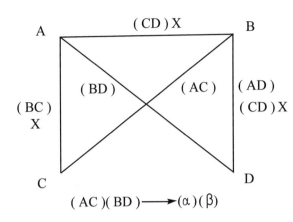

P.S	N.S, Z	
	X = 0	X = 1
(AC) α	β, 0	α, 1
(BD) β	α, 1	β, —

（三）同步序向電路設計

例 13：用 T 型正反器設計一滿足下列狀態圖之序向電路：

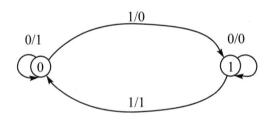

解

P.S	N.S		Z	
Q	X = 0	X = 1	X = 0	X = 1
0	0	1	1	0
1	1	0	0	1

X \ Q	0	1
0	0	1
1	1	0

X \ Q	0	1
0	1	0
1	0	1

$\therefore T = Q \oplus X$　　　　$Z = Q \odot X$

∴序向電路如下：

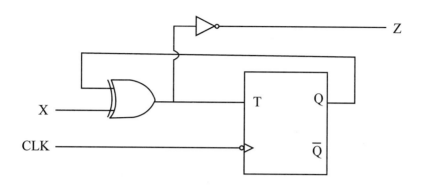

例 14：用 JK 設計，求正反器輸入函數與輸出函數。

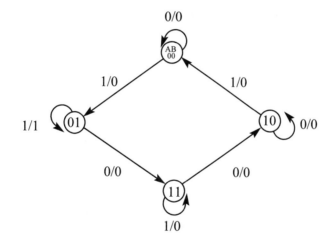

解 (1) 狀態表：

P.S		N.S		Z	
A	B	X = 0	X = 1	X = 0	X = 1
0	0	00	01	0	0
0	1	11	01	0	1
1	1	10	11	0	0
1	0	10	00	0	0

(2) 激勵表：

A	B	X	$J_A K_A$	$J_B K_B$	Z
0	0	0	0X	0X	0
0	0	1	0X	1X	0
0	1	0	1X	X0	0
0	1	1	0X	X0	1
1	0	0	X0	0X	0
1	0	1	X1	0X	0
1	1	0	X0	X1	0
1	1	1	X0	X0	0

(3) 卡諾圖化簡得（輸出入函數）

$J_A = B\overline{X}$，$K_A = \overline{B}X$，$Z = \overline{A}BX$

$J_B = \overline{A}X$，$K_B = A\overline{X}$

例 15：某系統中之故障告警電路，有二個輸入，偵錯信號 W 及重置信號 R，有一輸出，告警信號 Z，如圖所示，若偵測到錯誤時，W = 1；當連續錯三次以上就一直送告警信號（Z = 1），通知維護人員；在任何狀態，按重置（R = 1），將使回復至無錯狀態。現假設無錯狀態為 00，錯一次之狀態為 01，連錯二次之狀態為 10，連錯三次以上之狀態為 11，試請：

(1) 繪出故障告警電路之狀態轉移圖。

(2) 用 D 正反器設計此故障告警電路。

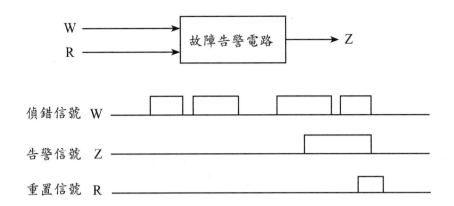

解 (1) 狀態圖：

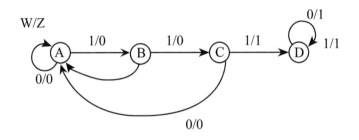

(2) 狀態表及狀態指定：

P.S	N.S, Z	
	W = 0	W = 1
A	A, 0	B, 0
B	A, 0	C, 0
C	A, 0	D, 1
D	D, 1	D, 1

P.S			N.S, Z	
	Y_1	Y_2	W = 0	W = 1
A	0	0	00, 0	01, 0
B	0	1	00, 0	10, 0
C	1	0	00, 0	11, 1
D	1	1	11, 1	11, 1

(3) 卡諾圖化簡：

Y_1Y_2 \ W	0	1
00	0	1
01	0	1
11	1	1
10	0	1

$D_1 = WY_2 + Y_1Y_2 + WY_1$

Y_1Y_2 \ W	0	1
00	0	1
01	0	0
11	1	1
10	0	1

$D_2 = Y_1Y_2 + W\overline{Y_2}$

Y_1Y_2 \ W	0	1
00	0	0
01	0	0
11	1	1
10	0	1

$Z = WY_1 + Y_1Y_2$

(4) 序向電路圖：

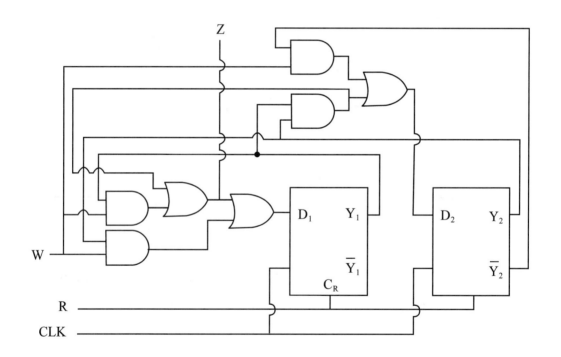

6-3-3　「認識電路」之設計

設計一認識某二進制序列之步驟與設計序向電路差不多，比較複雜的是狀態圖的畫出必須詳加討論才不致設計出錯誤結果。

例 16：設計一認識 001 電路，若輸入信號中包含 001，則輸出為 1，例如輸入
　　　　$X = 01001000101$，則輸出 $Z = 00001000100$

解　Step1：由題意導出狀態圖

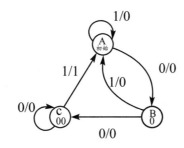

Step2：狀態表

P.S	N.S, Z	
	X = 0	X = 1
A	B, 0	A, 0
B	C, 0	A, 0
C	C, 0	A, 1

Step3：狀態化簡

　　$P_0 = (ABC)$

　　$P_1 = (AB)(C)$

　　$P_2 = (A)(B)(C)$

Step4：決定正反器個數

　　因 3 個狀態，所以須 2 個正反器，命名 Q_1、Q_0。

Step5：狀態指令

　　令 A 狀態→ $Q_1Q_0 = 00$

　　　B 狀態→ $Q_1Q_0 = 01$

　　　C 狀態→ $Q_1Q_0 = 10$

Step6：決定正反器型別

　　假設用 JK 正反器。

Step7：遷移表（經二進制指定的狀態表）

P.S		N.S		Z	
Q_1	Q_0	X = 0	X = 1	X = 0	X = 1
0	0	01	00	0	0
0	1	10	00	0	0
1	0	10	00	0	1

Step8：導出激勵表與輸出表

X	Q_1	Q_0	Q_1^+	Q_0^+	J_1	K_1	J_0	K_0	Z
0	0	0	0	1	0	d	1	d	0
0	0	1	1	0	0	d	d	1	0
0	1	0	1	0	d	0	0	d	0
0	1	1	d	d	d	d	d	d	d
1	0	0	0	0	0	d	0	d	0
1	0	1	0	0	0	d	d	1	0
1	1	0	0	0	d	1	0	d	1
1	1	1	d	d	d	d	d	d	d

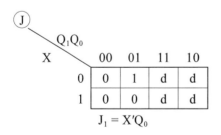

$J_1 = X'Q_0$

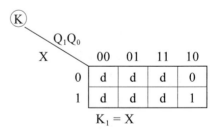

$K_1 = X$

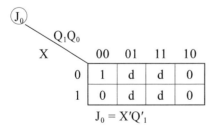

$J_0 = X'Q'_1$

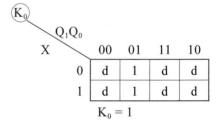

$K_0 = 1$

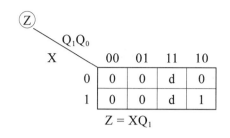

$$Z = XQ_1$$

Step9：繪邏輯圖

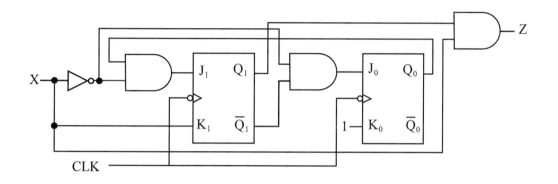

例 17：有一序向邏輯電路，其方塊圖如圖，它可由輸入線接受一連串的「0」或「1」數位信號，如果它接受的輸入信號依序爲「1」，「1」，「1」，「1」，「0」時，則在接到最後「0」的同時，會由輸出線產生「1」信號，其餘時間其輸出線爲「0」，則此序向邏輯電路至少有_____個狀態。

輸
入
線
→
認識「11110」
之
序向電路
→
輸
出
線

解 五

狀態圖如下：

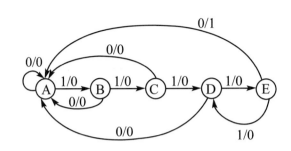

∴共有 5 個狀態。

6-3-4　以狀態方程式來設計序向電路

以狀態方程式來設計序向電路：

❖ 步驟

1. 將狀態表以狀態方程式表示。

2. 將狀態方程式寫成標準式。

3. 對應的項即爲正反器輸入函數。

例 18：用 JK 設計，滿足下列狀態表。

A	B	N.S, Z X = 0	N.S, Z X = 1
0	0	00, 0	01, 0
0	1	11, 0	01, 1
1	1	10, 0	11, 0
1	0	10, 0	00, 0

解

A	B	N.S, Z X = 0	N.S, Z X = 1	Z X = 0	Z X = 1
0	0	00	01	0	0
0	1	11	01	0	1
1	1	10	11	0	0
1	0	10	00	0	0

注意　其排列方式，已配合卡諾圖方式。

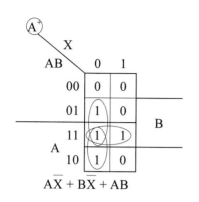

$$A\overline{X} + B\overline{X} + AB$$

$$\overline{A}X + BX + \overline{A}B$$

$$\overline{A}BX$$

$$\therefore A(t + 1) = AB + B\overline{X} + A\overline{X}$$

$$B = (t + 1) = BX + \overline{A}X + \overline{A}B$$

$$Z = \overline{A}BX$$

已知 JK 之特性方程式 $Q(t + 1) = J\overline{Q} + \overline{K}Q$

$$\therefore A(t + 1) = J_A\overline{A} + \overline{K_A}A = AB + B\overline{X} + A\overline{X}$$

$$= (B\overline{X})\overline{A} + (B + B\overline{X} + \overline{X})A$$

$$\therefore J_A = B\overline{X} \quad \overline{K_A} = B + \overline{X} \quad \therefore K_A = \overline{B}X$$

$$B(t + 1) = J_B\overline{B} + \overline{K_B}B$$

$$= BX + \overline{A}X + \overline{A}B$$

$$= (\overline{A}X)\overline{B} + (X + \overline{A}X + \overline{A})B$$

$$= (\overline{A}X)\overline{B} + (X + \overline{A})B$$

$$\therefore J_B = \overline{A}X \quad \overline{K_B} = X + \overline{A} \quad \therefore K_B = \overline{X}A$$

例 19：用 JK 設計，滿足下列狀態方程式。

$$A(t + 1) = \overline{A}\,\overline{B}CD + \overline{A}\,\overline{B}C + ACD + A\overline{C}\,\overline{D}$$

$$B(t + 1) = \overline{A}C + C\overline{D} + \overline{A}B\overline{C}$$

$$C(t + 1) = B$$

$$D(t + 1) = \overline{D}$$

解　已知 JK 之狀態方程式為 $Q(t + 1) = J\overline{Q} + \overline{K}Q$

$$\therefore A(t + 1) = J_A\overline{A} + \overline{K_A}A + \overline{A}\,\overline{B}CD + \overline{A}\,\overline{B}C + ACD + A\overline{C}\,\overline{D}$$

$$= (\overline{B}CD + \overline{B}C)\overline{A} + (CD + \overline{C}\overline{D})A$$

$$\therefore J_A = \overline{B}C \quad \overline{K_A} = CD + \overline{C}\overline{D} \quad \therefore K_A = C\overline{D} + \overline{C}D$$

同理 $B(t + 1) = J_B\overline{B} + \overline{K_B}B = \overline{A}C + C\overline{D} + \overline{A}B\overline{C}$

$$= (\overline{A}C + C\overline{D})\overline{B} + (\overline{A}C + C\overline{D} + \overline{A}\,\overline{C})B$$

$$\therefore J_B = \overline{A}C + C\overline{D} \quad \overline{K_B} = \overline{A}C + C\overline{D} + \overline{A}\,\overline{C} \quad \therefore K_B = A\overline{C} + AD$$

同理 $C(t + 1) = J_C\overline{C} + \overline{K_C}C = B = (B)\overline{C} + (B)C$

$$\therefore J_C = B \quad \overline{K_C} = B \quad \therefore K_C = \overline{B}$$

同理 $D(t + 1) = J_D\overline{D} + \overline{K_D}D = D = (1)\overline{D} + (0)D$

$$\therefore J_D = 1 \quad \overline{K_D} = 0 \quad \therefore K_D = 1$$

6-4　習題

1. 使用 T 型正反器及邏輯閘，分別設計下列各正反器：
   SR 正反器、D 型正反器與 JK 正反器。

2. 使用 JK 正反器及邏輯閘，分別設計下列各正反器：
   SR 正反器、D 型正反器與 T 型正反器。

3. 如下圖所示之 K-G 正反器電路：
   (1) 求正反器之真值表。
   (2) 求出正反器之特性方程式。
   (3) 導出正反器的激勵表。

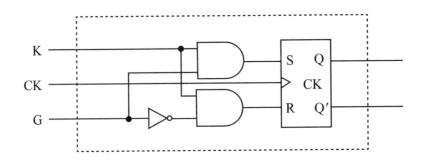

4. 設計一個具有一個輸入端 X 與一個輸出端 Z 的同步序向電路，當電路偵測

到輸入序列中100或101出現時，即產生1個輸出，假設允許重疊序列出現，試使用 T 型正反器執行此電路。

5. 設計一個串加器電路，電路具有兩個輸入端 X 與 Y，分別以串列方式而以 LSB 開始依序輸入加數與被加數，輸出 Z 則依序由 LSB 開始輸出兩數相加後之和。試使用 D 型正反器執行此電路。

6. 分析下圖之同步序向電路，並分別求出其狀態表與狀態圖。

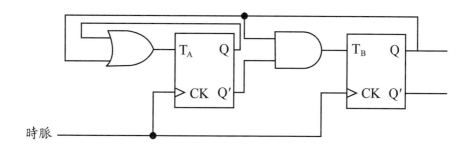

7. 化簡下圖之狀態表（完全指定）：

P.S	N.S, Z	
	X = 0	X = 1
A	D, 1	E, 0
B	D, 0	E, 0
C	B, 1	E, 0
D	B, 0	E, 0
E	F, 1	C, 0
F	C, 0	D, 0

(a)

P.S	N.S, Z	
	X = 0	X = 1
A	F, 1	D, 1
B	G, 1	H, 1
C	D, 1	A, 0
D	A, 0	B, 1
E	C, 1	D, 1
F	D, 1	E, 0
G	B, 1	B, 0
H	B, 0	D, 1
I	F, 0	A, 0

(b)

CHAPTER

6

8. 化簡下圖之不完全指定狀態表：

P.S	N.S, Z X_1X_2 00	01	11
A	C, 0	E, 1	-
B	C, 0	E, -	-
C	B, -	C, D	A, -
D	B, 0	C, -	E, -
E	-	E, 0	A, -

(a)

P.S	N.S, Z X = 0	X = 1
A	-	F, 0
B	B, 0	C, 0
C	E, 0	A, 1
D	B, 0	D, 0
E	F, 1	D, 0
F	A, 0	-

(b)

9. 在下圖之狀態表中，選擇一組適當的狀態指定後，分別以 JK 正反器及 T 型正反器設計之。

P.S	N.S, Z X = 0	X = 1
A	B, 0	A, 0
B	C, 0	A, 0
C	E, 0	D, 0
D	B, 1	A, 0
E	F, 0	A, 0

(a)

P.S	N.S, Z X = 0	X = 1
A	B, 0	D, 0
B	C, 0	F, 0
C	B, 1	G, 1
D	B, 0	E, 0
E	E, 0	E, 0
F	C, 0	E, 0
G	B, 1	E, 1

(b)

10. 試繪出使用 NAND 的主僕式 D 型正反器邏輯圖。

11. 如下圖所示全加器接受二個輸入 X 與 Y，第 3 個輸入 Z 來自 D 正反器的輸出，其進位輸出在每次脈衝時被轉移到正反器，對外 S 輸出為 X、Y 及 Z 的和，試求出這序向電路的狀態表與狀態圖。

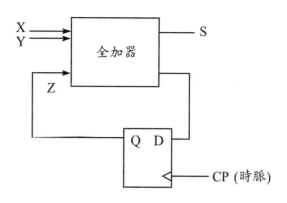

12. 某序向電路有二個正反器（A 與 B），二個輸入（X 與 Y），及一個輸出（Z），
    正反器輸入函數與電路輸出函數如下：

$$J_A = XB + Y'B' \qquad J_B = XA'$$

$$K_A = XY'B' \qquad\qquad K_B = XY' + A$$

$$Z = XYA + X'Y'B$$

    試求出其邏輯圖、狀態表、狀態圖。

13. 某序向電路有一個輸入與一個輸出，其狀態圖如下所示，試分別使用
    (a) T 型正反器　　(b) RS 正反器　　(c) JK 正反器設計之。

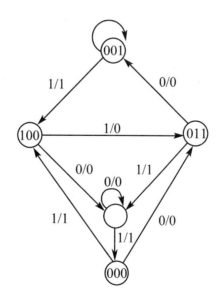

14. 試使用 JK 正反器設計一個以下列狀態方程式所描述的序向電路。

A(t + 1) = XAB + YA′C + XY

B(t + 1) = XAC + Y′BC′

C(t + 1) = X′B + YAB′

15. 試使用 T 型正反器設計一計數器，其計數二進順序為：

16. 設一同步序向邏輯電路之狀態表與電路圖如下所示，則 ROM 中位址 $(A_2A_1A_0)$ 為 101 之內容 $(O_2O_1O_0)$ 應為何？

| P.S | | N.S, Z | |
A	B	X = 0	X = 1
0	0	01, 0	00, 0
0	1	01, 1	10, 0
1	0	11, 0	00, 1
1	1	01, 0	10, 1

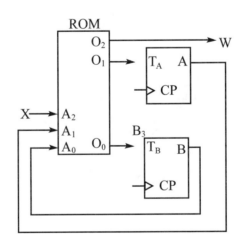

計數器、暫存器與記憶單元

計數器（Counter）主要用來計數或除頻，依其動作方式可分爲同步計數器（Synchronous Counter）與非同步計數器（Asynchronous Counter）兩種。暫存器（Refister）主要用來做資料的暫存（稱爲資料暫存器，Data Register）或資料的轉移（稱爲移位暫存器，Shift Register），有時也可應用於時序產生器、序列產生器或計數器上。所以這兩種元件在數位系統中，占極重要的地位。

7-1　計數器的設計與分析

計數器是序向電路中應用最普遍的電路，一般由一些正反器及組合邏輯電路組成。依正反器轉態的控制方式不同可分爲同步計數器與非同步計數器兩種，二者之間的差別在於：在同步計數器中，所有的正反器受同一個時脈信號觸發，在同一時間轉態。而非同步計數器則是利用前級的正反器轉態信號來觸發後級正反器，亦即是一級推動一級的動作方式，所以非同步計數器又稱爲漣波計數器（Ripple Counter）。

同步計數器的設計方式可分爲控制型計數器（Controlled Counter）與自發型計數器（Autonomous Counter）兩種，兩者之差別在於前者除了每一個正反器有時脈信號（CLK）外，還有一個致能控制端，以作爲計數器啓動的控制；後者則只在每一正反器中加入時脈信號，計數器自動開始計數。

無論是控制型計數器或自發型計數器，其設計方式皆相同，其設計的步驟如下：

❖ 設計同步計數器的步驟：

1. 決定正反器的級數及正反器的型式。

一個計數到 N 個狀態的計數器所需的正反器數目為 n，n 與 N 的關係為：

$$2^{n-1} < N \leqq 2^n$$

2. 依已知條件寫出狀態表。

3. 依據狀態表及正反器的激勵表寫出各個函數的輸出。

4. 利用卡諾圖化簡每一個布林函數。

5. 繪出邏輯電路。

一、自發型計數器

（一）二進位同步計數器

例 1：設計一個模 8（Mod-8）的二進制同步計數器。

　解　(1) 狀態圖：

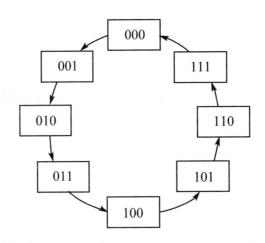

(2) 因有 8 種狀態，∴使用 3 個 T 型正反器。

(3) 激勵表：

現在狀態			下一狀態			正反器輸入		
A_2	A_1	A_0	A_2	A_1	A_0	TA_2	TA_1	TA_0
0	0	0	0	0	1	0	0	1
0	0	1	0	1	0	0	1	1
0	1	0	0	1	1	0	0	1
0	1	1	1	0	0	1	1	1
1	0	0	1	0	1	0	0	1
1	0	1	1	1	0	0	1	1
1	1	0	1	1	1	0	0	1
1	1	1	0	0	0	1	1	1

(4) 卡諾圖化簡得：

$$TA_2 = A_1A_0 \text{，} TA_1 = A_0 \text{，} TA_0 = 1$$

(5) 畫出邏輯電路圖：

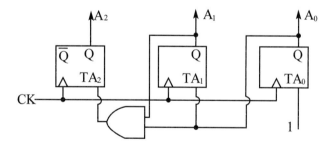

圖 7-1　三位元二進制計數器

（二）BCD計數器（十進位同步計數器）

例 2：設計一 BCD（Mod-10）同步計數器。

　解　(1) 狀態圖：

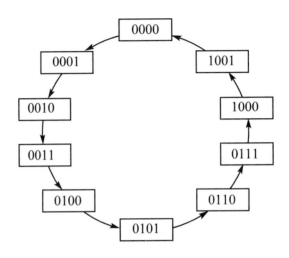

(2) 使用四個 T 型正反器製作。

(3) 激勵表：

現在狀態 （t = n）				下一狀態 （t = n + 1）				正反器輸入				進位輸出
A_3	A_2	A_1	A_0	A_3	A_2	A_1	A_0	T_3	T_2	T_1	T_0	C
0	0	0	0	0	0	0	1	0	0	0	1	0
0	0	0	1	0	0	1	0	0	0	1	1	0
0	0	1	0	0	0	1	1	0	0	0	1	0
0	0	1	1	0	1	0	0	0	1	1	1	0
0	1	0	0	0	1	0	1	0	0	0	1	0
0	1	0	1	0	1	1	0	0	0	1	1	0
0	1	1	0	0	1	1	1	0	0	0	1	0
0	1	1	1	1	0	0	0	1	1	1	1	0
1	0	0	0	1	0	0	1	0	0	0	1	0
1	0	0	1	0	0	0	0	1	0	0	1	1

說明：BCD 碼只有 0～9 十個數，10～15 為 Don't Care 狀態。

(4) 用卡諾圖化簡：

$$T_3 = A_0A_3 + A_2A_1A_0 \quad T_2 = A_1A_0 \quad T_1 = A_3A_0 \quad T_0 = 1$$

當 $A_3A_2A_1A_0 = 1001$ 時，送入 D 型正反器以產生進位 C 輸出。

(5) 邏輯電路：

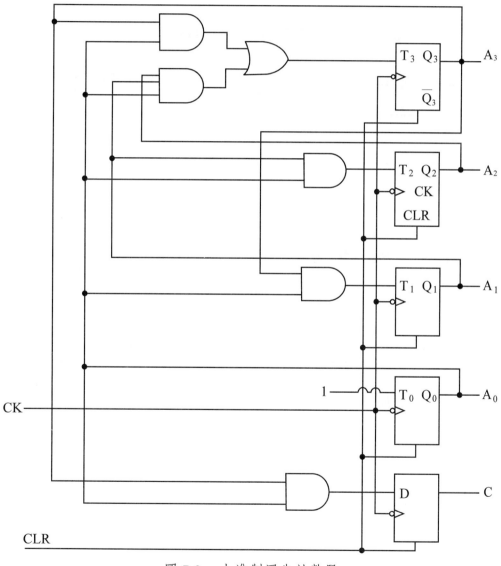

圖 7-2　十進制同步計數器

（三）模N（Mod-N）計數器

　　所謂的 Mod-N 計數器即是一種除 N 的計數器，例如：BCD 計數器是除 10 電路，3 位元二進制計數器是一種除 8 電路等。

　　Mod-N 計數器含有 N 個狀態，在 N 個計數之後，計數值必須回到原來的計數狀態。欲設計一個模 N 計數器，首先須決定所需正反器的數目 n。n 與 N 之關係為：$2^n \geq N > 2^{n-1}$

例 3：利用 T 型正反器，設計 Mod-5 計數器，而計數狀態為：

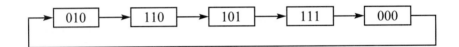

解　$N = 5$，∴需 3 個 T 型正反器

(1) 激勵表：

現態			次態			正反器輸入		
Q_2	Q_1	Q_0	Q_2	Q_1	Q_0	T_2	T_1	T_0
0	1	0	1	1	0	1	0	0
1	1	0	1	0	1	0	1	1
1	0	1	1	1	1	0	1	0
1	1	1	0	0	0	1	1	1
0	0	0	0	1	0	0	1	0

(2) 卡諾圖化簡得：（狀態 1,3,4 為 Don't Care 項）

$$T_2 = \overline{Q_2}Q_1 + Q_1Q_0 \text{，} T_1 = Q_2 + \overline{Q_1} \text{，} T_0 = Q_2Q_1$$

(3) 邏輯電路：

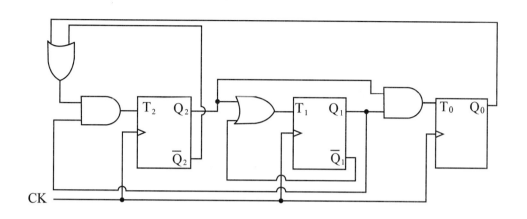

說明：在本題中，若起始狀態並非在計數的順序中（如 1,3,4），則可利用每個正反器的輸出函數來將之導入此計數的順序；此種能力稱為自我更正（Self-correcting）。

以上題為例：

當產生 001 的狀態時，將之代入各正反器的輸入函數

$$T_2 = \overline{Q}_2 Q_1 + Q_1 Q_0 , \ T_1 = Q_2 + \overline{Q}_1 , \ T_0 = Q_2 Q_1$$

可得 $T_2 = 0$，$T_1 = 1$，$T_0 = 0$

∴狀態 1 →狀態 3（011）

同理可得：狀態 3 →狀態 7（111），

　　　　　　狀態 4 →狀態 6（110）。

∴最後的狀態圖為：

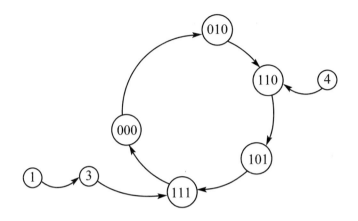

> 註：1.若題目已知狀態圖，圖中有輸入和輸出兩種訊息，則必須先畫出狀態
> 　　表較易理解。
> 　　2.若題目的各種狀態以英文字元或阿拉伯數字取代，則作答時必須作答
> 　　指定狀態。
> 　　3.四種正反器的使用時機：
> 　　①資料轉移時，使用 RS 或 D 正反器。
> 　　②含有補數應用時，使用 T 型正反器。
> 　　③在一般場合使用 JK 正反器。

例 4：用 JK 型正反器設計一同步計數器，計數狀態為 0,1,2,4,5,0。

解　因共有 5 個狀態，故需 3 個正反器，分別命名為 A、B、C（其中 A 為
MSB，C 為 LSB）。

(1)

P.S			N.S		
A	B	C	A^+	B^+	C^+
0	0	0	0	0	1
0	0	1	0	1	0
0	1	0	1	0	0
1	0	0	1	0	1
1	0	1	0	0	0

(2) 卡諾圖化簡得：

$J_A = B$，$K_A = C$

$J_B = \overline{A}C$，$K_B = 1$

$J_C = \overline{B}$，$K_C = 1$

（3,6,7 為 Don't Care 項）

(3) 邏輯電路：

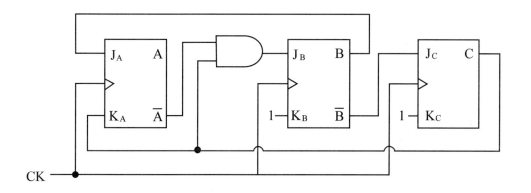

例 5：(1) Use J-K flip-flops to design a counter that follows the repeated sequence of

$1 \to 2 \to 5 \to 7$.

(2) Explain why or why not your design is self-correcting.

解　設計一個 1-2-5-7 順序的 Counter 需要 3 個 J-K Flip Flops，令此 3 個 Flip Flops 分別為 A、B、C，則其對應的激勵表如下：

目前狀態			次一狀態			正反器輸入					
A	B	C	A	B	C	J_A	K_A	J_B	K_B	J_C	K_C
0	0	1	0	1	0	0	X	1	X	X	1
0	1	0	1	0	1	1	X	X	1	1	X
1	0	1	1	1	1	X	0	1	X	X	0
1	1	1	0	0	1	X	1	X	1	X	0

利用卡諾圖化簡如下：（狀態 0,3,4,6 為 Don't Care）

$$J_A = K_A = B \; ; \; J_B = K_B = 1 \; ; \; J_C = 1 \; , \; K_C = \overline{A}$$

∴邏輯電路：

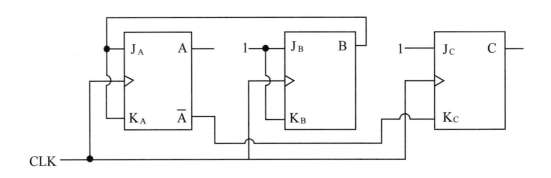

此電路具有自我更正（Self-correcting）的能力，若開機（Power On）時的狀態 0,3,4 或 6 時，其轉換的方式如下圖所示：

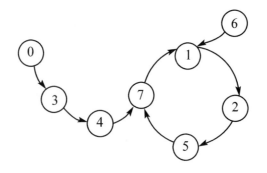

二、控制型計數器

例 6：設計一控制型 Mod-8 的二進制同步計數器，假設有一控制輸入端 X，當 X = 0 時，計數器暫停計數，並維持目前的狀態。當 X = 1 時，計數器正常計數，當計數到 111 時，輸出 Z = 1，其餘狀態下 Z 均為 0。

解 (1) 狀態圖：

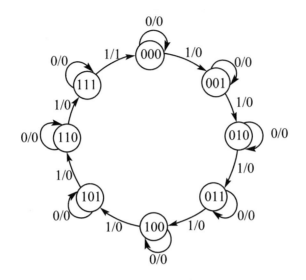

(2) 狀態表：

	P.S		ABC (N.S.)		Z	
A	B	C	X = 0	X = 1	X = 0	X = 1
0	0	0	000	001	0	0
0	0	1	001	010	0	0
0	1	0	010	011	0	0
0	1	1	011	100	0	0
1	0	0	100	101	0	0
1	0	1	101	110	0	0
1	1	0	110	111	0	0
1	1	1	111	000	0	1

CHAPTER

7

(3) 激勵表：

A	B	C	$T_3T_2T_1$ X = 0	X = 1
0	0	0	000	001
0	0	1	000	011
0	1	0	000	001
0	1	1	000	111
1	0	0	000	001
1	0	1	000	011
1	1	0	000	001
1	1	1	000	111

(4) 卡諾圖化簡得：

$$T_1 = X，T_2 = XC，T_3 = XBC，Z = XABC$$

(5) 其邏輯電路有兩種畫法：並行進位模式（Parallel Carry Mode）與漣波進位模式（Ripple Carry Mode）。漣波進位模式主要是由並行進位模式改變而來的。

$$T_1 = X，T_2 = XC = T_1C，T_3 = XBC = T_2B，Z = XABC = T_3A$$

∴兩種電路如下：

①並行進位模式

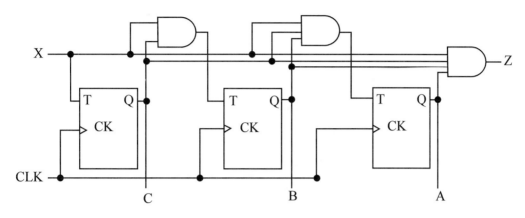

圖 7-3　並行進位式計數器

②漣波進位模式

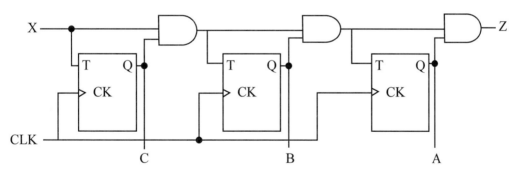

圖 7-4　漣波進位式計數器

說明：1. 對於控制型計數器而言：

①並行進位模式的執行方式由於每一時脈過期只需大於正反器及 AND 閘的傳遞延遲時間 $(t_{FF} + t_G)$，所以具有較快的工作頻率 f。其中：

$$f_{max} \leq \frac{1}{t_{FF} + t_G}$$

　　　　　　但其缺點為後級正反器之輸入端的 AND 閘需較多的扇入數。

②漣波進位模式的執行方式的優點是每一級正反器輸入端的 AND
閘扇入數最多為 2。但缺點是工作頻率較低，其 f 為：

$$f_{max} \leq \frac{1}{t_{FF} + (n-1)t_G}$$

此處的 n 為 AND 閘數目。

2. 對於自發型計數器而言：

①若採用並行進位模式的執行方式，則其最大工作頻率為：

$$f_{max} \leq \frac{1}{t_{FF} + t_G}$$

②若採用漣波進位模式的執行方式，則其最大工作頻率為：

$$f_{max} \leq \frac{1}{t_{FF} + (n-2)t_G}$$

例 7：以範例 6 的控制型 Mod-8 二進制同步計數器為例，若 AND 閘的延遲時
　　　間為 20ns，正反器的延遲時間為 40ns，則分別計算出並行進位模式與
　　　漣波進位模式之最大工作頻率。

　解　(1) 並行進位模式：

$$f_{max} = \frac{1}{t_{FF} + t_G} = \frac{1}{(40+20)ns} \doteqdot 16.67MHz$$

(2) 漣波進位模式：

$$f_{max} = \frac{1}{t_{FF} + (n-1)t_G} = \frac{1}{40 + (3-1) \cdot 20} \doteqdot 12.5MHz$$

例 8：若 AND 閘的延遲時間（t_G）為 27ns，正反器之延遲時間（t_{FF}）為
40ns，試分別計算下列兩個自發型 5 位元同步計數器（Mod-32）之最
大工作頻率 f 各為多少？

(1) 一律用 2 輸入 AND 閘（漣波進位模式）。

　　用 JK 設計一 5 bit 之同步計數器（Mod-32）。

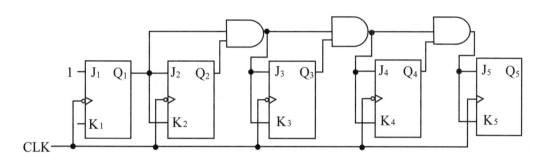

(2) AND 閘輸入端不限（並行進位模式）。

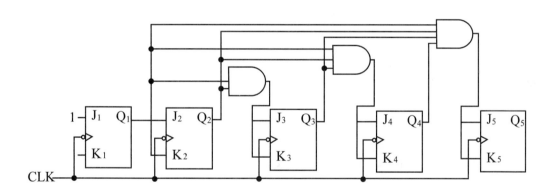

解　(1) $f_{max} = \dfrac{1}{t_{FF} + (n-2)t_G} = \dfrac{1}{40 + (5-2) \cdot 27} = 8.26\text{MHz}$

　　(2) $f_{max} = \dfrac{1}{t_{FF} + t_G} = \dfrac{1}{40 + 27} = 14.92\text{MHz}$

例 9：設計一控制型 Mod-8 同步正數 / 倒數計數器電路。當 X = 1，計數器進
行正數動作；當 X = 0 時，計數器進行倒數動作，當計數器正數到 111
或倒數到 000 時，輸出 Z = 1，其餘狀態下 Z 均為 0。

解 (1) 狀態圖：

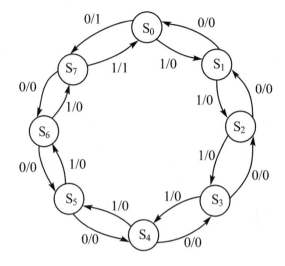

(2) 狀態表：

P.S	N.S		Z	
	X = 0	X = 1	X = 0	X = 1
S_0	S_7	S_1	1	0
S_1	S_0	S_2	0	0
S_2	S_1	S_3	0	0
S_3	S_2	S_4	0	0
S_4	S_3	S_5	0	0
S_5	S_4	S_6	0	0
S_6	S_5	S_7	0	0
S_7	S_6	S_0	0	1

(3) 轉態表及輸出表：

	P.S			ABC (N.S)		Z	
	A	B	C	X = 0	X = 1	X = 0	X = 1
S_0	0	0	0	111	001	1	0
S_1	0	0	1	000	010	0	0
S_2	0	1	0	001	011	0	0
S_3	0	1	1	010	100	0	0
S_4	1	0	0	011	101	0	0
S_5	1	0	1	100	110	0	0
S_6	1	1	0	101	111	0	0
S_7	1	1	1	110	000	0	1

(4) 激勵表：

			$T_3T_2T_1$	
A	B	C	X = 0	X = 1
0	0	0	111	001
0	0	1	001	011
0	1	0	011	001
0	1	1	001	111
1	0	0	111	001
1	0	1	001	011
1	1	0	011	001
1	1	1	001	111

(5) 化簡：

$T_1 = 1$

$T_2 = XC + \overline{X}\,\overline{C}$

$T_3 = XBC + \overline{X}\,\overline{B}\,\overline{C}$

$Z = XABC + \overline{X}\,\overline{A}\,\overline{B}\,\overline{C}$

漣波進位模式電路：

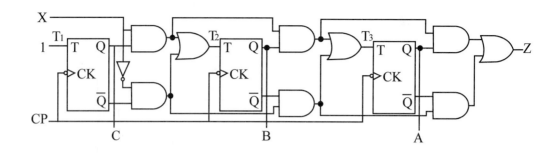

7-2 同步計數器的分析

同步計數器的分析與同步序向電路差不多，由電路圖中各正反器的特性方程式可求得計數器的轉態表，因此便可得知計數器的輸出序列。

例 10：假設 Q_3 為 MSB 而計數器從 0 開始，試寫出下列計數器之計數順序。

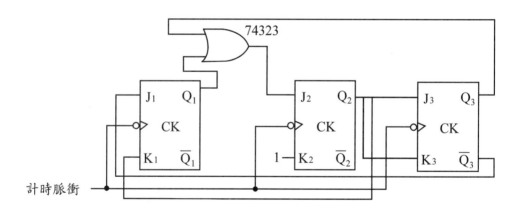

解 此題為計數器分析，其分析方法與序向電路之分析方法相同。由圖知

$J_1 = \overline{Q_3}$ ， $K_1 = Q_2$

$J_2 = Q_1 + Q_3$ ， $K_2 = 1$

$J_3 = Q_2$ ， $K_3 = Q_2$

P.S			$J_3 = Q_2$	$K_3 = Q_2$	$J_2 = Q_1 + Q_3$	$K_2 = 1$	$J_1 = \overline{Q_3}$	$K_1 = Q_2$	N.S		
Q_3	Q_2	Q_1							Q_3^+	Q_2^+	Q_1^+
0	0	0	0	0	0	1	1	0	0	0	1
0	0	1	0	0	1	1	1	0	0	1	1
0	1	1	1	1	1	1	1	1	1	0	0
1	0	0	0	0	1	1	0	0	1	1	0
1	1	0	1	1	1	1	0	1	0	0	0

由上表知其計數狀態爲

0, 1, 3, 4, 6, 0

例 11：邏輯電路如下圖，電路的功能爲何？

(A)2-bit 移位器　　　　　　(B)2-bit 計數器

(C)2-bit 多工器　　　　　　(D)2-bit 解碼器

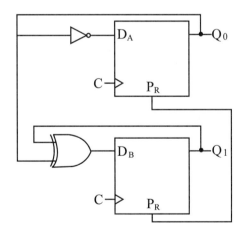

解　(B)

$D_A = \overline{Q_0}$，$D_B = Q_0 \oplus Q_1$

由狀態的轉換可得：

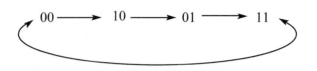

∴是一個 2 位元計數器。

例 12：下圖為利用 3 個 J-K 正反器（Flip-flop）製作的特定順序之數 7（Count By-7）計數器。設 A 正反器為 MSB，C 正反器為 LSB，且計數順序為 0, 1, 3, 5, 2, 4, 6。已知 $K_A = B + C$，$K_B = 1$，$K_C = A$，試求 $J_A = $ __①__，$J_B = $ __②__，$J_C = $ __③__。

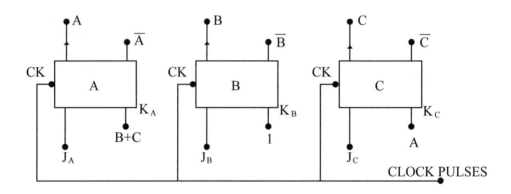

解 ① B　② A + C　③ $\overline{A}\,\overline{B}$

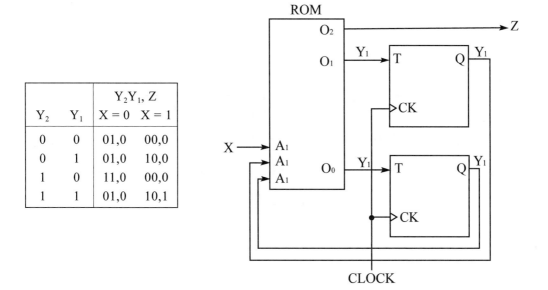

	A	B	C
0	0	0	0
1	0	0	1
3	0	1	1
5	1	0	1
2	0	1	0
4	1	0	0
6	1	1	0
	0	0	0

BC
A＼ | 00 | 01 | 11 | 10 |
A=0 | 0X | 0X | 1X | 1X |
A=1 | X0 | X1 | — | X1 |

$J_A K_A$

$J_A = B$
$K_A = B + C$

BC
A＼ | 00 | 01 | 11 | 10 |
A=0 | 0X | 1X | X1 | X1 |
A=1 | 1X | 1X | — | X1 |

$J_B K_B$

$J_B = A + C$
$K_B = 1$

BC
A＼ | 00 | 01 | 11 | 10 |
A=0 | 1X | X0 | X0 | 0X |
A=1 | 0X | X1 | — | 0X |

$J_C K_C$

$J_C = \overline{A}\,\overline{B}$
$K_C = A$

例 13：設一同步序向電路的狀態表如下表所示，其電路如下圖所示，則 ROM 中位址（$A_2 A_1 A_0$）為 101 之內容（$O_2 O_1 O_0$）應為_____。

		$Y_2 Y_1, Z$	
Y_2	Y_1	$X = 0$	$X = 1$
0	0	01,0	00,0
0	1	01,0	10,0
1	0	11,0	00,0
1	1	01,0	10,1

解　$(O_2O_1O_0) = 011$

∵ $(A_2A_1A_0) = 101$，代表 $X = 1$，$Y_2Y_1 = A_1A_0 = 01$

由表中查得 $Z = O_2 = 0$，而下一狀態的 $Y_2Y_1 = 10$，所以必須 $Y_2Y_1 = 11$ 時，T 型正反器才會轉態由 $01 \rightarrow 10$。

7-3　非同步（漣波）計數器之設計

在非同步計數器中，每一個正反器的輸出當作下一波正反器的時脈信號（Clock）輸入，而第一級正反器之觸發則由外來的時脈信號，所以所有的正反器並不同時動作，故謂之非同步計數器（Asynchronous Counter）。

一、二進制漣波計數器

二進制漣波計數器（Binary Ripple Counter）由一串變補正反器（T 型或 JK 型）連接組成，每個正反器的輸出連接至次高階正反器的 CP 輸入，最低位元的正反器則接受外來的計數脈衝。一種 4-數元二進位漣波計數器的邏輯圖如圖 7-5a 所示，所有 J 與 K 輸入均等於 1。在 CP 輸入處的小圓指示正反器為負緣觸發；即當接來的前一級輸出由 1 轉變為 0 時才變補，其時序圖如圖 7-5b 所示。

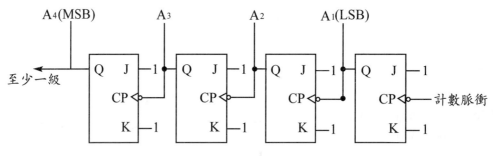

圖 7-5a　4-數元二進位漣波計數器

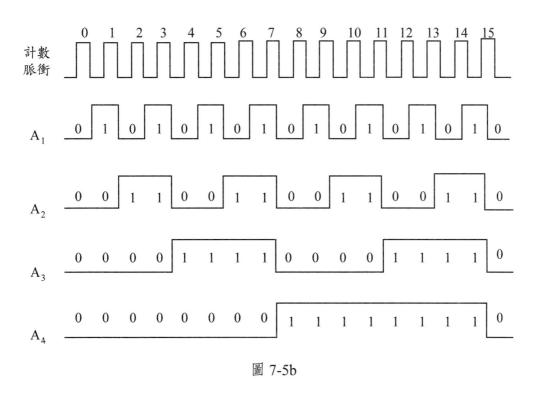

圖 7-5b

原理：

　　1. 時脈由正反器 A_1 的 CP 端輸入，所以在每一時脈的負緣（由高電位變低電位）時，正反器 A_1 就轉態（變反相）。

　　2. A_1 的輸出當作 A_2 正反器的輸入，每當 A_1 由 $1 \rightarrow 0$ 時，A_2 就被觸發轉態。同理，正反器 A_3 也會隨 A_2 由 $1 \rightarrow 0$ 時轉態，正反器 A_4 也會隨 A_3 由 $1 \rightarrow 0$ 時轉態。

　　3. 以此方式便產生了 0000 到 1111 的計數順序。其時序圖如圖 7-5b 所示。

註：在 n 位元的連波計數器中，每個正反器之頻率均除 2。

二、BCD漣波計數器

1. 狀態圖：

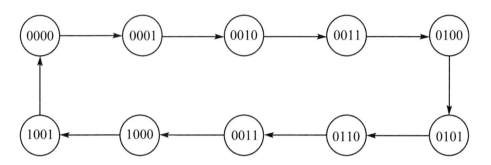

2. 狀態表：

目前狀態				下次狀態			
Q_3	Q_4	Q_2	Q_1	Q_3	Q_4	Q_2	Q_1
0	0	0	0	0	0	0	1
0	0	0	1	0	0	1	0
0	0	1	0	0	0	1	1
0	0	1	1	0	1	0	0
0	1	0	0	0	1	0	1
0	1	0	1	0	1	1	0
0	1	1	0	0	1	1	1
0	1	1	1	1	0	0	0
1	0	0	0	1	0	0	1
1	0	0	1	0	0	0	0

3. 計數脈衝

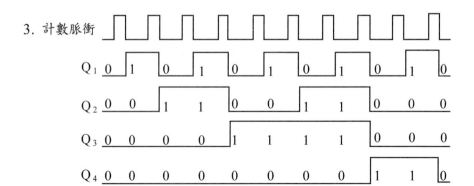

4.
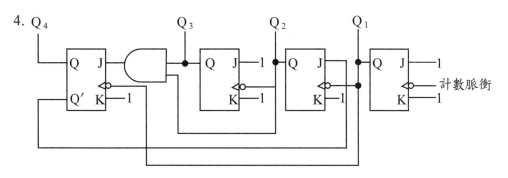

圖 7-6　非同步十進制計數器

5. 說明：每個正反器狀態轉變的條件：

(1) Q_1 的狀態在每一個計數脈衝的負緣變補。

(2) Q_2 的狀態在 $Q_4 = 0$ 與 Q_1 由 $1 \rightarrow 0$ 時變補，而 $Q_4 = 1$ 與 Q_1 由 $1 \rightarrow 0$ 時清除。

(3) Q_3 的狀態在 Q_2 由 $1 \rightarrow 0$ 時變補。

(4) Q_4 的狀態在 $Q_3Q_2 = 11$ 與 Q_1 由 $1 \rightarrow 0$ 時變補，而在 Q_4 或 Q_2 是 0 以及 Q_1 由 $1 \rightarrow 0$ 時清除。

6. 若要計數 0～99 十進位數，需二個十進位計數器；要計數 000～999 十進位數，則需三個十進位計數器，如下圖所示。

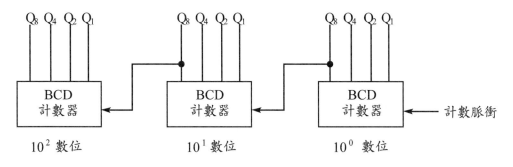

圖 7-7　多位的十進制計數器

三、任意模數之非同步計數器

在前面所介紹的非同步計數器之模數大都被限制在 2^N，N 為正反器的數

目，2^N 值就是 N 個正反器所能得到的最大模數。這裡我們將介紹一些非連續性計數的計數器，使其計數模數小於 2^N。

設計任意模數之非同步計數器之方法有三：

1. 以控制訊號接至正反器之清除接腳（Clear）。
2. 以控制訊號接至正反器的預設接腳（Preset）。
3. 自停式（Self-stop）。

茲分別說明如下：

（一）以控制訊號接到正反器之清除端

❖ 步驟

1. 決定所使用的正反器數目（N），使之滿足 $2^N \geq M$（模數）的條件。
2. 將 N 個正反器連接成漣波計數器。
3. 將 Mod-M 之所有正反器輸出之「1」接到 NAND 閘的輸入端。
4. 把 NAND 閘輸出連接到所有正反器的清除輸入端。

例 1：設計一 Mod-5 的非同步漣波計數器。
解

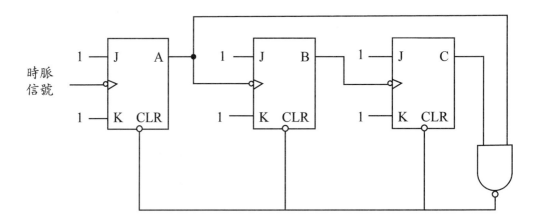

例 2：試以清除的方式，設計一 BCD 漣波計數器。
解　∵ $2^N \geq 10$，∴需 4 個正反器（N = 4）

當計數順序列 10（1010）時，產生清除動作，亦即正反器 D 與 B 輸出
爲 1 時，NAND 輸出爲 0，計數器清除爲 0。

電路圖如下：

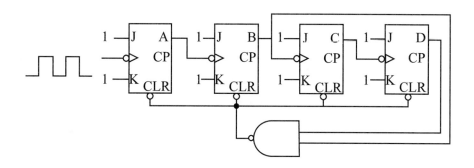

（二）以控制信號接到正反器的預置端

❖ 步驟

1. 決定正反器的個數（N），使滿足 $2^N \geq M$。

2. 將 N 個正反器連接成漣波計數器。

3. 將計數到 M-1 之各正反器輸出（「1」）與時脈訊號同時接到 NAND 閘
的輸入端。

4. 把 NAND 閘之輸出接到所有正反器預置端，以使各正反器在 M-1 模時，
輸出爲 0。

例 3：試以控制訊號控制正反器預置端的方式，來設計一 BCD 漣波計數器。

解　此即設計一 Mod-10 的漣波計數器。

　　(1) 正反器的個數 N = 4（$\because$ $2^N \geq 10$）。

　　(2) 決定接到 NAND 閘輸入端的正反器：

$$M - 1 = 9 = 1001_{(2)}$$

　　　所以把 D 及 A 的輸出及時脈信號接到 NAND 閘輸入端。

　　(3) 電路圖如下：

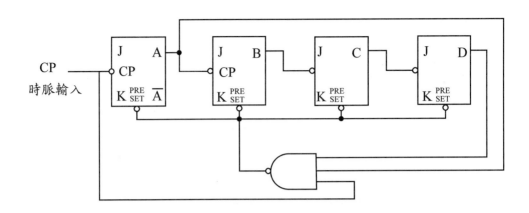

所有正反器之 J = K = 1。

(4) 計數順序：

$$0 \rightarrow 1 \rightarrow 2 \rightarrow 3 \rightarrow 4 \rightarrow 5 \rightarrow 6 \rightarrow 7 \rightarrow 8 \rightarrow 9 \rightarrow 0$$

（三）自停式

❖ 步驟

1. 決定正反器的個數 N（$2^n \geq M$）。

2. 將正反器連接成漣波計數器。

3. 當 Mod-M 時，輸出為1的正反器接到 NAND 閘之輸入端。

4. 將 NAND 閘之輸出接到第一個正反器之 J、K 端。

例 4：以自停式設計一 BCD 漣波計數器，若輸入時脈信號之頻率為 40KHz，則求出最後一級之輸出頻率。

解　(1) 正反器個數 N = 4（$2^4 \geq 10$）。

　　(2) 決定 NAND 閘之輸入訊號：

$$\text{Mod} - 10 = 1010_2 \Rightarrow \text{DCBA}$$

　　⇒ 將 D 與 B 正反器的輸出接到 NAND 閘輸入端。

(3) 電路圖如下：

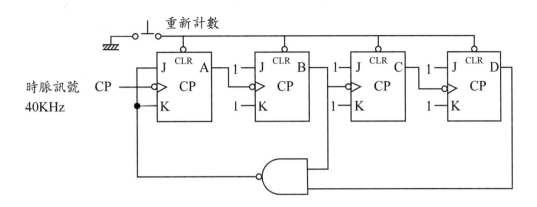

最後一級之輸出頻率 $D = \frac{40\text{KHz}}{10} = 4\,\text{KHz}$。

例 5：下圖所示漣波計數器使用正反器，係觸發在 CP 輸入的負緣轉變上，試決定這計數器的計數順序，這計數器是自動開始嗎？

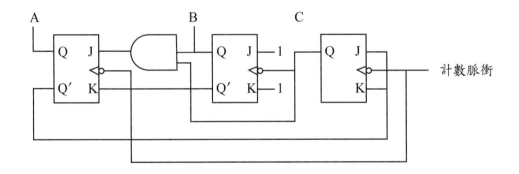

解　由圖中，可以列出這三個正反器狀態轉變的條件如下：

(1) C 的狀態在 A = 0 與計數脈衝的負緣時，變補。

(2) B 的狀態，在 C 由 1 進至 0 時，變補。

(3) A 的狀態在 BC = 11 時為 1，BC = 01 時為 0，BC = 10 時保持不變，BC = 00 時為 0。

　　　　所以計數順序為：

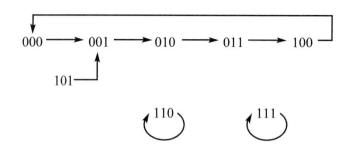

　　　　由以上計數順序知其不會自動開始。

例 6：在一個 10-位元二進位漣波計數器中，要到達 0111111111 之後的次一計
　　　數，試問有多少正反器必須被變補？又若正反器的 CP 由 1 → 0 之時間
　　　到輸出變補之時間為 20ns，試問這個 10 位元二進位漣波計數器最大的
　　　延遲時間為多少？

解　在一個 10-位元二進位漣波計數器中，要到達 0111111111 之後的次一
　　計數，即 1000000000，此數正好是 0111111111 之 1 的補數，因此必須
　　10 個正反器同時變補。

　　最大延遲時間是由 0111111111 變為 1000000000 時，必須 10 個正反器
　　變補。

　　$\therefore\ T = n \times T_1 = 10 \times 20\text{ns} = 200\text{ns}$

　　$f = \dfrac{1}{T} = \dfrac{1}{200\text{ns}} = 5\text{MHz}$

四、二進制漣波遞減計數器

計數順序					計數順序			
A_4	A_3	A_2	A_1		A_4	A_3	A_2	A_1
1	1	1	1		0	1	1	1
1	1	1	0		0	1	1	0
1	1	0	1		0	1	0	1
1	1	0	0		0	1	0	0
1	0	1	1		0	0	1	1
1	0	1	0		0	0	1	0
1	0	0	1		0	0	0	1
1	0	0	0		0	0	0	0

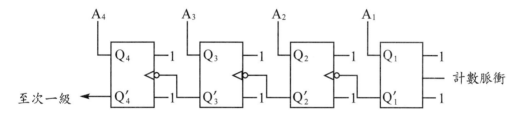

圖 7-8　4 位元二進制漣波遞減計數器

　　將每一級正反器之反相輸出當作下一級的時脈信號，即成為一二進制的漣波遞減計數器，如上圖所示即為 4 位元二進制漣波遞減計數器，因 1111 計數到 0000。

例 7：試設計一個 4 位元 Mod-16 之漣波上數計數器，假設所使用之正反器為負緣觸發型的 JK 正反器，而計數器之輸出標示為 Q_3，Q_2，Q_1，Q_0，其中 Q_3 為最高位元，則 J_2 輸入端應連接：

(A)0　(B)1　(C)Q_1　(D)$\overline{Q_1}$

解　(B)

4 位元之漣波上數計數器為：

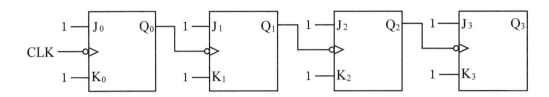

圖中所有的 J = K = 1

例 8：　(1) 下圖為模數多少的計數器？
　　　　(2) 若輸入的脈衝頻率為 1MHz，則各 JK 正反器的輸出頻率為何？
　　　　(3) 若每個正反器的總延遲時間為 20n sec，試問最高外加工作頻率為何？

```
   1─┤TA   QA├─  1─┤TB   QB├─  1─┤TC   QC├─  1─┤
CLK─▷CLK       ──▷CLK       ──▷CLK       ──▷CLK
```

[解]　(1) 有 4 個正反器，所以是 $2^4 = 16$ 模數非同步上數計數器。

(2) $f_A = \dfrac{1MHz}{2} = 500KHz$ ， $f_B = \dfrac{500KHz}{2} = 250KHz$

$f_C = \dfrac{250KHz}{2} = 125KHz$ ， $f_D = \dfrac{125KHz}{2} = 62.5KHz$

(3) 最高外加工作頻率 $f_{max} = \dfrac{1}{4 \times 20n\ sec} = 12.5MHz$

例 9：用 74LS112 的 JK 正反器組成四級的漣波計數器，若 CLK 到正反器的輸出 Q 傳遞延遲中具有 $t_{PLH} = 18n\ sec$ 與 $t_{PHL} = 20n\ sec$ ，求最大工作頻率為何？

[解]　取 $\max\{t_{PLH}, t_{PHL}\} = 20n\ sec$

$\therefore f_{max} = \dfrac{1}{4 \times 20n\ sec} = 12.5MHz$

7-4 特殊計數器

一、環形計數器（Ring Counter）

即將最後一個正反器輸出回授到第一個正反器輸入所形成的計數器稱之。如下圖所示：

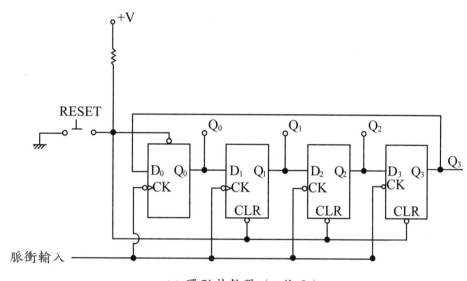

(a) 環形計數器（4 位元）

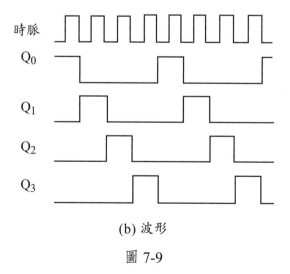

(b) 波形

圖 7-9

　　在環形計數器中，通常只有一個正反器輸出爲「1」，然後利用時脈信號的控制，使「1」的信號逐漸由左往右移動，故又稱爲移位暫存計數器（Shift-register Counter）。

　　從圖 7-9(b) 的波形中可知計數器的起始狀態爲 $Q_0 = 1$，$Q_1 = Q_2 = Q_3 = 0$，在第一個時脈後，「1」由 Q_0 移入 Q_1，計數器變爲 0100。第 2 個時脈後產生 0010 的狀態，以此類推計數下去。

　　環形計數器可構成任何所要的模數，對於一個 Mod-N 的環形計數器而言，需用 N 個正反器，所以與二進制計數器比較起來，環形計數器所使用的正反器數目較多。

二、詹森計數器（Johnson Counter）

方法　利用 D 型正反器作串接，最後一級正反器的補數輸出接回到第一級正反器的輸入，故又稱交換尾端環形計數器。

特點：若有 n 個正反器，可以作除以 2n 的計數器。

例 1：4 級交換尾端環式計數器（除 8）。

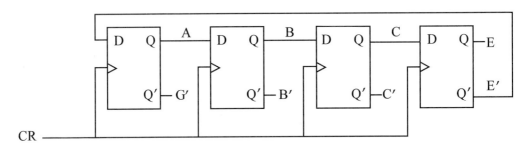

圖 7-10　4-級交換－尾部環式計數器（Mod-8）

　　如圖所示，將最後一級正反器的反相輸出回授至第一級正反器的輸入，當時脈信號觸發後，每一級正反器的輸出移入下一級正反器中，所以很類似環形計數器的動作方式。其計數過程如下表所示：

表 7-1　計數順序與所需的解碼

順序數目	正反器輸出				對於輸出所需的AND閘
	A	B	C	E	
1	0	0	0	0	$\overline{A}\,\overline{E}$
2	1	0	0	0	$A\overline{B}$
3	1	1	0	0	$B\overline{C}$
4	1	1	1	0	$C\overline{E}$
5	1	1	1	1	AE
6	0	1	1	1	$\overline{A}B$
7	0	0	1	1	$\overline{B}C$
8	0	0	0	1	$\overline{C}E$

　　與環形計數器比較起來，對於一已知 Mod 的計數來說，詹森計數器所需的正反器個數僅為環形計數器的一半，但詹森計數器需要解碼邏輯閘，而環形計數器不用。

　　至於解碼邏輯閘的求解方式有一規則可循：當正反器輸出全部為 0 時，由兩端正反器輸出的補數來解碼；全部為1時，由兩端正反器的正常輸出來解碼。其他的狀態則依順序從相鄰的 1、0 或 0、1 模式來解碼。例：順序 7 在正反器 B 與 C 中有相鄰 0、1 模式，∴解碼輸出為 B′C，如表 7-1 所示：

例 1：如下圖，繪出 A、B、C 輸出波形。

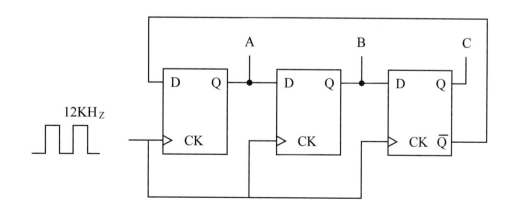

解　詹森 Counter 共有 3 個正反器，可作除 6 的計數器，輸入 12KHz，除以 6，可得 2KHz 輸出。

數目	A	B	C
1	0	0	0
2	1	0	0
3	1	1	0
4	1	1	1
5	0	1	1
6	0	0	1

波形關係如下：

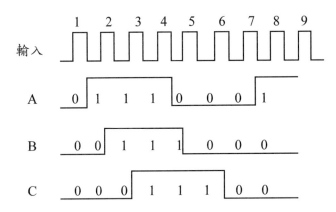

　　從上述的詹森計數器介紹可察覺一個問題：以 D 型正反器連接的詹森計數器只能設計出偶數 Mod 的計數器。此時若要改成奇數模（2N−1）的計數方式，則必須用其他類型正反器（如 JK 正反器）才可。下圖是以 JK 正反器設計出的 Mod-7 之詹森計數器，讀者可很清楚地得知：除第一級正反器的 J 輸入是最後一級正反器的反相輸出（$J_A = \overline{E}$）外，K 輸入也接到倒數第 2 級正反器的輸出（$K_A = C$），亦即：

$$J_A = \overline{E} \, , \, K_A = C$$

如此便可得到一 Mod-7 的詹森計數器。

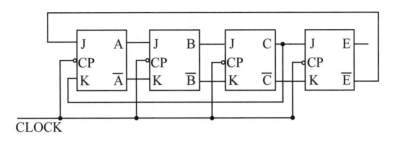

(a)4 級 2N-1 模詹森計數器

順序數目	正反器輸出			
	A	B	C	E
1	0	0	0	0
2	1	0	0	0
3	1	1	0	0
4	1	1	1	0
5	0	1	1	1
6	0	0	1	1
7	0	0	0	1

(b) 奇數模的狀態

圖 7-11　奇數 Mod 的詹森計數器

詹森計數器的缺點：

若是在不使用的狀態時，將始終在一個不使用的狀態轉移至另一個不使用的狀態，而無法進入一個有用的狀態。

改善的方法：以 Mod-8 的詹森計數器為例，將 $D_C = B$ 改成 $D_C = (A + C) \cdot B$

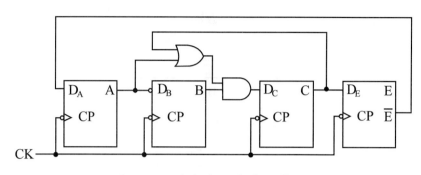

圖 7-12　改良式的詹森計數器

例 2：一個由四顆 D 型正反器所組成之詹森計數器，假設其起始狀態未知，則在電路不發生錯誤的情形下，那兩種狀態是不可能在同一個計數順序中？

(A)1100 和 0110　　　　　　　(B)1010 和 0100

(C)1100 和 0001　　　　　　　(D)0000 和 0011

解　(A)

(0000)(1100)(0001)(0011) 在同一計數順序中，(0110)(1010)(0100) 在另一個計數順序中。

例 3：下列何者為詹森計數器中某個正反器的輸出？

(A)011100　　(B)101010　　(C)110011　　(D)110100

解　(A)

例 4：設計一個模數-8 的計數器，下列各需幾個正反器？

　　(A) 同步計數器　　　(B) 漣波計數器

　　(C) 環形計數器　　　(D) 詹森計數器

解　(A)同步計數器模數 $M = 2^n \geq 8$，∴需 $n = 3$ 個正反器。

(B)漣波計數器模數 $M = 2^n \geq 8$，∴需 $n = 3$ 個正反器。

(C)環形計數器模數 $M = n = 8$，∴需 $n = 8$ 個正反器。

(D)詹森計數器模數 $M = 2n = 8$，∴需 $n = 4$ 個正反器。

7-5 MSI計數器

一、在MSI計數器中，較常用的非同步計數器有下列幾種：

1. SN7490：除 2、除 5 或除 10 的計數器。
2. SN7492：除 2、除 6 或除 12 的計數器。
3. SN7493：除 2、除 8 或除 16 的計數器。
4. 74293：是 7493 的邏輯等效成品，可用來設計成任何 Mod 數的計數器。

   在此我們以介紹 74293（7493）為主。

   7493 與 74293 的內部邏輯圖及其簡化符號如下所示：

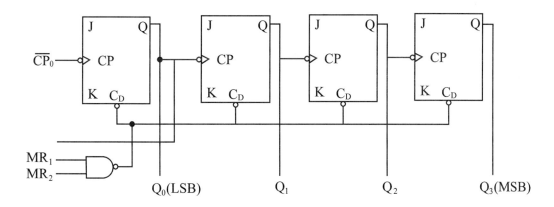

所有的正反器之 $J = K = 1$

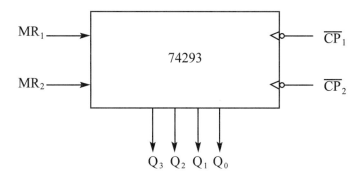

圖 7-13　74293 之內部邏輯圖及符號

其電路的說明如下：

1. 74293（7493）是由 4 個 JK 正反器所組成，所有正反器之 J = K = 1，除第 1 級有自己的 $\overline{CP_0}$ 時脈外，其餘三級連接成漣波計數器方式，由另一時脈 $\overline{CP_1}$ 來控制，且兩個時脈信號均是負緣觸發方式。

2. 每個正反器之清除輸入與 NAND 閘之輸出相連，NAND 閘之兩輸入端受 MR_1 和 MR_2 兩主重置（Master Reset）信號控制，當 $MR_1 = MR_2 = 1$ 時，可產生清除作用。

3. 第一級正反器（Q_0）雖未與其他正反器連接，但在使用上也可將 Q_0 之輸出接至 $\overline{CP_1}$，以形成四位元漣波計數器。

例 1：試將 74293 連接成 Mod-16 之計數器，如時脈頻率爲 16KHz，則輸出頻率爲何？

　解　因 Mod-16 需 4 個正反器，故把 Q_0 之輸出接到 $\overline{CP_1}$，使之成爲 Mod-16（四位元）之漣波計數器，如下圖所示。

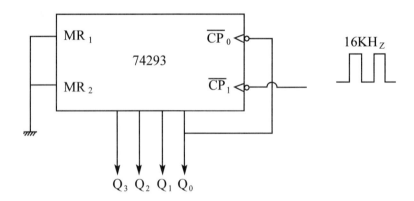

將 16KHZ 之時脈信號由 $\overline{CP_0}$ 輸入，則此計數器能夠從 0000 數到 1111，且 Q_3 之輸出頻率爲：

$$F = \frac{16K}{16} = 1KHz$$

爲使計數器能計數到 1111，所以將 MR_1 及 MR_2 接地，使 NAND 沒有動作。

例 2：試將 74293 連接成 Mod-10 的計數器。

解　Mod-10 也需 4 個正反器，所以先把 Q_0 接到 $\overline{CP_1}$，以形成 4 位元漣波計數器。

由於只計數到 9，當數到 10(1010_2) 時，便清除爲 0，所以將 Q_3 與 Q_1 之輸出分別接至 MR_1 與 MR_2，透過內部的 NAND 閘來產生清除動作。所以電路如下：

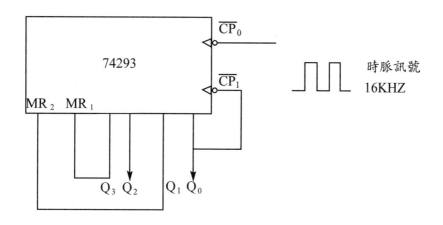

例 3：試利用兩個 74293 IC 連接成一 Mod-60 之計數器。

解　Mod-60 可以分成兩級來處理，一級 Mod-6，另一級 Mod-10，然後兩級再串接起來即可。

所以假設第一級爲 Mod-6 之計數器，第二級爲 Mod-10 之計數器。在第一級中，當計數到 6(110_2) 即需產生清除。在第二級中，當計數到 10(1010_2) 即產生清除，所以兩個 74293 之串接如下：

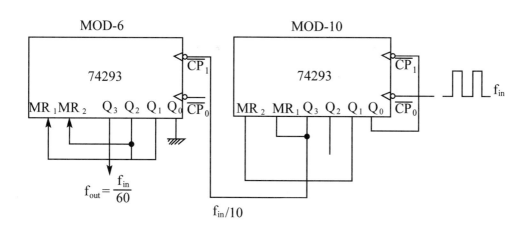

二、在MSI計數器中，常用的同步計數器如下

1. SN74160/74162：可預置 BCD 正數計數器。
2. SN74190/74192：可預置 BCD 正數／倒數計數器。
3. SN74161/74163：可預置 4 位元二進制正數計數器。
4. SN74191/74193：可預置 4 位元二進制正數／倒數計數器。

（一）74160～74163均是具有並行載人的4位元二進制同步計數
　　　器，其邏輯電路如下圖所示

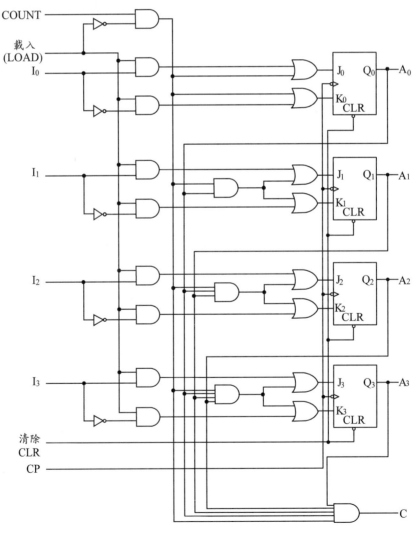

圖 7-14　並行載入 4 位元二進制同步計數器

如以 74161 與 74163 來比較，二者唯一的差別在於電路中清除（Clear）控制方式不同，74161 的清除控制是非同步式的，而 74163 則是同步式的，其方塊圖及功能表如下圖所示：

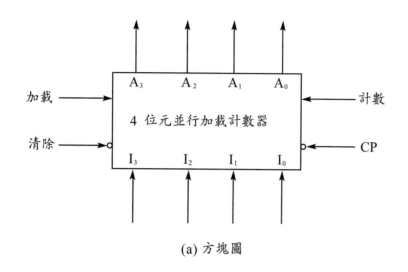

(a) 方塊圖

清除	CP	加載	計數	功能
0	X	X	X	清除至0
1	X	0	0	不變更
1	↑	1	X	加載輸入
1	↑	0	1	計數次一二進狀態

(b) 功能表

圖 7-15　4 位元並行加載計數器方塊圖與功能

由上圖之功能表可知清除輸入是不同的，當清除 = 0，則不論 CP 或輸入是否存在，計數器一定清除為 0。在清除接腳為 1 時，其餘控制訊號才有作用。

當加載輸入為 1 時，在正緣觸發期間，將 $I_0 \sim I_3$ 的資料載入正反器 $A_0 \sim A_3$ 中，加載輸入為 0 時，計數器的運算由計數輸入來控制，依序計數。

例4：使用圖7-14所示之四位元計數器MSI電路方塊圖來設計一Mod-6計數器。

解　(a) 二進狀態 0, 1, 2, 3, 4, 5

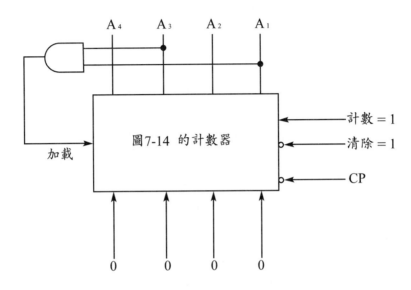

(b) 二進狀態 0, 1, 2, 3, 4, 5

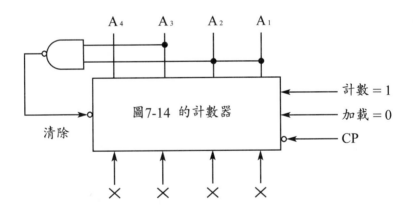

(c) 二進狀態 10, 11, 12, 13, 14, 15

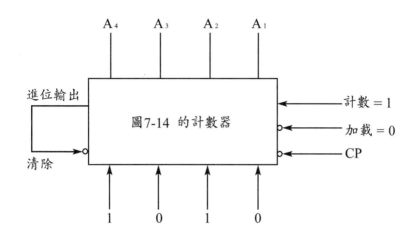

(d) 二進狀態 3, 4, 5, 6, 7, 8

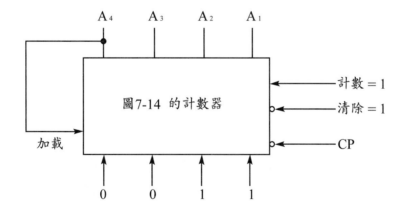

註：如果計數器中清除（Clear）、載入（Load）及計數（Count）同時動作時，
會先進行清除動作。

例 5： 下圖的電路在開機起始為 1（D = 0，C = 0，B = 0，A = 1，D 為 MSB，
A 為 LSB）時，其計數順序為何？

(A)1, 14, 15, 0, 14, 15, 0...　　　　　　(C)1, 2, 3, 4, 14, 14, 14, 14...

(B)1, 2, 3, 4, 14, 15, 14, 15...　　　　　(D)1, 14, 15, 14, 15...

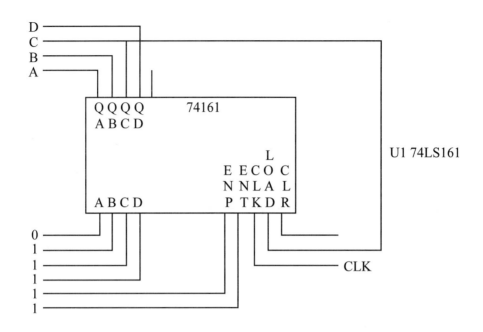

解　(A)

當 C = 0 時加載，加載資料為 (DCBA) = 1110 = 14，接著 C = 1，做順序計數 (15)，計數到 0，又進行加載，∴計數順序為：1, 14, 15, 0, 14, 15, 0...

（二）SN74193

74193 是一個可預置的 4 位元同步二進制正數 / 倒數計數器，其邏輯電路、邏輯符號及狀態圖，如圖 7-16(a)、(b)、(c) 所示：

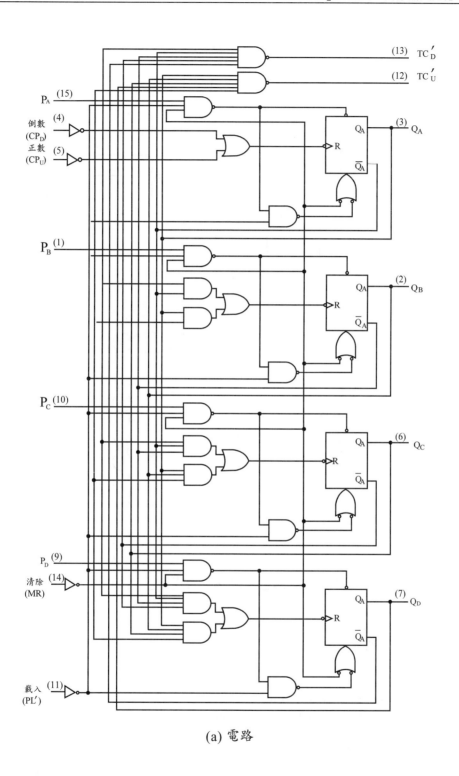

(a) 電路

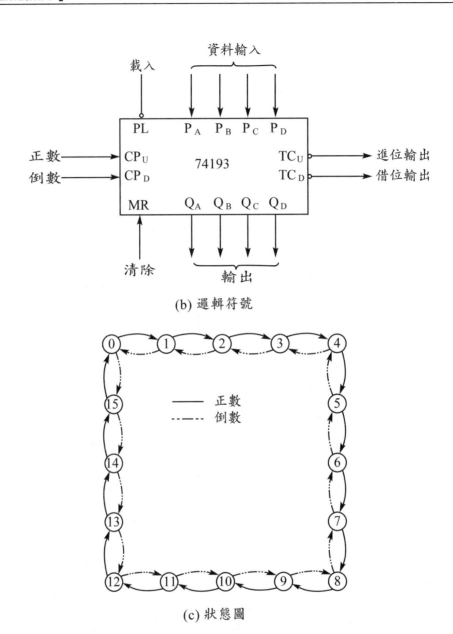

(b) 邏輯符號

(c) 狀態圖

圖 7-16　4 位元同步二進制正數／倒數計數器

在圖中，輸入端 CP_C 與 CP_D 分別代表控制正數與倒數的輸入信號，其一次只能有一個加入計數脈波輸入，另一個則需維持在高電位。PL′ 為低電位啓動的並列輸入資料（PA～PD）載入控制接腳；MR（Master Reset）為高電位啓動的非同步清除輸入端；$\overline{TC_U}$ 與 $\overline{TC_D}$ 分別為計數器的進位與借位輸出端。

例 6：利用 SN74193 設計一 Mod-10 的計數器，其計數順序為

　　0 → 1 → 2 → 3 → ⋯ → 8 → 9 → 0。

解

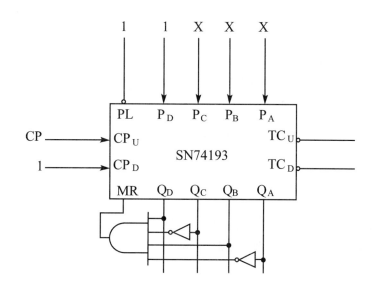

　　利用一個 AND 及兩個 NOT 閘，解出 1010 的輸出信號，送入 MR 控制端，以清除計數器。

例 7：利用 SN74193 的串接，設計一 Mod-256 的計數電路。

解

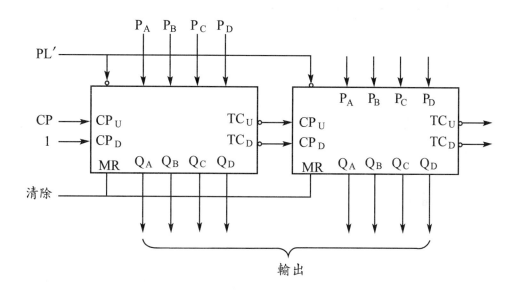

7-6 暫存器與移位暫存器

暫存器（Register）是一群二進制儲存格（Cell），用來儲存二進制資料，每一個儲存格通常為一個正反器，所以可儲存一個位元的資料，對於一個 n 位元的記錄器而言，它共可儲存 n 個位元的資料，由 n 個正反器所構成。

至於移位暫存器（Shift Register, SR）是暫存器的一種應用，除了可儲存資料外，還可將資料向左或向右移動，以達到控制資料、處理資料的目的。

7-6-1 暫存器與序向電路製作

（一）暫存器（Register）

在 MSI 電路中，有許多不同種類的暫存器可用；最簡單的暫存器僅由正反器組成，無其他邏輯閘，如下圖所示。

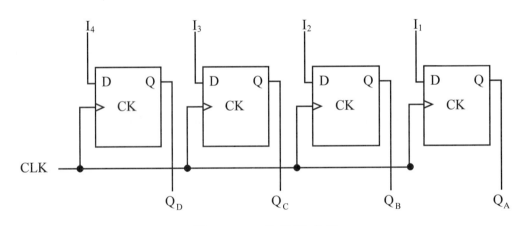

圖 7-17　4 位元暫存器

在上圖中，每個正反器以一個共同的時脈（CP）來驅動，在每一 CP 正緣時，D 型正反器會將輸入端的資料（$I_1 \sim I_4$）呈現於輸出端（$Q_A \sim Q_D$）上。

這種電路雖然簡單，但在連續的時脈波序列時，將連續取樣輸入信號，因而使得正反器的輸出會連續的改變。

改善的方法是採用具並行加載能力的暫存器，如圖 7-18 所示。所謂的並

行加載是指暫存器的所有位元均用同一個時脈來將資料移入暫存器中。

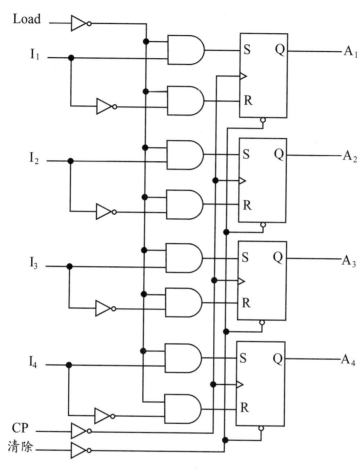

圖 7-18 並行加載的 4 位元暫存器

在圖 7-18 中，所有正反器是同步動作的（受 CP 控制），然而由於 SR 正反器的 S 與 R 輸入端連接加載（Load）信號，若加載信號為 0，則 S＝R＝0，正反器的輸出便維持不變。所以加載輸入可視為一控制變數，用來阻止暫存器中的資料改變。當加載信號為 1 時，輸入 I_1～I_4 便會在下一個時脈載入正反器中。對每個 I＝1 時，其對應的正反器輸入保持在 S＝1 與 R＝0 的情況；同理對每個 I＝0 時，其對應的正反器輸入保持在 S＝0 與 R＝1 的情況。

清除輸入（Clear）經過一個緩衝閘接至每個正反器的 CLR 端當這接腳為

0 時，正反器的內容便被清除爲 0。它是一種非同步的控制輸入端，在正常的
工作時，清除輸入必須維持在「1」的電位。亦即在加載輸入爲 1，清除輸入
爲 1，CP 由 1 變至 0 時，輸入值（$I_1 \sim I_4$）就會被轉移至暫存器，這個轉移因
爲暫存器中的所有位元同時被加載，所以稱之爲並行加載轉移（Parallel Load
Transfer）。其方塊圖如圖 7-19 所示。

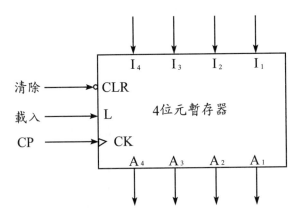

圖 7-19　其有載入與清除控制的 4 位元暫存器

在圖 7-18 中載入、CP 與清除等輸入端均加上一個緩衝器，其目的在減輕
外部電路對控制端的負載效應。

（二）利用暫存器製作序向電路

如下圖所示，暫存器的現在狀態與外來輸入決定暫存器的下一狀態與輸
出。部分組合電路決定下一狀態，另外的部分則產生輸出。從組合電路來的下
一狀態值以一個時脈將它加載至暫存器，若暫存器有加載輸入，則它必須被設
定爲 1，其下一狀態值也在每次脈衝時自動輸入。

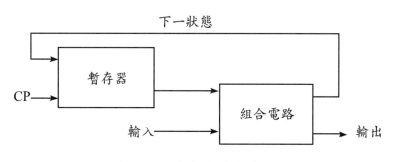

圖 7-20　序向電路方塊圖

例 1：利用暫存器設計下列的狀態表

| P.S | | 輸入 | N.S | | 輸出 |
A_1	A_2	X	A_1	A_2	Y
0	0	0	0	0	0
0	0	1	0	1	0
0	1	0	0	1	0
0	1	1	0	0	1
1	0	0	1	0	0
1	0	1	0	1	0
1	1	0	1	1	0
1	1	1	0	0	1

| 位址 | | | Output | | |
1	2	3	1	2	3
0	0	0	0	0	0
0	0	1	0	1	0
0	1	0	0	1	0
0	1	1	0	0	1
1	0	0	1	0	0
1	0	1	0	1	0
1	1	0	1	1	0
1	1	1	0	0	1

ROM眞值表

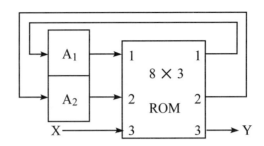

7-6-2　移位暫存器（Shift Register）

（一）移位暫存器

移位暫存器主要用來將暫存器內的資訊向左／向右移動，以控制資訊的傳遞方向。移位暫存器的邏輯組能包含一連串接成階梯級的正反器，以一個正反器的輸出連接到下一級的正反器的輸入，並且沒有正反器受同一個時脈控制，如下圖所示，為一最簡單的移位暫存器；是由一群 D 型正反器串接而成的。每一個時脈正緣時，暫存器中的資料向右移動一個位置，時序圖如 7-21(b) 所示。

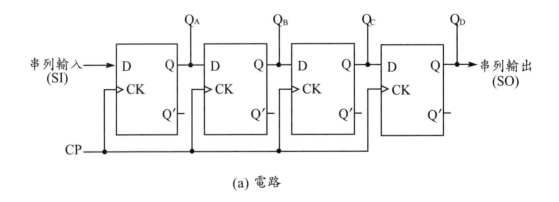

(a) 電路

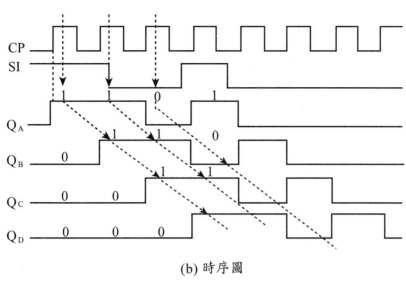

(b) 時序圖

圖 7-21　4 位元移位暫存器

　　串列輸入（Serial Input, SI）用來決定在移位時，輸入到最左端正反器的資料；串列輸出（Serial Output, SO）則是最右端正反器之輸出訊號。

　　與一般的暫存器一樣，移位暫存器也需具有並行加載的能力，此外，也需能將資料向左移動，若一個移位暫存器兼具了並行加載及左／右移資料的能力，則稱之爲通用移位暫存器（Universal Shift Register)。如圖 7-22 所示，即爲一 4 位元的通用移位暫存器及其符號。

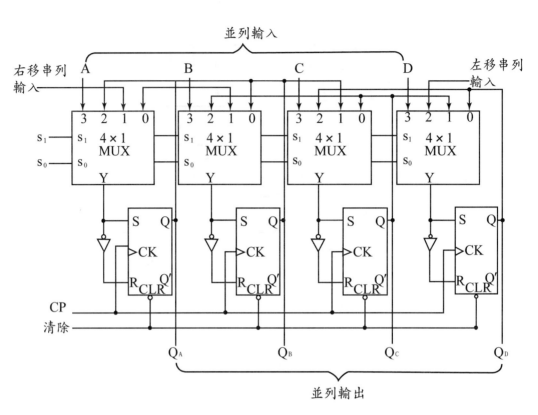

(a) 電路

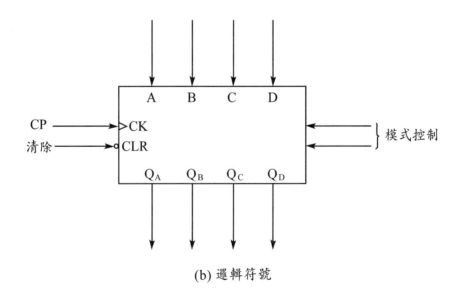

(b) 邏輯符號

S_1	S_0	動作
0	0	不變
0	1	右移
1	0	左移
1	1	載入並行資料

(c) 模式控制

圖 7-22　4 位元通用移位暫存器

最普通的移位暫存器一般具有下列幾點功能：

1. 一個清除控制來清除暫存器。
2. 一個 CP 輸入來作為同步運算控制。
3. 一個右移控制來作右移運算。
4. 一個左移控制來作左移運算。
5. 一個並行加載控制來啓用 n 個輸入線的並列轉移。
6. n 條並行輸出線。
7. 即使 CP 連續作用，暫存器內的資訊仍只會受一個控制狀態影響。

（二）串列轉移

將某個移位暫存器內的資料轉移到另一個移位暫存器的動作方式，即稱為串列轉移（Serial Transfer），如圖 7-23 所示。暫存器 A 的串列輸出（SO）進入暫存器 B 的串列輸入（SI），為預防原始暫存器中所儲存的資訊失去，故 A 暫存器的串列輸出連接至它的串列輸入，使資料能循環。

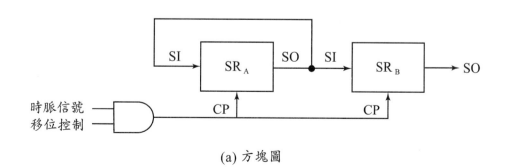

(a) 方塊圖

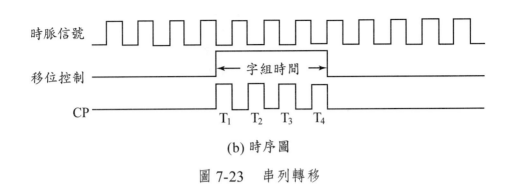

(b) 時序圖

圖 7-23　串列轉移

　　移位控制決定暫存器何時移位以及移位多少次，利用 AND 閘配合時脈信號，就可以產生時脈信號（CP），只有在移位控制為 1 時，才允許時脈信號產生。假設每個移位暫存器有四個位元，所以移位控制信號需維持四個脈衝的寬度為 1，以產生 $T_1 \sim T_4$ 四個時脈（CP）。

　　假設在移位之前 SR_A 的內容為 1011，而 SR_B 的內容為 0010，則從 SR_A 至 SR_B 的串列轉移過程如下表所示：

定時脈衝	SR_A	SR_B	SR_B 的 SO
起始值	1 0 1 1	0 0 1 0 →	0
T_1	1 1 0 1	1 0 0 1 →	1
T_2	1 1 1 0	1 1 0 0	0
T_3	0 1 1 1	0 1 1 0	0
T_4	1 0 1 1	1 0 1 1	1

　　在第一個脈衝 T_1 後，SR_A 最右位元移至 SR_B，而同時這個位元也回授至 SR_A 的最左位元，SR_A 與 SR_B 的其他位元則各向右移一次。

　　SR_B 中的最右位元由 SO 輸出。其餘的三個脈衝（$T_2 \sim T_4$）動作方式相同，所以經過四個脈衝後，SR_A 的內容不變，而 SR_B 的內容已變成 1011（SR_A 的原內容）。

（三）串列轉移與並行轉移之差別

1. 在並行轉移中，暫存器內所有的位元都會用到，而且在一個時脈週期內，所有的位元同時被轉移。

2. 在串列轉移中，暫存器內的資料每次只轉移一個位元。

3. 串列運算在轉移資訊進出暫存器較費時，效率較差。

4. 串列計算機只需較少硬體來執行運算，並可重複使用。一些共同電路來操縱位元，這是其優點。並行計算機的硬體架構較複雜。

5. 在並行計算機中，控制信號在一時脈內啟用，資訊轉移是以並行方式進出暫存器，而轉移動作在一個時脈到達時即發生。

在串列計算機中，控制信號必須保持一個字組時間的寬度，每次的脈衝會將運算結果一次一位元地轉移到暫存器中。

（四）串加器（Serial Adder）

本書曾在前面的章節介紹過並加器，在此段我們將介紹與並加器相對的串加器之原理。

如圖 7-24 所示，即為一串加器電路。要串加的二進制資料儲存在二個移位暫存器中，每次一對位元依序經過一個全加器（FA）相加，全加器所產生的進位輸出被送到一 D 型正反器，在二個移位暫存器右移的控制字組期間，正反器輸出用作下一對有效位元的輸入進位。

而全加器的和輸出則回授至第一個移位暫存器的 SI，以此來儲存兩個移位暫存器串加的結果。

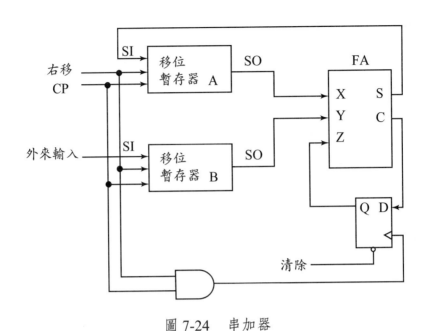

圖 7-24 串加器

其運算原理如下：

1. 起始時，SR_A 存放被加數，SR_B 存放加數，進位正反器被清除為 0。

2. SR_A 與 SR_B 的串列輸出（SO）分別供給全加器在 X 與 Y 處的資訊位元（起始時 Z = 0）。

3. 右移控制用來控制 SR_A、SR_B 及進位正反器，使在下一時脈（CP）時，二個暫存器均向右移位一位元，並且全加器的和（S）進入 SR_A 最左正反器。輸出位（C）被移入進位正反器中。

4. 右移控制的時脈次數等於暫存器中的位元數，以在每次脈衝之後，一個新的和位元被移 SR_A 中，一個新的進位被轉移至 Q，且二個暫存器同時右移一位。

5. 以此方式，直到右移控制不用為止，最後的結果存在 SR_A 中。

（五）並加器與串加器的比較

1. 並加器必須使用具並行加載能力的暫存器，但串加器則使用移位暫存器。

2. 在並加器中，全加器電路的數目等於二進制資料的位元總數，而串加器僅需一個全加器電路與一個進位正反器。

3. 並加器是一種純組合電路，串加器是一種序向電路。

例1：如下圖所示的移位暫存器，所有 D 型正反器均以 CLK ↑（正緣）為參考點時，其 Data 輸入端 D 的設定時間為 4.5ns，而傳播延遲時間 t_{pd} 平均值為 5ns，緩衝器的 t_{pd} 平均值為 10ns，CP 為一個 10MHz 的方波信號，在 t_1 時若 $(Y_4Y_3Y_2Y_1) = 0101$，則在經過一個時脈週期後，即 t_2 時之 $(Y_4Y_3Y_2Y_1) = ?$

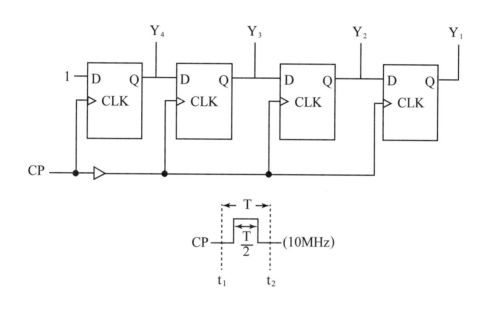

解　CLK 週期 $= \dfrac{1}{10MHz} = 100$ns，$\dfrac{T}{2} = 50$ns 足夠觸發正反器。

$(Y_4Y_3Y_2Y_1) = 0101$，經 CLK 觸發後得 $Y_4 = 1$，而 CP 經緩衝器延遲 10ns 後，使得此 Y_4 值轉移到 $Y_3(= 1)$，同時原來的 Y_3 轉移到 $Y_2(= 1)$，原來的 $Y_2(= 0)$ 轉移到 $Y_1(= 0)$，結果 $(Y_4Y_3Y_2Y_1) = 1110$。亦即 Y_4 接收新值，$Y_3Y_2Y_1$ 是移位而來的值。

例 2：下圖為 74164 SIPO 移位暫存器，其初值內容為 00000000，當輸入時脈 CLK 5 個脈波時，並聯輸出值為何？可重複循環為幾模？

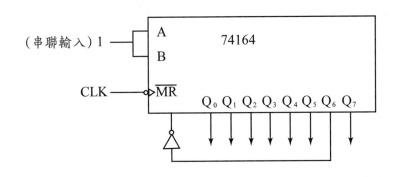

解　AB 以 AND 閘連接，所以串聯輸入固定為 1。

SLK	Q_0	Q_1	Q_2	Q_3	Q_4	Q_5	Q_6	Q_7	
0	0	0	0	0	0	0	0	0	
1	1	0	0	0	0	0	0	0	
2	1	1	0	0	0	0	0	0	重
3	1	1	1	0	0	0	0	0	複
4	1	1	1	1	0	0	0	0	循
5	1	1	1	1	1	0	0	0	環
6	1	1	1	1	1	1	0	0	
7	1	1	1	1	1	1	1	0	

暫時狀態不顯示

(1) 在第 5 個時脈後，並聯輸出為 $Q_0Q_1Q_2Q_3Q_4Q_5Q_6Q_7$ = 11111000。

(2) 模數為 0～6，共 7 個狀態。

7-6-3　序列產生器

移位暫存器除了用來當資料的轉移外，另一個重要的用途是作序列產生器。所謂的序列產生器是指在一個外加時脈的同步控制下，產生特定的 0 與 1 序列的數位系統。

如下圖所示即為 n 級的序列產生器電路，它由 n 個 D 型正反器組成的移位暫存器與一個用來控制暫存器右移串列輸入的組合電路所成的。D_1 是 n 個 D 型正反器輸出（Q）的函數，即：

$$D_1 = F(Q_1, Q_2, ... Q_n)$$

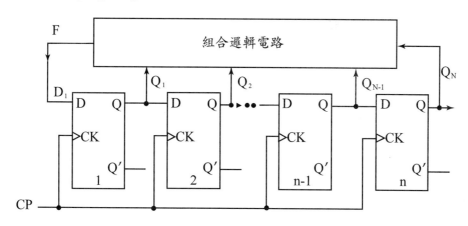

圖 7-25　n 級序列產生器

一般而言，一個序列的長度（Length）定義為該序列在未重複之前所包含的連續位元數。例如：1010111 1010111... 的長度為 7，而 10011001... 之長度為 4。在序列產生器中，欲產生長度為 L 的序列，至少需要使用 n 個正反器，L 與 n 之關係為：

$$L \leq 2^n - 1$$

例 3：設計一個序列產生器電路，產生下列序列：

1110110010001

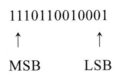

MSB　　　　LSB

解　由於序列長度 L = 13，所以至少須使用四個正反器（∵ $13 \le 2^4 - 1$）。
若假設移位暫存器的初值 (ABCD) = 0001，則得到下圖 (a) 的 D_1 真值表，利用下列的卡諾圖化簡後，得到

$$D_1 = C + D$$

其邏輯電路如下圖 (c) 所示。為使電路能夠產生最初的初值 (0001)，如圖所示，利用一個啟動控制輸入來設定移位暫存器的初值。

狀態	D_1	A	B	C	D
S_0	1	0	0	0	1
S_1	0	1	0	0	0
S_2	0	0	1	0	0
S_3	1	0	0	1	0
S_4	1	1	0	0	1
S_5	0	1	1	0	0
S_6	1	0	1	1	0
S_7	1	1	0	1	1
S_8	1	1	1	0	1

輸出序列

(a) D_1 真值表

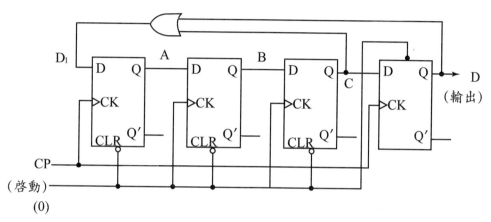

$$D_1 = C + D$$

(b) 卡諾圖

(c) 邏輯電路

例 4：若欲以下圖所示的電路，重複地產生下列輸出序列：

1001011

T = 0

則 (1) 最少需用多少個 D 型正反器，即 m = _____ 。

    (2) D 型正反器的初值 $X_m, \ldots, X_2, X_1$ 應設為： _____ 。

    (3) S = F($X_m, \ldots, X_2, X_1$) = _____ 。

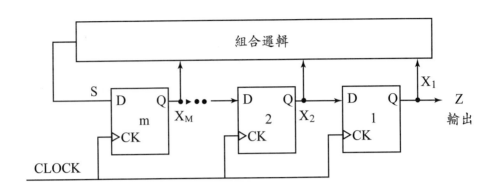

解　序列長度 $L = 7$，∴至少須使用 3 個 D 型正反器（∴ $7 \le 2^3 - 1$）

由於序列之起始值（$t = 0$）為 1，為了能得到所要的序列，暫存器的初值應設為 001（$t = 0$ 代表 LSB）。

S 之真值表如下：

狀態	S	X_3	X_2	X_1
S_0	1	0	0	1
S_1	0	1	0	0
S_2	1	0	1	0
S_3	1	1	0	1
S_4	1	1	1	0
S_5	0	1	1	1
S_6	0	0	1	1

輸　出　序　列

X_3 \ X_2X_1	00	01	11	10
0	0	1	0	1
1	0	1	0	1

$S = X_2 \oplus X_1$

邏輯電路如下：

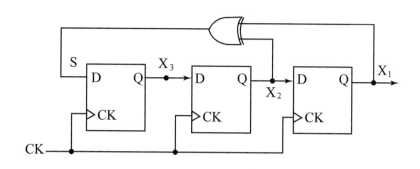

例 3：設計一個序列產生器電路，產生下列週期性序列：

0111110 1

MSB　　LSB

解　序列的長度 S = 7，所以至少須使用三個正反器（$2^3 - 1 = 7$），若假設移位暫存器的初值為 101，則得到下圖 (a) 的 D_1 真值表，然而在狀態表中的 S_0 與 S_5，其 ABC 的輸出相同（為 101）但卻要產生不同的 D_1 值，因此不可能設計出這樣的一個組合邏輯電路來，S_2 與 S_3 也有相似的情形。解決這種矛盾的方法是增加正反器的數目，如下圖 (b) 所示的 D_1 真值表為 n = 4 的情況，在這狀態表中，只用了十六個狀態中的七個狀態，但是沒有上述的矛盾現象發生，因此利用四個正反器的移位暫存器可以產生所要的序列。經由下圖 (c) 的卡諾圖化簡後，得到下圖 (d) 的邏輯電路。

狀態	D_1	A	B	C
S_0	1	1	0	1
S_1	1	1	1	0
S_2	1	1	1	1
S_3	0	1	1	1
S_4	1	0	1	1
S_5	0	1	0	1
S_6	1	0	1	0

(a)D_1真值表（n＝3）

狀態	D_1	A	B	C	D
S_0	1	1	1	0	1
S_1	1	1	1	1	0
S_2	0	1	1	1	1
S_3	1	0	1	1	1
S_4	0	1	0	1	1
S_5	1	0	1	0	1
S_6	1	0	1	0	0
S_0	1	1	1	0	1

(b)D_1真值表（n＝4）

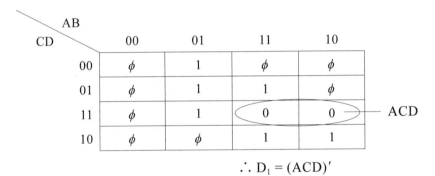

∴ $D_1 = (ACD)'$

(c) 卡諾圖

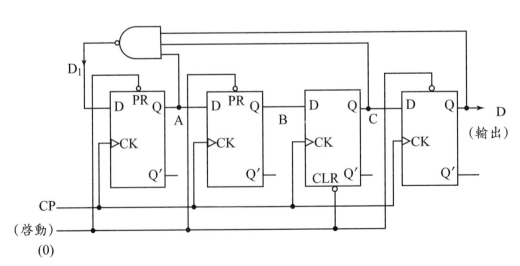

(d) 邏輯電路

7-7　記憶單元

一、記憶體存取的原理

　　記憶單元（Memory Unit）是由一組用來儲存資料的暫存器及相關的電路組成的。亦即一個記憶單元可儲存成群的位元資訊，這些位元稱為字組（Word）。一個字組可以是一個 n 位元的資料，它進行記憶單元時，必須被當作一整體來處理。一個記憶器的字可以代表運算元、指令、字元符號或任何二進制的資訊。

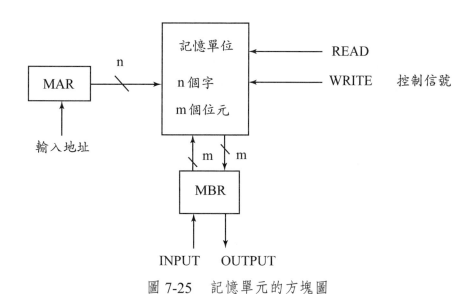

圖 7-25　記憶單元的方塊圖

　　記憶單元可透過二個控制信號（讀、寫）與二個暫存器來與外界聯繫，如圖 7-25 所示。此二暫存器為記憶體位址暫存器（Memory Address Register, MAR）與記憶體緩衝暫存器（Memory Buffer Register, MBR）。其功用分別為：

　　記憶體位址暫存器用來儲存進出記憶體的資料所在位址。

　　記憶體緩衝暫存器則用來儲存進出記憶體的資料。

　　一般欲存取記憶體的資料時，必須先將資料所在的位址送至 MAR，然後才能依據此位址主記憶體存取所要處理的資料。所有進出記憶體的資料則會儲存在 MBR 中，以防遺漏。

　　至於兩個控制信號爲讀出（Read）與寫入（Write），讀出是一種非破壞性動作，乃是將資料從記憶體取出的操作。寫入則是一種破壞性動作，將資料寫入記憶體後，原儲存在 Memory 該位址的資料會被蓋掉。

　　底下我們以一個例子來說明讀寫動作與二暫存器（MAR 和 MBR）之間的關係：

例 1：下圖 (a) 表示一Computer 之 Memory、MAR、MBR，若 MAR 及 MBR 之內容分別爲 11111010_2 和 11111110_2。Memory 位址 249_{10} 到 253_{10} 之內容分別爲 11111001_2、11111010_2、11111011_2、11111100_2 及 11111101_2，若 MAR 及 MBR 皆爲 8 位元暫存器，則 Memory 之最大位址爲多少？如果 Memory 每 Read 或 Write 一次時，MAR 的內容自動加 1，則圖 (a) 經 Write、Read、Write 等三個動作後，位址 $249_{10}\sim253_{10}$ 的內容爲何？MAR 與 MBR 的內容也爲何？（如圖 (b) 所示 (1)～(7) 之答案）

位址	Memory		位址	Memory
0			0	
1			1	
⋮	⋮		⋮	⋮
249	11111001		249	(1)
250	11111010		250	(2)
251	11111011		251	(3)
252	11111100		252	(4)
253	11111101		253	(5)
⋮	⋮		⋮	⋮
n			n	

MAR	11111010		MAR	(6)
MBR	11111110		MBR	(7)

　　　　　　　　圖 (a)　　　　　　　　　　　　圖 (b)

解 因 MAR 有 8 個位元，其最大的位址範圍為 $2^8 - 1 = 255$

(1) Memory 的寫入動作乃是將 MBR 的內容寫至 MAR 所指的位址處，而 MBR 的內容不變。

(2) Memory 的讀出動作是將 MBR 所指位址之內容讀出，放入 MBR 中，此時 Memory 的內容不變。

所以 (1)～(7) 的答案如下表所示：

	原內容	第一次WRITE	第二次READ	第三次WRITE	
249	11111001	不變	不變	不變	(1)
250	11111010	11111110	11111110	11111110	(2)
251	11111011	不變	不變	不變	(3)
252	11111100	不變	不變	11111011	(4)
253	11111101	不變	不變	不變	(5)
⋮	WRITE	⋮	READ	WRITE	⋮
MAR	11111010	251_{10}	252_{10}	253_{10}	(6)
MBR	11111110	不變	11111011	11111011	(7)

二、隨機存取記憶體（Random Access Memory, RAM）

RAM 是一種序向電路，它由一些基本的記憶格（Memory Cell）與位址解碼器所組成。在半導體 RAM 中，每一個 Memory Cell 均由一個正反器及一些控制電路所組成，用來控制正反器中資料的存取動作，如圖 7-26 所示。

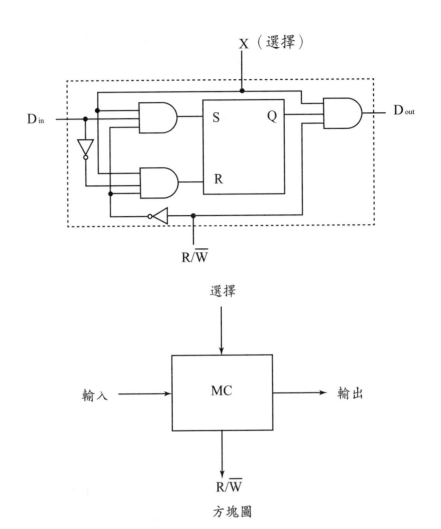

圖 7-26　Memory Cell

動作原理：

1. 當 $X = 0$ 時，此 Memory Cell 沒有動作，$D_{out} = 0$。

2. 在 $X = 1$ 下，若 $R / \overline{W} = 0$，則 $S = D_{in}$，$R = \overline{D_{in}}$，亦即不論 $\overline{D_{in}}$ 為 0 或 1，信號均寫入 Memory Cell 中。若 $R / W = 1$，則 $S = R = 0$，正反器內所儲存之資料即會由 D_{out} 輸出。

　　亦即當 $X \cdot R / W = 1$，Memory Cell 進行讀取動作；當 $X \cdot (R / \overline{W})' = 1$ 時，Memory Cell 進行寫入動作。

一般為使 Memory 能同時容納更多位元，均將多個 Memory Cell 並列，而以共同的 X 與 R / $\overline{\text{W}}$ 來選擇與控制，以同時存取各個 MC 的資料，如下圖所示為一 4×3 大小的 RAM，每一個 MC 代表一個二進格，有三個輸入與一個輸出，然後透過一 2×4 解碼器來選定所要存取的列。這個解碼器是以一條 Memory 致能線來控制，當這條致能線為 0 時，解碼器沒有動作，輸出為 0。當致能線為 1 時，就依 2 對 4 位址解碼方式，選擇四個字中的一個字。在 R / $\overline{\text{W}}$ = 1 時，被選用的字就經過三個 OR 閘輸出，否則 OR 閘的輸入端就為 0，而對輸出沒有影響。

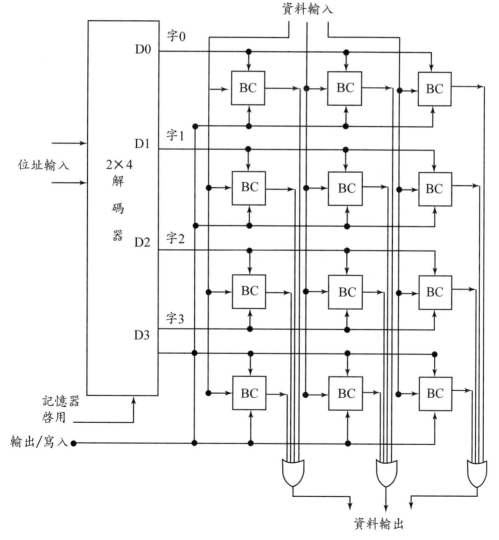

圖 7-27　4×3 的 RAM

7-8　習題

1. 利用 JK 正反器設計一個控制型同步 BCD 正數／倒數計數器電路。當控制端 X 為 1 時為正數，X 為 0 時為倒數。當計數器正數到 9 或倒數到 0 時，輸出端 Z 輸出 1，其餘狀態 Z 輸出為 0。

2. 利用下列指定的正反器設計一個控制型 Mod-6 的同步二進制計數器，計數順序為 $000 \rightarrow 001 \rightarrow 010 \rightarrow 011 \rightarrow 100 \rightarrow 101 \rightarrow 000$。當控制輸入 X 為 0 時，計數器暫停計數；X 為 1 時，計數器正常計數。
   (1) JK 正反器。
   (2) T 型正反器。

3. 分別使用 TK 正反器與 T 型正反器設計一個自發型 Mod-8 同步格雷碼計數器。
   $000 \rightarrow 001 \rightarrow 011 \rightarrow 010 \rightarrow 110 \rightarrow 111 \rightarrow 101 \rightarrow 100 \rightarrow 000$

4. 如下圖所示的計數器電路：
   (1) 此計數器是同步或非同步電路？
   (2) 計數器的輸出序列為何？
   (3) 此計數器是否為一自我更正的計數器？

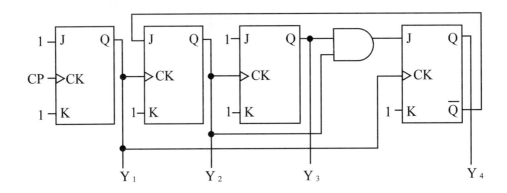

5. 分析下圖之計數器電路：
   (1) 決定計數器的輸出序列。
   (2) 求出計數器的狀態圖，並說明是否為一自我更正電路。

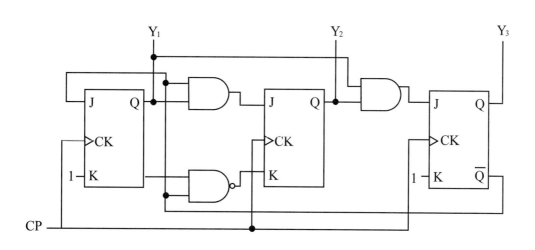

6. (1) 利用 SN74163 計數器設計一 Mod-6 計數器，其輸出序列為 0011 → 0100 → 0101 → 0110 → 0111 → 1000 → 0011。

(2) 利用兩個 SN74163 與邏輯閘設計一個 Mod-60 的二進制正數器。

(3) 利用一個 SN74163 與一個 4×1 多工器和一些邏輯閘，設計一個可規劃 Mod 數的計數器。其輸出序列為 0000 → 0001 → 0010 →…，計數器的計數模數如下：

① 當 $S_1S_0 = 00$ 時，為 Mod-3。

② 當 $S_1S_0 = 01$ 時，為 Mod-6。

③ 當 $S_1S_0 = 10$ 時，為 Mod-9。

④ 當 $S_1S_0 = 11$ 時，為 Mod-12。

7. 利用 SN74193 設計一個 Mod-5 倒數計數器，其輸出序列為：
1011 → 1010 → 1001 → 1000 → 0111 → 1011

8. 分別利用 D 型與 JK 正反器設計一個具有並行加載控制的 4 位元暫存器。

9. 分別設計一個序列產生器電路，以產生下列各指定的週期性輸出序列（必須使用最少的正反器數目）。

(1) 101101　　　　　　　　(2) 110101110

　　　└─ LSB

(3) 101011010　　　　　　(4) 11101011

10. (1) 串列轉移與並列轉移有何差別？

　　(2) 串加器與並加器有何差別？

11. Johnson 計數器有何缺點？如何改善它？

12. (1) 圖 7-25 所示的記憶單元具有 8192 個字，每個字 32 位元元的容量，試問記憶位址暫存器（MAR）與記憶緩衝暫存器（MBR）各需要多少個正反器？

　　(2) 若其位址暫存器有 15 個位元，試問這記憶單元包含多少個字？

13. 當記憶器中所選擇字數太多時，使用二個選擇輸入的二進 Memory Cell 較為方塊：一個 X（水準）選擇輸入，另一個 Y（垂直）選擇輸入。這 X 與 Y 在選擇格時必須被啟用。

　　(1) 試用 X 與 Y 選擇輸入，繪製與圖 7-26 相似的儲存格。

　　(2) 試說明在一個 256 個字的記憶器中，如何使用二個 4×16 解碼器來選擇一個字。

14. 試使用 T 型正反器設計一計數器，其計數二進順序為：

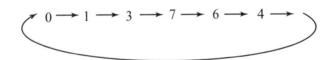

$$0 \longrightarrow 1 \longrightarrow 3 \longrightarrow 7 \longrightarrow 6 \longrightarrow 4 \longrightarrow$$

15. 設一同步序向邏輯電路之狀態表與電路圖如下所示，則 ROM 中位址 $(A_2A_1A_0)$ 為 101 之內容 $(O_2O_1O_0)$ 應為何？

P.S		N.S, Z	
A	B	X = 0	X = 1
0	0	01,0	00,0
0	1	01,0	10,0
1	0	11,0	00,0
1	1	01,0	10,1

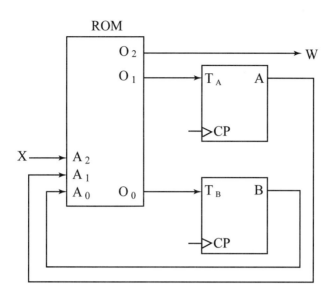

暫存器轉移邏輯

8-1 概論

要設計一套大的數位系統一般均採用模組（Modular）設計方式，所謂的模組技術乃是將要設計的系統分割成各功能獨立的小系統，每一小系統即代表一模組，整合這些模組便可完成一套大系統的設計。

在數位系統中，標準的模組由暫存器、計數器、解碼器、多工器、算術元件及控制邏輯所組成。各不同的模組間以共同資料與控制匯流排來相連接，如此便形成一數位式計算機系統。

數位功能互相連接形成數位系統模組，這些功能的關係不能以組合邏輯或序向邏輯技術來表示，要說明諸如加法器、解碼器及暫存器等功能所組成的數位系統必須以暫存器轉移邏輯（Register-transfer Logic）來描述才行。至於數位系統運算的描述最好以下列方式來說明所使用的暫存器轉移邏輯：

1. 說明系統中暫存器的意義及功能。
2. 暫存器中所儲存的二進制碼資訊。
3. 暫存器中所儲存資訊之所要執行的運算。
4. 啟動運算順序的控制功能。

在暫存器轉移邏輯中所定義的暫存器不但是一群二進制儲存格，也包含其他各類的暫存器；諸如移位暫存器、計數器及記憶單元等。

暫存器中所儲存的二進制資訊可表示為二進制數字、字元符號、控制資訊等。數字以算術運算來操作，控制資訊常用邏輯運算來操作。

暫存器中儲存資料的操作稱為微運算（Micro Operation），微運算是一種

能在一個時脈週期間並行執行的基本運算。其運算的結果可取代原來的暫存器內含，或被轉移至另一暫存器中，進行移位、計數、相加、清除與加載等動作。

　　啟動運算順序的控制功能是由定時信號組成的，每次持續一個運算週期。控制功能為一二進制變數，在一個二進制狀態下啟動運算，在另一狀態下制止運算。

　　本章主要用來介紹暫存器轉移邏輯的方法，利用暫存器轉移語言或硬體描述語言來指定暫存器內含中的運算，並指明其控制函數。

　　暫存器轉移語言係由控制函數與一列微運算組成的，其控制函數指明控制條件及執行各列微運算的定時順序，而微運算則指定暫存器中所儲存的資訊在某一時脈內做各種運算，微運算可分為四類：

　　1. 資訊的轉移：微運算並不改變暫存器的內含。

　　2. 算術微運算：如加、減、乘、除等。

　　3. 邏輯微運算：如 AND、OR、NOT 等。

　　4. 移位微運算：指定移位暫存器的運算。

　　在數位式電腦中通常處理的資訊有三類：數字資料、非數字資料及指令碼、位址及其他控制資訊等，這些都是微運算的操作對象。

8-2　內部暫存器之資料轉移

8-2-1　資料轉移之控制函數

　　在數位系統中一般以大寫字母來代表暫存器，如下圖所示即為暫存器的四種表示方法：

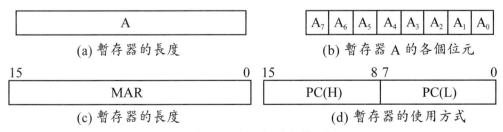

(a) 暫存器的長度　　　　　　　　　　(b) 暫存器 A 的各個位元

(c) 暫存器的長度　　　　　　　　　　(d) 暫存器的使用方式

圖 8-1　暫存器方塊圖

　　圖 8-1(b) 用以表示暫存器 A 的各個位元可分開處理，圖 8-1(c) 則爲暫存器長度的表示方式，以圖 (c) 而言，代表 MAR 爲長度 16 位元的暫存器。圖 8-1(d) 則說明一個 16 位元的暫存器在處理時，可分爲低位元組（0～7 位元）及高位元組（8～15 位元）或整個 16 位元長度。所以有 PC(L)、PC(H) 及 PC 之分別。

　　在暫存器轉移語言中，暫存器的長度及名稱可以用宣告敘述（Declaration Statement）來宣告，如下所示：

$$\text{Declare Register A(8), MAR(16), PC(16)}$$
$$\text{Declare Subregister PC(L) = PC(0-7), PC(H) = PC(8-15)}$$

　　但在本書中，我們爲簡化起見，直接以符號型式來表示。

例如：A ← B 代表將暫存器 B 的內容轉移到暫存器 A 中，且暫存器 B 的內容不變。

　　一般在進行暫存器轉移時，皆會以一控制函數來決定資料轉移的時機，控制函數是一個二進制函數，可能是 0，也可能是 1。例如：

$$\overline{X}T_1 : A \leftarrow B$$

　　代表在 $\overline{X}T_1 = 1$ 時；即 X = 0，$T_1 =$ 時，才會將暫存器 B 的內容轉移至暫存器 A 中，此 $\overline{X}T_1$ 即爲控制函數。

　　其硬體結構如圖 8-2 所示：

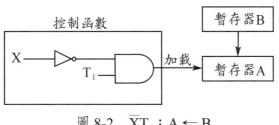

圖 8-2　$\overline{X}T_1 : A \leftarrow B$

　　在圖 8-2 中可知暫存器 A 有一加載控制輸入，以便當控制函數為 1 時，啟動資料轉換，T_1 的定時變數假設與暫存器 A 的時脈同步，每次轉移在時脈的一次轉態期間發生。

　　暫存器轉移邏輯的基本符號如表 8-1 所示，大寫字母代表暫存器，註標用來區分暫存器的各個位元，括號用來定義暫存器的一部分，箭頭表示資訊轉移的方向，冒號代表終止一控制函數，逗號則用來分開兩個以上的執行運算，方括號代表記憶體的轉移位址。

表 8-1　暫存器轉移邏輯的基本符號

符　號	說　明	範　例
大寫字母（數字）	表示暫存器	A, MAR, B
註標	表示暫存器的各位元	A_3, A_5, B_1
括弧( )	表示暫存器的一部分	PC(L), MAR(OP)
箭頭←	表示資訊的轉移	A←B
冒號 :	控制函數的終止符號	$x'T_0 :$
逗號，	微運算間的分隔符號	A←B, B←C
方括號[ ]	記憶體的轉移位址	MBR←M[MAR]

　　在數位系統中，有時暫存器需從不同的來源接受資訊，這種情況顯然必須在不同的時間動作，例如：

$$T_0 : A \leftarrow B$$
$$T_1 : A \leftarrow C$$

　　為了處理這類的動作，一般需要配合如多工器等組合邏輯來選擇。以上述的範例來說，其硬體結構便更改為：

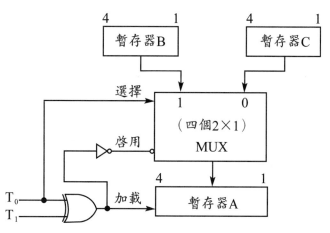

圖 8-3　使用一個多工器來做二個來源的資訊轉移

　　圖 8-3 的原理是：當 $T_0 = 1$ 時，暫存器 B 被選擇，並通過 2 對 1 多工器送入暫存器 A。當 $T_1 = 1$ 時（T_0 必須為 0），暫存器 C 被選擇，經由多工器送入暫存器 A 中。

8-2-2　匯流排轉移（Bus Transfer）

　　數位系統中，欲進行暫存器的資訊轉移，必須在暫存器之間有路徑存在，此即匯流排。以下圖為例，三個暫存器要彼此轉移資訊，就需要 6 條路徑，每個暫存器並且需一個多工器來選擇二個不同來源。所以若每個暫存器有 n 個位元，就需要 6n 條路徑及三個多工器。當暫存器的數目增加，路徑的數目與多工器的數目也就相對增多。這對數位系統而言，並不是一個好方法。

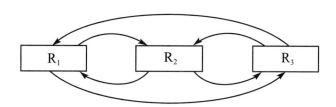

圖 8-4　三個暫存器間的轉移

　　為了改善這缺點，便有了共同匯流排轉移的觀念，如圖 8-5 所示，每個暫

存器的輸出入都經過電子開關接到同一條匯流排上，在沒有資料轉移時，每個開關都開路，若 R_1 要轉移至 R_3，則 S_1 與 S_4 關閉，以形成傳輸路徑，如此便能進行資料轉移。在這種並行轉移中，匯流排的連線數目等於暫存器中正反器的數目。

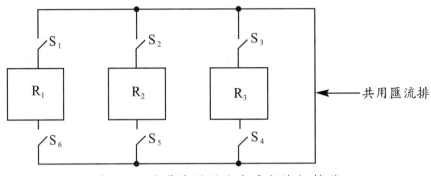

圖 8-5　透過共同匯流來進行資訊轉移

　　共同匯流排系統可利用多工器來構成，而匯流排轉移的預定暫存器也可利用解碼器來選擇。多工器選擇一個起始的暫存器給匯流排，解碼器則從匯流排選擇一個預定的暫存器來進行資訊轉移。以下圖的四個暫存器所構成的匯流排系統為例，每個暫存器中相同的位元經過一個 4×1 多工器，而形成匯流排的一條線，所以對 n 個位元的暫存器而言，共需 n 個多工器來產生 n 條匯流排。這 n 條匯流排分別連接至所有暫存器的輸入，利用預定解碼器所產生的加載控制來完成匯流排資訊的轉移。

　　以敘述 D ← A 為例：多工器與解碼器的選擇輸入必須是：

1. 多工器選擇啟始處 = 00　　　（選擇暫存器 A)
2. 解碼器選擇預定處 = 11　　　（選擇暫存器 D）
3. 解碼器啟用信號 = 0　　　　（啟動解碼器）

在下一脈衝時，匯流排上 A 的內容被加載至暫存器 D 中。

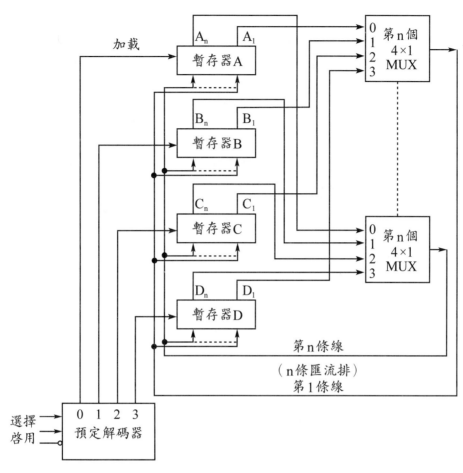

圖 8-6　四個暫存器的匯流排系統

8-2-3　記憶體之資料轉移（Memory Data Transfer）

在第七章曾提到記憶體的讀出與寫入動作；將記憶體中的暫存器內容轉移至外界暫存器的動作稱為讀出，反之將新的資訊轉移至記憶體中的暫存器的動作稱為寫入。

記憶體在轉移資訊期間，有效的暫存器是由記憶體位址來決定的。至於記憶體的位址一般以 MAR 來儲存，而轉移的資訊則以 MBR 來儲存。如下列的敘述分別代表記憶體的讀出與寫入敘述：

1. R：MBR ← M　　　（讀出敘述）

2. W：M ← MBR　　　（寫入敘述）

　　代表記憶體中的暫存器，讀出敘述（R）即由 MAR 中取得指定的位址，將資訊轉移至 MBR。寫入敘述（W）則是依 MAR 所指定位址將 MBR 內容轉移到 M 暫存器中。

　　在有些系統中，記憶體是從連接在共用匯流排上的許多暫存器中接受位址與資料，圖 8-7 所示。到記憶體單元的位址來自位址匯流排（Address Bus），在這匯流排上連接有四個暫存器，任何一個暫存器皆可提供存取位址。記憶體的輸出可進入另外四個暫存器中的任一個，而這由解碼器來選擇。

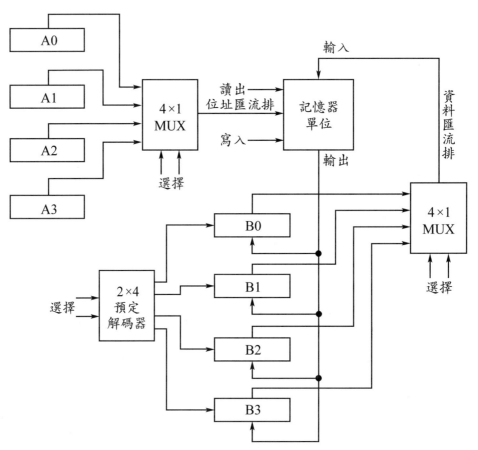

圖 8-7　記憶器單位和多種暫存器相連接

至於記憶體的資料輸入則來自資料匯流排（Data Bus），它選擇四個暫存器中的任一個資料，在這樣的系統中，可以將寫入與讀出敘述寫為：

1. W：M[A3] ← B2　　（寫入敘述）
2. R：B1 ← M[A2]　　（讀出敘述）

8-3　算術、邏輯及移位微運算

8-3-1　算術微運算

基本的算術微運算如表 8-2 所示，其包含加法、減法、變補（取 1's 補數及 2's 補數）及移位等。

表 8-2　算術微運算

符號標明	說明
$F \leftarrow A + B$	將暫存器A與B的內含相加，轉移至F
$F \leftarrow A - B$	將暫存器A與B的內含相減，轉移至F
$B \leftarrow \overline{B}$	將暫存器B的內含取1's補數
$B \leftarrow \overline{B} + 1$	將暫存器B的內含取2's補數
$F \leftarrow A + \overline{B} + 1$	A加上B的2補數，轉移至F
$A \leftarrow A + 1$	將暫存器A的內容加1（增量）
$A \leftarrow A - 1$	將暫存器A的內容減1（減量）

在算術微運算中，減法一般以補數與加法來執行，亦即：

$$F \leftarrow A - B = A + \overline{B} + 1$$

將減數（B）取 2's 補數後，再與被減數（A）相加，便可得到減法微運算。

暫存器轉移語言與完成語言所需的暫存器及數位函數是有密切的關係，以下列的範例為例：

$$T_1 : A \leftarrow A + B$$
$$T_4 : A \leftarrow A + 1$$

定時變數 T_1 啓動運算將暫存器 A 與 B 的內容相加，並存回暫存器 A 中，而定數變數 T_4 又將暫存器 A 加 1。增量容易以計數器來達成，二個二進制數相加也可以並加器產生，所以上述的兩個敘述之製作便如下列的方塊圖所示。

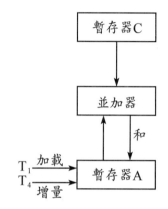

圖 8-8　加法與增量的微運算

並加器從暫存器 A 與 B 接受輸入資料，和則利用 T_1 的控制加載到暫存器 A，並且 T_4 啓動暫存器 A 的增量。

讀者可能注意到乘、除法微運算並不在表 8-2 中，這兩種都是有效的算術運算，乘法以「*」表示，除法以「／」表示，但因它們是靠組合電路來實現，所以並不算是微運算。

8-3-2　邏輯微運算

邏輯微運算要是針對暫存器中所儲存的各位元資訊來進行運算。可以設定或清除指定暫存器的指定位元，所以與算術微運算有些差別。

邏輯微運算包含 AND、OR、XOR 及變補（即 NOT）等，如表 8-3 所示。

表 8-3　邏輯微運算

符號標明	說明
$A \leftarrow \overline{A}$	將暫存器A的所有位元取補數
$F \leftarrow A \vee B$	邏輯OR微運算
$F \leftarrow A \wedge B$	邏輯AND微運算
$F \leftarrow A \oplus B$	邏輯互斥或閘微運算（XOR）

　　一般在使用上，OR 運算的功用是用來設定某些指定的位元；AND 運算的功用是用來清除某些指定的位元；至於 XOR 則用來將指定的位元變補。

　　OR 運算子以「$\vee$」代表，主要是用來區分「+」運算子，在前幾章介紹邏輯閘時，我們以「+」符號來表示 OR 運算，但在此，「+」符號卻代表兩種意義；若「+」用在微運算中，則代表加法微運算，若用在控制函數中，才是 OR 運算。例如下列的敘述：

$$T_1 + T_2 : A \leftarrow A + B , C \leftarrow D \vee F$$

　　代表當 T_1 或 T_2 其中有一為「1」時，便進行 $A \leftarrow A + B$ 及 $C \leftarrow D \vee F$ 的動作，所以它是一種 OR 動作。

例 1：若 A 暫存器的內容為 $(01010101)_2$，而 B 暫存器的內容未知，試問：

　　(1) 若要將 A 暫存器的內容變為 $(11110101)_2$，則應如何操作，B 暫存器的內容設為多少？

　　(2) 若要將 A 暫存器的偶數位元清除為 0，則應如何操作，B 暫存器的內容應設為多少？

　　(3) 若要將 A 暫存器的內容之第 0～3 位元變補，則應如何操作，B 暫存器的內容應設多少？

解　利用 OR 運算，即 $A \leftarrow A \vee B$，此時將 B 暫存器的內容設為 $(11110000)_2$ 即可。

$$
\begin{array}{ll}
A & 01010101 \\
B & 11110000 \\
\hline
A \vee B \rightarrow A & 11110101
\end{array}
$$

利用 AND 運算，即 $A \leftarrow A \wedge B$，並將 B 暫存器的內容設為 $(10101010)_2$ 即可。

$$
\begin{array}{ll}
A & 01010101 \\
B & 10101010 \\
\hline
A \wedge B \rightarrow A & 00000000
\end{array}
$$

利用 XOR 運算，即 $A \leftarrow A \oplus B$，並將 B 暫存器的內容設為 $(00001111)_2$ 即可。

$$
\begin{array}{ll}
A & 01010101 \\
B & 00001111 \\
\hline
A \oplus B \rightarrow A & 01011010
\end{array}
$$

8-3-3　移位微運算

（一）移位微運算的表示

　　移位微運算除了用來轉移計算機中暫存器的二進制資訊外，也可用於作算術、邏輯及控制運算。移位微運算有兩種，如表 8-4 所示。Shl 代表左移運算，Shr 代表右移運算。

表 8-4　移位微運算

符號標明	說明
$A \leftarrow Shl\ A$	將暫存器A左移一位元
$A \leftarrow Shr\ A$	將暫存器A右移一位元

　　對算術左移而言，可使原暫存器的內容加倍（即乘 2）；對算術右移而言，

則可使原暫存器的內容減半（即除 2），並且符號位元不會改變。

　　對於循環移位來說，其運算的方式可由下列的敘述表示：

$$A \leftarrow Shl\ A\ ，A_1 \leftarrow A_n$$

　　將 A_n 中最左位元移到最右移位正反器 A_1 中。

　　下圖為一 n 位元的暫存器，最左位元 A_n 為符號位元，以 A(S) 來表示，而 A_1 為最低有效位元（LSB），A_{n-1} 為最高有效位元（MSB），A 則指全部的暫存器。

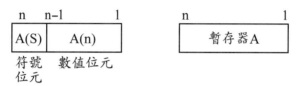

圖 8-9　定義算術移位的暫存器 A

（二）算術右移

　　首先就算術右移而言，可以下列的敘述之一表示：

1. $A(N) \leftarrow Shr\ A(N)$，$A_{n-1} \leftarrow 0$：對符號大小的表示方式而言。

2. $A \leftarrow Shr\ A$，$A_{n-1} \leftarrow A(S)$：對符號 1's 補數或 2's 補數而言。

> **說明**：1. 在符號大小表示法中，算術右移需將 0 加入 MSB 的位置，且其符號位元不變。
>
> 　　　　2. 在符號 1's 補數或 2's 補數表示法中，全部暫存器被右移一個位元，其符號位元也不變。因為對一正數而言，必須加入一個 0 到 MSB，對負數而言，則需加入一個 1 到 MSB。

例 1：算術右移

正數	+12：001100 —右移→	+6：000110
符號大小	−12：101100 —右移→	−6：100110
符號 1's 補數	−12：110011 —右移→	−6：111001

符號 2's 補數 　　　　 -12：110100 $\xrightarrow{\text{右移}}$ -6：111010

> 註：1. 在符號大小表示法中，數值無論正或負，當被右移時，會將 0 移入 MSB 中。
>
> 2. 在符號補數表示法中，當右移時，MSB 接受符號位元，若為正數，則符號位元為 0，若為負數，則符號位元為 1。

（三）算術左移

對算術左移而言，可以用下列的敘述之一來表示：

1. $A(N) \leftarrow Shl\ A(N)$，$A_1 \leftarrow 0$ 　：對符號大小表示法
2. $A \leftarrow Shl\ A$，$A_1 \leftarrow A(S)$ 　　：對符號 1's 補數表示法
3. $A \leftarrow Shl\ A$，$A_1 \leftarrow 0$ 　　　：對符號 2's 補數表示法

> 說明：1. 在符號大小表示法中，數值向左移後，以 0 填入 LSB 中。
>
> 2. 在符號 1's 補數表示法中，暫存器全部內容向左移一個位元，並且將符號位元加入 LSB 中。
>
> 3. 在符號 2's 補數表示法中，暫存器全部內容也向左移一個位元，但是以 0 移入 LSB 中。

例 2：算術左移

正數 　　　　　　　 $+12$：001100 $\xrightarrow{\text{左移}}$ $+24$：011000

符號大小 　　　　 -12：101100 $\xrightarrow{\text{左移}}$ -24：111000

符號 1's 補數 　　 -12：110011 $\xrightarrow{\text{左移}}$ -24：100111

符號 2's 補數 　　 $+12$：110100 $\xrightarrow{\text{左移}}$ -24：101000

向左移的數值可能會有溢位（Overflow）發生，其判斷的條件為：

1. $A_{n-1} = 1$ 　　　　　：對符號大小表示法
2. $A_n \oplus A_{n-1} = 1$ 　：對符號 1's 補數或 2's 補數

> **說明**：1. 在符號大小表示法中，若最高有效位元（MSB）為 1，則左移之後
> 　　　　　將會被移出而失去。
> 　　　　2. 在符號補救表示法中，若符號位元 $A_n = A(S)$ 與最高有效位元
> 　　　　　（MSB）不相同者，就會產生溢位。

例 3：左移與溢位（以 1's 補數表示）

(1) 起始值：9：01001 $\xrightarrow{\text{左移}}$ −2：10010

(2) 起始值：−9：10110 $\xrightarrow{\text{左移}}$ + 2：01101

向左移後應為 18，但因原始的符號位元失去，而產生一不正確的結果。

若移位後的符號位元與移位前的符號位元不同，便產生溢位。

（四）利用邏輯運算及移位運算將數值轉成聚集BCD碼（Packed BCD Code）

❖ 步驟

1. 將數值轉成 ASCII Code，並分別存入兩個暫存器中（以 A 與 B 為例）。
2. 利用 AND 運算將暫存器的高半位元組（Bit 7～Bit 4）清除為 0。
3. 利用左移方式將 A 暫存器之低四位元（Bit 0～3）移至高四位元。
4. 利用 OR 運算將 A 與 B 暫存器的內容 OR 起來，即得。

例 4：將 $(59)_{10}$ 轉成聚集的 BCD 碼。

解

	A	B	
(ASCII 5)	00110101	00111001	(ASCII 9)
①與 00001111 相 AND	$\Rightarrow$ 00000101	00001001	
②將 A 向左移四位	$\Rightarrow$ 01010000		
③ $A \leftarrow A \lor B$	$\Rightarrow$ 01011001 = $(59)_{BCD}$		

8-4　條件控制敘述（Conditional Control Statement）

在數位系統設計時，條件控制敘述一直扮演一個極重要的角色。其是以選擇的架構來解釋這個敘述：

$$P：IF（條件）　then（微運算）　else（微運算）$$

意即當條件成立時進行 then 後的微運算，否則進行 else 後的微運算。此處的 P 也是控制函數，P = 1 才進行後面的條件判斷。若敘述後的 else 部分省略，則代表條件不成立時，不執行事情。

例 5：條件控制敘述為：

$$T_2：If (C = 0)　then (F \leftarrow 1)　else (F \leftarrow 0)$$

其相當於：

$$C'T_2：F \leftarrow 1$$
$$CT_2：F \leftarrow 0$$

都代表 C = 0 時，F 才為 1，否則為 0。

若 C 暫存器的位元數超過 1，則條件 C = 0 代表 C 的所有位元必須為 0，表示為：

$$X = C'_1 C'_2 \cdots C'_n = (C_1 + C_2 + \cdots + C_n)'$$

8-5　溢位（Overflow）

當二個 n 位元的數相加而和為 n + 1 位元時，則稱之為溢位。也可解釋為當兩數運算後，超出其表示範圍，亦稱為溢位。對於二進制或十進制數運算而

言，不論帶符號與否，在進行運算均可能產生溢位，所以在計算機系統中，為了阻止溢位的產生，通常會設置一溢位正反器，以便於檢查。

任何兩數進行加減運算，可能產生溢位的情形有：

(1) 正數 + 正數　　(2) 負數 + 負數

(3) 正數 − 負數　　(4) 負數 − 正數

當以符號大小表示法來做二數相加時，從數值位元的進位中即可容易偵測溢位。當以符號 2's 補數表示兩數相加時，其符號位元為數字的一部分，其端迴進位並不一定代表溢位。但只要有溢位產生，則結果一定不正確。

例 6：二個帶符號的二進制數 $(35)_{10}$ 與 $(40)_{10}$ 被儲存於二個 7 位元的暫存器中，則

(1) 若二數均為正數

$$
\begin{array}{rl}
+\ 35 & 0\ 100011 \\
+\ 40 & 0\ 101000 \\
\hline
+\ 75 & 1\ 001011 \\
\end{array}
$$

(2) 若二數均為負數

$$
\begin{array}{rl}
-\ 35 & 1\ 011101 \\
-\ 40 & 1\ 011000 \\
\hline
-\ 75 & 0\ 110101 \\
\end{array}
$$

由於 7 位元暫存器的表示範圍為 $-2^{7-1} \sim 2^{7-1} - 1 = -64 \sim 63$

∴不論二數是正數或負數，均產生溢位。

上節我們曾提到溢位的判斷條件；從進入符號位元的進位（A_{n-1}）與從符號位元出來的進位（A_n）即可偵測溢位的情形，亦即若二個進位不相等（$A_n \neq A_{n-1}$）則產生溢位。

$$OF = A_n \oplus A_{n-1}$$

　　　　二個帶符號的二進制數相加，當其負數以符號 –2's 補數表示時，可用數位函數來完成，如下圖完成。

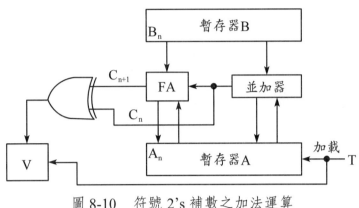

圖 8-10　　符號 2's 補數之加法運算

　　　　圖中暫存器 A 存被加數，符號位元爲 A_n，暫存器 B 存加數，其符號位元爲 B_n，這二個數藉由一個 n 位元並加器相加後，第 n 級的全加器（FA）產生一 C_{n+1} 的進位與並加器的進位 C_n 透過一互斥或閘，來得到溢位正反時 V 的值。若 V = 0，則代表加載到 A 的和是正確的，否則 V = 1，便有溢位產生，n 位元的和不正確。

8-6　　簡單的計算機設計

8-6-1　簡單計算機的構造及指令

　　　　一部簡單的計算機方塊圖如下所示，共有一個記憶體單元、七個暫存器及二個解碼器。七個暫存器的名稱及功用如表 8-5 所示。

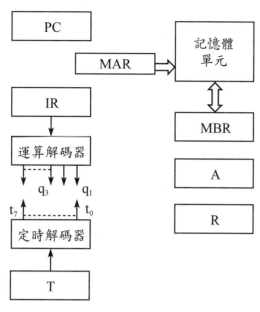

圖 8-11　簡單的計算機方塊圖

表 8-5　暫存器的長度、名稱及功用

符　號	位元數	暫存器名稱	功用
MAR	8	Memory位址暫存器	保存Memory的位址
MBR	8	Memory緩衝暫存器	保存Memory字組的內容
A	8	暫存器A	通用性暫存器
R	8	暫存器B	通用性暫存器
PC	8	程式計數器	指到下一指令執行的位址
IR	8	指令暫存器	儲存正要執行的指令
T	3	定時計數器	順序產生器

　　在七種暫存器中，PC、IR 及 T 均為控制單元的一部分。當 IR 取得指令的運算碼後，與運算解碼器相結合，而產生輸出。所以若運算碼為二進制 1 時，$q_1 = 1$；若運算碼為二進制 2 時，$q_2 = 1$，以此類推。T 計數器經解碼產生八個 $t_0 \sim t_7$ 的定時變數，這個計數器隨每個脈衝而增量，但也可在任何時間內清除，重新從 t_0 開始計數。

　　PC 保存 Memory 中下一指令的位址，當讀出一指令時，PC 的內容會被轉移至 MAR，然後根據 MAR 內容至 Memory 中讀出所要的資料。然後 PC 的值會自動加 1，使它保持指令順序的下一位址。從 Memory 讀出的資料會先存入 MBR，然後將運算碼轉移至 IR 中。若從 MBR 處讀出的是指令的位址部分，則此位址會再被轉至 MAR 中，來讀出運算數。因此，MAR 能從 PC 及 MBR 處取得住址。

　　表 8-6 所示為簡單計算機的三個指令，由於運算碼有 8 個位元，所以可以指定 256 種不同的運算。為簡化起見，在此我們只考慮這三種指令。

表 8-6

運算碼	助憶符號	作　用	說　明
00000001	MOV　R	A ← R	將 R 內容轉移至 A
00000010	LDI　OPRD	A ← OPRD	加載 OPRD 至 A
00000011	LDA　ADRS	A ← M[ADRS]	加載 ADRS 所指的運算元至 A

　　MOV 為搬移指令，可用來搬至指定暫存器的內容至指定的地方。

　　LDI 代表即時加載，將一運算元（OPRD）載入 A 暫存器中。

　　LDA 代表位址加載，可將 ADRS 所指之位址內容載入 A 暫存器中。

8-6-2　指令提取週期

　　系統至 Memory 提取指令有一基本的模式可循，其步驟為：

　　1. 依 PC 的運算碼位址，從 Memory 中讀出運算碼至 MAR 中。

　　2. PC 加 1，指到下一個指令的位址。

　　3. 運算碼由 MBR 轉移至 IR 中，IR 再由控制函數將它送去解碼。

　　以上三個步驟即為指令提取週期（Fetch Cycle）。

　　若以定時變數 t_0、t_1 及 t_2 來當作控制函數，依微運算順序讀出運算碼，將它放入 IR 中。

　　　$t_0 = \text{MAR} \leftarrow \text{PC}$　　　　　　　　　：轉移運算碼位址

t_1：MBR ← M，PC ← PC + 1　　　　　：讀出運算碼，PC 加 1

t_2：IR ← MBR　　　　　　　　　　　：轉移運算碼至 IR

這三個定時變數執行的微運算順序，可以以下列的敘述表示：

$$IR ← M[PC]，PC ← PC + 1$$

這代表 PC 中位址所指的記憶體內容被轉移至 IR，而後 PC 加 1。由於 PC 與 IR 直接與 Memory 連通，所以才透過 MAR 及 MBR。

8-6-3　指令的執行

在定時變數 t_3 期間，運算碼是在 IR 中，亦即運算碼的一個輸出等於 1。其控制使用 q_1 依序來決定下一微運算，而進入執行週期（Execution Cycle）。

1. MOV R 具有一運算碼使 $q_1 = 1$，其執行的微運算為：

$$q_1 t_3：A ← R，T ← 0$$

即當 t_3 時，$q_1 = 1$，R 的內容被轉移至 A 中，並且定時暫存器 T 清除為 0，如此控制就可回復產生定時變數 T_0。

2. LDI OPRD 指令具有一運算碼 $q_2 = 1$，所以其執行的微運算為：

$q_2 t_3$：MAR ← PC　　　　　　　　　：轉移運算元位址

$q_2 t_4$：MBR ← M，PC ← PC + 1　　　：讀出運算元，並用 PC 加 1

$q_2 t_5$：A ← MBR，T ← 0　　　　　　：轉移運算元，進至提取週期

接著取出週期，而在 $q_2 = 1$，三個定時變數從 Memory 中讀出運算元，並將它轉移暫存器 A 中。因為運算元是跟在運算碼之後，所以在 Memory 中，依 PC 所指定的位址讀出運算元。並存入 MBR，再轉移至 A，並且 PC 再加 1。

LDA ADRS 指令具有一運算碼使 $q_3 = 1$，所以其執行的微運算為：

$q_3t_3 : \text{MAR} \leftarrow \text{PC}$ 　　　　　　：轉移下一指令位址

$q_3t_4 : \text{MBR} \leftarrow \text{M} , \text{PC} \leftarrow \text{PC} + 1$ 　　：讀出 ADRS，PC 加 1

$q_3t_5 : \text{MAR} \leftarrow \text{MBR}$ 　　　　　　：轉移運算元位址

$q_3t_6 : \text{MBR} \leftarrow \text{M}$ 　　　　　　　：讀出運算元

$q_3t_7 : \text{A} \leftarrow \text{MBR} , \text{T} \leftarrow 0$ 　　　　：轉移運算元至 A，進至提取週期

　　運算元的位址以 ADRS 表示，因在提取週期期間，PC 已在 t_1 時被加 1，所以它所指的位址即是儲存 ADRS 之所在。在時間 t_4 時從 Memory 中讀出 ADRS 值，此時 PC 又加 1，以指到下一指令的提取週期。在 t_5 時，ADRS 值從 MBR 轉移至 MAR，因為 ADRS 所代表的為運算元的位址。在時間 t_6 時所讀出的運算元被存入 MBR 中，然後再 t_7 時被轉移至 A 暫存器中，而控制回復至提取週期。

　　從以上所介紹的三個指令及其微運算，我們將之整理成表 8-7 的內容，此即計算機的暫存器對暫存器的敘述。

表 8-7

FETCH	t_0 :	$\text{MAR} \leftarrow \text{PC}$
	t_1 :	$\text{MBR} \leftarrow \text{M}, \text{PC} \leftarrow \text{PC} + 1$
	t_2 :	$\text{IR} \leftarrow \text{MBR}$
MOV R	q_1t_3 :	$\text{A} \leftarrow \text{R}, \text{T} \leftarrow 0$
LDI	q_2t_3 :	$\text{MAR} \leftarrow \text{PC}$
	q_2t_4 :	$\text{MBR} \leftarrow \text{M}, \text{PC} \leftarrow \text{PC} + 1$
	q_2t_5 :	$\text{A} \leftarrow \text{MBR}, \text{T} \leftarrow 0$
LDA	q_3t_3 :	$\text{MAR} \leftarrow \text{PC}$
	q_3t_4 :	$\text{MBR} \leftarrow \text{M}, \text{PC} \leftarrow \text{PC} + 1$
	q_3t_5 :	$\text{MAR} \leftarrow \text{MBR}$
	q_3t_6 :	$\text{MBR} \leftarrow \text{M}$
	q_3t_7 :	$\text{A} \leftarrow \text{MBR}, \text{T} \leftarrow 0$

8-6-4　計算機的設計

利用前面介紹的暫存器轉移敘述，我們可以歸納出計算機設計的幾個步驟：

❖ **步驟** 1

利用表 8-7 所列的暫存器轉移敘述，取出同一暫存器中執行相同微運算所有敘述。

例如在表 8-7 中 MBR ← PC 在 t_0 控制函數時列出，在 q_2t_3 控制函數時也列出，在 q_3t_3 時也列出，故合併爲：

$$t_0 + q_2t_3 + q_3t_3 : MAR \leftarrow PC$$

❖ **步驟** 2

以邏輯電路製作控制函數（每一個控制函數），這些控制函數的組合也是一種布林函數，可以邏輯電路來製作。

假設 $x_1 = t_0 + q_2t_3 + q_3t_3 = t_0 + (q_2 + q_3)t_3$，

當 $x_1 = 1$ 時，在下一脈衝時，PC 內容轉移至 MAR 中，其邏輯電路如下：

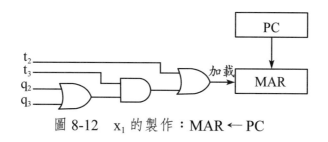

圖 8-12　x_1 的製作：MAR ← PC

在表 8-7 中列有 8 種不同的微運算，我們將有相關的控制函數 OR 起來，其結果便得到表 8-8。

表 8-8　關於簡單計算機的硬體規格

$x_1 = t_0 + q_2t_3 + q_3t_3$：	$MAR \leftarrow PC$
$x_2 = q_3t_5$：	$MAR \leftarrow MBR$
$x_3 = t_1 + q_2t_4 + q_3t_4$：	$PC \leftarrow PC + 1$
$x_4 = x_3 + q_3t_6$：	$MBR \leftarrow M$
$x_5 = q_2t_5 + q_3t_7$：	$A \leftarrow MBR$
$x_6 = q_1t_3$：	$A \leftarrow R$
$x_7 = x_5 + x_6$：	$T \leftarrow 0$
$x_8 = t_2$：	$IR \leftarrow MBR$

❖ 步驟 3

整合所有的邏輯電路及控制函數，便得。

系統中有 7 個暫存器、一個記憶單元及二個解碼器。此外還有一個組合電路，此組合電路依表 8-8 列出 $x_1 \sim x_8$ 等八個控制函數。這些控制函數使各個暫存器進行加載或增量動作。若一個暫存器有兩個來源資訊者，則以一個多工器來作為選擇。所以簡單的計算機設計如下圖所示。

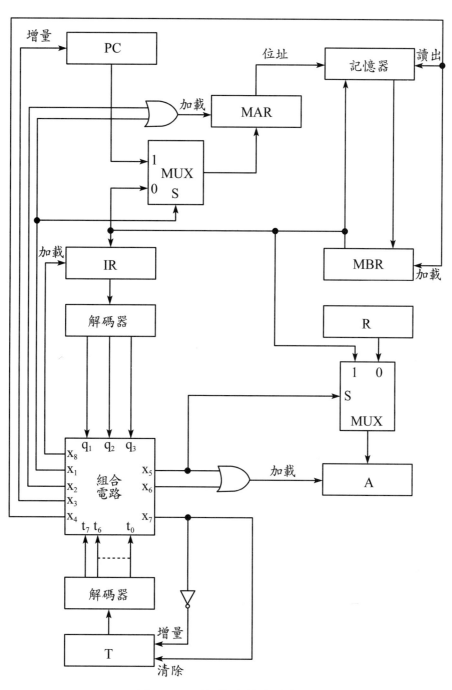

圖 8-13　簡單計算機的設計

8-7　習題

1. 試表明方塊來執行陳述：

$$xt_3：A \leftarrow B，B \leftarrow A$$

2. 一個常數值可由應用一個等效於邏輯 1 或邏輯 0 的二進制信號至每個輸入而轉移至一記錄器，試表明實現這轉移：

$$t：A \leftarrow 11010110$$

3. 試表明下列陳述各個的硬體製作，其記錄器為 4-位元長度：

   (1) $t_0：A \leftarrow R_0$

   (2) $t_1：A \leftarrow R_1$

   (3) $t_2：A \leftarrow R_2$

   (4) $t_3：A \leftarrow R_3$

4. 設 S_1、S_0 為圖 8-6 所示多工器的選擇變數，又設 d_1d_0 為預定解碼器的選擇變數，變數 e 是用來啟用這解碼器。

   (1) 當其選擇變數 $s_1s_0d_1d_0e$ 等於：① 00010；② 01000；③ 11100；④ 01101 時，試陳述發生的轉移。

   (2) 有關下列轉移：① $A \leftarrow B$；② $B \leftarrow C$；③ $D \leftarrow A$，試求出選擇變數的值。

5. 關於圖 8-8 的系統指定了下列記憶器轉移：

   (1) $M[A2] \leftarrow B3$

   (2) $B2 \leftarrow M[A3]$

   試指明這記憶器運算，及決定二個多工器與預定解碼器的二進選擇變數。

6. 試表明下列邏輯微運算所需要的硬體：

   (1) $t_1：F \leftarrow A \wedge D$

   (2) $t_2：G \leftarrow C \vee D$

   (3) $t_3：\overline{E} \leftarrow E$

7. 試問什麼是這些二個陳述間的差異？

$$A + B：F \leftarrow C \vee D$$

與
$$C + D : F \leftarrow A + B$$

8. 某一數位系統有三個記錄器：AR、BR 及 PR。三個正反器供給這系統的控制函數：S 為一正反器，由外界信號啟用，以發動這系統的運算；F 與 R 是用來作一連串微運算。第四個正反器為 D，當其運算完畢時由數位系統將它定置。這系統的函數由下列記錄器－轉移運算描述：

S：$PR \leftarrow 0$，$S \leftarrow 0$，$D \leftarrow 0$，$F \leftarrow 1$

F：$F \leftarrow 0$，$\text{if}(AR = 0) \text{ then}(D \leftarrow 1) \text{ else}(R \leftarrow 1)$

R：$PR \leftarrow PR + BR$，$AR \leftarrow AR - 1$，$R \leftarrow 0$，$F \leftarrow 1$

試問什麼是這系統執行的功能？

9. 試以符號形式指定圖 7-23 中所示的串列轉移。設 S 為移位控制函數。假定啟用 S 有四個脈衝週期。試表明一硬體，包括有控制函數的邏輯閘而執行下列陳述：

$$xy't_0 + t_1 + x'yt_2 : A \leftarrow A + B$$

10. (1) 試表明一個 8- 數元記錄器的內含，以二進位及三種符號－大小，符號－1 補數，及符號－2 補數的不同表示法，來儲存數字 +36 與 –36。

(2) 在數字作算術上向右移一位置後（用三種表示法），試表明記錄器的內含。

(3) 作算術上向左移位，重做 (2)。

11. 二個數字以符號－2 補數表示法相加，如圖 8-10 所示，及將其和轉移至記錄器 A。試表明這算術右移符號表示：

$$A \leftarrow \text{Shr } A，A_n \leftarrow A_n \oplus V$$

將常產生除以 2 的正確和數，而不管其原始和數中是否有一溢位。

12. 使用符號－10 補數表示法，以 BCD 表示 +149 與 –178，使用一個位元作其符號。試將這二個 BCD 數字相加，包括其符號位元，及解釋其所得的答案。

13. 以二進位數字用符號－2 補數表示法與應用本文中所述演算法，試執行下列算術運算。使用八個位元來供應每個數目和它的符號。

(1) (+65) + (+78)　　　　(4) (+65) + (−78)

(2) (−65) + (−78)　　　　(5) (−65) + (+78)

(3) (+38) + (+40)　　　　(6) (−35) + (−40)

檢查每種情形中這 8-位元答案，及：

(a) 決定是否有一溢位。

(b) 列出符號－位元位置的進位輸入與進位輸出。

(c) 決定其結果的符號（即第八個位元）。

(d) 敘述 (a) 與 (b) 間的關係。

(e) 敘述 (a) 與 (c) 間的關係。

14. 記錄器 A 保持有二進資訊 11011001。試確定 B 運算數，及 A 與 B 間要執行的邏輯微運算，而使 A 中的值變為：

(1) 01101101

(2) 11111101

15. 某一數位計算機有一個記憶器單位，每字有 24 位元。其指令組由 190 種不同運算組成。每個指令被儲存在記憶器的一個字組中，包含有一運算碼部分與一位址部分。試問：

(1) 需要多少位元作運算碼？

(2) 尚餘剩多少位元作指令的位址部分？

(3) 在記憶器單位中可供應多少字組？

(4) 什麼是符號定點二進位數字最能被儲存在記憶器的一個字中？

16. 假定圖 8-11 的記憶器單位有 65,536 字容量，每個字有 8 位元。

(1) 試問表 8-5 所列首先五個記錄器中應有多少個位元的數目？

(2) 如表 8-6 中所指定，試問需要多少個記憶器的字來儲存指令？

(3) 試列出執行指令所需要的微運算順序。記錄器 R 可用來暫時保持位址部分。

17. 重做第 8-6 節中所提出的簡單計算機設計，以下列指令代表 8-5 中的指今。

運算碼	簡字符號	說明	函數
00000001	ADD　R	加R至A	A←A + R
00000010	ADI　OPRD	加運算數至A	A←A + OPRD
00000011	ADA　ADRS	直接加至A	A←A + M[ADRS]

CHAPTER

8

CHAPTER 9

微處理機設計

9-1 前言

處理機單元是數位系統或數位計算機主要的部分,它包含許多暫存及數位函數,以用來執行算術、移位及轉移等微運算。把處理機與控制單元組合便形成監督微運算流程的中央處理單元。

處理機單元中,暫存器數目的多寡並不一定,但暫存器與暫存器之間都是利用共用匯流排來傳送資訊。一個運算在處理機單元中,可用多少微運算來完成也不一定,一般皆需經過組合電路的製作之後,才能判斷處理單元的硬體數量及型別。

在處理機暫存器中所儲存的資訊及其所執行之微運算之數位函數稱為算術邏輯單元(Arithmetic Logic Unit, ALU)。當執行任一微運算時,控制信號便從暫存器送至 ALU 中,然後 ALU 依所接受列的資訊來執行既定的微運算,並將運算結果轉移至特定的暫存器,所以 ALU 是一種組合電路,全部的暫存器轉移動作皆在一個脈衝內執行。

CPU 在計算機扮演的角色不但是用來操作資料,還要處理從 Memory 送來的指令碼與位址。暫存器所包含的位址有時被包含在處理機單元中,而其位址資訊則是由共同的 ALU 來操作。

本章主要介紹的是共用數位函數的設計程式,以及說明如何設計一移位器(Shifter)及累積器(Accumulator)。

9-2　處理機的組織

一、資料路徑（Data Path）

在處理機單元中，各暫存器係透過資料路徑來進行資料的轉移。不同的資料路徑，所使用的閘控電路也不同，而這些閘控電路一般係由解碼器與組合電路等組合而成，亦即形成所謂的控制部門。

在組織良好的處理機單元中，資料路徑是藉由匯流排的連接達成，並且路徑的閘控電路一般皆利用多工器或解碼器來選擇所指定的路徑，故資訊的處理是由一個共用的控制數位函數來表示。

二、匯流排組織

當處理機單元有一個以上的暫存器時，最有效的連接方式即透過共用匯流排（Shared Bus），如下圖所示。在圖中，暫存器間不但可直接進行資料轉移，還可執行各種微運算。每個暫存器連接到二個多工器（MUX），以形成兩輸入匯流排 A 與 B。A 與 B 均作用於共用的 ALU 上，每個多工器利用選擇線的選擇，同一時間只能選擇一個暫存器給匯流排。

ALU 中有功能選擇，用來決定要執行的運算種類，微運算的結果經由輸出匯流排 S 送至每個暫存器的輸入端。至於那一個暫存器被加載，則需透過解碼器的選定，當解碼器被啟用時，產生加載信號來將 S 匯流排中的資料載入預定的暫存器中，以達成兩者之轉移路徑。

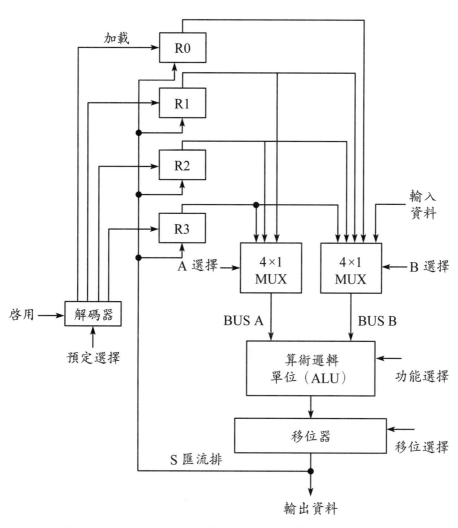

圖 9-1　經共用匯流排所連接的處理機暫存器與 ALU

　　四個暫存器（$R_0 \sim R_3$）之輸出分別送至兩個 4×1 的多工器中，以產生 A 與 B 匯流排。另外當外界需要送入處理機單元處理時，也可透過 B 多工器的轉移。

　　在圖中的移位器（Shifter）是用來做移位運算，以產生 S 匯流排的信號及輸出資料。

　　控制匯流排組織的控制單元依選用的單元，導引資訊流至 ALU 進行運算。例如：要執行 $R_1 \leftarrow R_2 + R_3$ 的微運算，其控制方式如下：

1. MUX A 選擇器將 R_2 的內容放在 BUS A 中。

2. MUX B 選擇器將 R_3 的內容放在 BUS B 中。

3. ALU 的功能選擇置於 A + B 的操作中。

4. 利用移位器將 ALU 的運算結果輸出，並轉移至 BUS S。

5. 設定解碼器預定選擇，轉移 BUS S 的內容至暫存器 R1。

以上五個步驟的選擇變數必須同時產生，並且需在一個共用的脈衝間隔期啓用。

三、草稿記憶體（Scratchpad Memory）

在處理機單元中，暫存器可被包含在小型記憶單元中，而這些小型記憶單元若也包含在處理機單元時，便稱之為草稿記憶體。使用小型記憶單元是連接處理機暫存器到匯流排系統中較低成本的方法。這兩種系統之差別在於轉移到 ALU 的選擇資訊。對匯流排系統而言，其資訊轉移是由匯流排的多工器來選擇的，但對於小型記憶單元而言，則是利用記憶體中的位址來選擇。

草稿記憶體應和計算機的主記憶體有所區別，與主記憶體儲存指令與資料的方式也相反。在處理機單元中的小型記憶體是連接一些暫存器經過共用轉移路徑的方法，在草稿記憶體中所儲存的資訊，正常是由主記憶體中的程式指令而來的。

例如：一處理機單元有 8 個暫存器，每個暫存器 16 位元，則這些暫存器可包含在具有 8 個字組（每字組 16 位元）的小型記憶體中，或是一個 8×16RAM 中。八個記憶體字組的位址相當於 0～7，而構成處理機的記錄器。

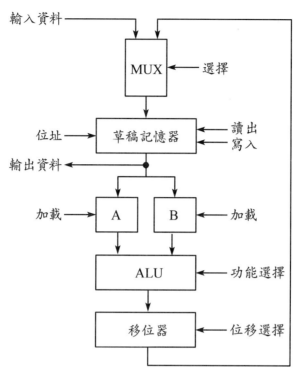

圖 9-2　採用草稿記憶器的處理機單元

　　圖 9-2 是使用草稿記憶體的處理機單元方塊圖，兩個來源暫存器分別由記憶體選擇並加載至暫存器 A 與 B 中，其選擇的方式係利用對應的字組位址與控制讀／寫信號來達成的。A 與 B 暫存器的內容在 ALU 與移位器中運算，結果則依字組位址與讀／寫控制來轉移至記憶體暫存器。此外，記憶體的多工器可由外界來源來選用輸入資料。

例如：一樣執行 $R_1 \leftarrow R_2 + R_3$ 的運算，其控制過程如下：

(1) t_1：$A \leftarrow M[010]$　　　　　；$A \leftarrow R_2$

(2) t_2：$B \leftarrow M[011]$　　　　　；$B \leftarrow R_3$

(3) t_3：$M[001] \leftarrow A + B$　　　　；$R_1 \leftarrow R_2 + R_3$

其中 010、011 與 001 分別代表 R_2、R_3 及 R_1 在記憶體的位址，配合讀出信號，將 R_2、R_3 內容分別加載至 A、B 暫存器中，並利用 t_3 控制函數將執行結果寫入 R_1 中。

四、Two-port記憶體

　　有些處理機採用 2-埠的記憶體（Two-port Memory）以改善在讀出二個來源暫存器時的延遲。由於 Two-port Memory 具有二組分開的位址線，可以同時選用二個記憶體字組，依二個來源暫存器的內容可同時被讀出。若預定的暫存器與其中一個來源暫存器相同，則整個微運算動作可以在一個脈衝內完成。

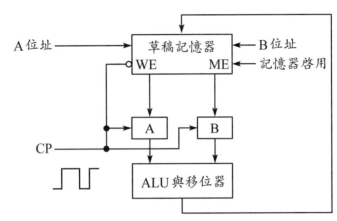

圖 9-3　用一個 2-埠記憶器的處理機單位

　　圖 9-3 即為一個 Two-port Memory 處理單元的方塊圖，記憶體的兩組位址一組給 port A，一組給 port B，記憶體中任何字組的資料可依照「A 位址」所指定的位址寫入 A 暫存器中。同樣地，也可利用「B 位址」所指定的位址將任何字組寫入 B 暫存器中。相同的位址也可以同時使用「A 位址」與「B 位址」，使相同的字組出現在 A 與 B 暫存器中。此外，控制 ME 接腳（ME = 1）也可將新的資料寫入「B 位址」所指定的字組中，所以「B 位址」常用來指定預定記憶器。

　　整個電路需在 CP = 1 時，電路的 Latch 才有作用，否則（CP = 0 時）只能保存 CP = 1 時所儲存的資訊。這種情況避免了新資訊正在寫入時所可能產生的競賽（Race）問題。

　　脈衝輸入同時也控制 WE 接腳，在 Low 時，使記憶體具有寫入的功能，在 Hi 時，具有讀出的功能。另外，當 CP = 1 時，A 與 B 兩個 Latch 開啟，接受記憶體送過來的資訊。

五、累積暫存器（Accumulator Register, ACC）

在處理機單元中，一般會有一個較特殊的暫存器，即累積暫存器。累積器顧名思義用來做累加的動作，當要進行許多數字的累加處理時，通常會先將這些數字儲存於其他暫存器中，並清除累積器，然後再逐項地將數字加入累積器，依連續依序每次加一個，直到所有數字相加後的和產生為止，這也是累積器名稱的由來。

在處理機單元中，累積器為一種多用途的暫存器，不但有執行加法微運算的能力，也可以作許多個別的微運算。甚至可以說，累積器是 ALU 的根本，ALU 的所有操作都與累積器脫不了關係。

下圖是用累加器為架構的處理機方塊圖，此處的累積器（A）有別於其他的暫存器。在圖中，輸入 B 供給一個外界來源資訊，這資訊可從別的處理機暫存器中來，也可直接從主記憶體中來。A 暫存器則提供 ALU 另一個來源資訊，其運算結果被轉移向 A 暫存器中，取代原有的內容。

例如：要進行 R_1 與 R_2 的相加，其微運算的步驟如下：

t_1：A ← 0　　　　　，清除 A 累積器

t_2：A ← A + R_1　　，轉移 R_1 內容至 A 中

t_3：A ← A + R_2　　，將 R_2 加入 A 中

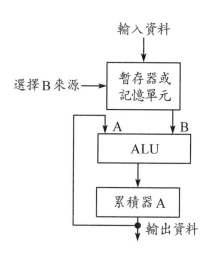

圖 9-4　使用累積器的處理機

六、算術邏輯單元（ALU）

　　算術邏輯單元是一種多運算功能的數位邏輯函數，它可以執行一組基本的算術運算或邏輯運算等。在 ALU 中有許多條選擇線，用來選擇單元所執行的運算方式。選擇線在 ALU 內部被完全解碼，所以 K 條選擇線就有 2^K 個不同的運算。如圖 9-5 即為一 4 位元 ALU 方塊圖，A 與 B 分別表示兩個不同來源的輸入資料，經 ALU 運算後，產生一個 F（4 位元）輸出。另外，S_2 用來辨別算術或邏輯運算，S_1 與 S_0 則指定要產生的個別算術或邏輯運算。以這三個選擇輸入（$S_2 \sim S_0$）便可指定四種算術運算為四種邏輯運算。

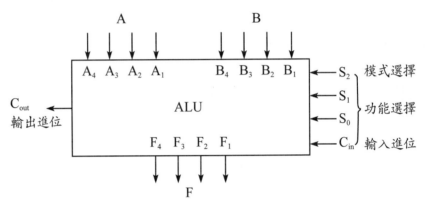

圖 9-5　4 位元的 ALU 方塊圖

9-3　算術電路的設計

　　ALU 的基本組件為全加器，控制全加器的輸入便可得到不同型式的算術運算，如圖 9-6 所示。

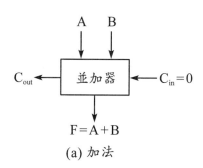

(a) 加法

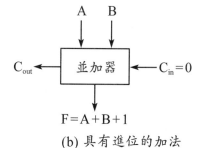

(b) 具有進位的加法

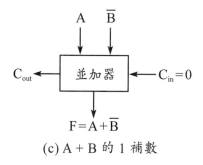

(c) A + B 的 1 補數

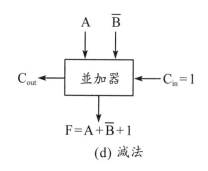

(d) 減法

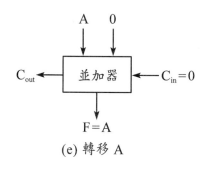

(e) 轉移 A

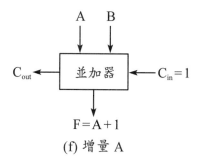

(f) 增量 A

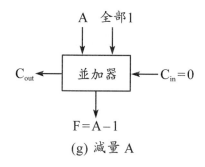

(g) 減量 A

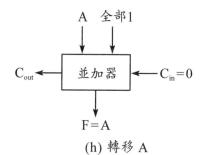

(h) 轉移 A

圖 9-6　控制並加器的一組輸入以獲得運算

　　並加器的位元數可以任意，輸入進位 C_{in} 送至全加器的最低有效位元（LSB），輸出進位 C_{out} 則由全加器的最高有效位元（MSB）輸出。只要控制兩組輸入位元及 C_{in}，便可得到如圖 9-6 加法、具進位的加法、減法、轉移、增量、減量等運算結果。

例 1：以減量運算爲例，設一並加器具有 n 個全加器電路，當 C_{out} = 1 時，代表數字 2^n，這 2^n 以二進制表示時，包含一個 1 跟著 n 個 0。從 2^n 中減去 1，以二進制表示即爲一個 n 位元的數，將 A 加上 $2^n - 1$ 後，便得 F = A + 2^n - 1，若輸出進位 C_{out} 除去，則 F = A - 1。假設 n = 8，A = 9，則：

A = 00001001 = $(9)_{10}$

2^n = 100000000 = $(256)_{10}$

$2^n - 1$ = 11111111 = $(255)_{10}$

A + $2^n - 1$ = 100001000 = $(256 + 8)_{10}$

除去輸出進位 2^n = 256 後，就得 8(9 - 1)。

　　其餘，我們在前幾章也介紹過真 / 補電路，以二個選擇線 S_1 與 S_0 來控制每個 B_i 接端的輸出，便可產生四種不同的輸出結果，我們重畫於圖 9-7。

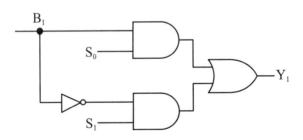

S_1	S_0	Y_1
0	0	0
0	1	B_i
1	0	B'_i
1	1	1

圖 9-7　真 / 補電路

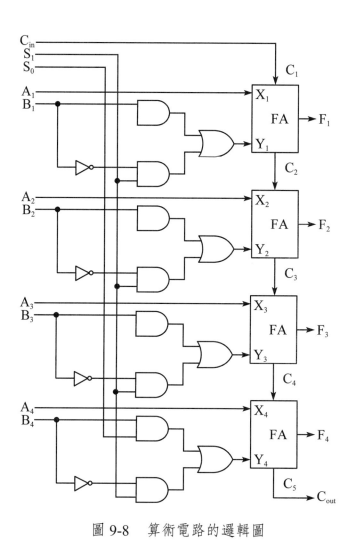

圖 9-8　算術電路的邏輯圖

　　圖 9-8 為一 4 位元算術電路，共可執行八種算術運算，其功能表如表 9-1
所示。在每一級的算術電路中，需要一組合電路，並由下列的布林函數指定，
其中 n 為算術電路的位元數。

表 9-1　圖 9-8 所示算術電路的功能表

功能選擇			Y 等於	輸出等於	功能
S_1	S_0	C_{in}			
0	0	0	0	$F = A$	轉移 A
0	0	1	0	$F = A + 1$	增量 A
0	1	0	B	$F = A + B$	加 B 於 A
0	1	1	B	$F = A + B + 1$	加 B 於 A 再加 1
1	0	0	$\overline{B}$	$F = A + \overline{B}$	加 B 的 1's 補數於 A
1	0	1	$\overline{B}$	$F = A + \overline{B} + 1$	加 B 的 2's 補數於 A
1	1	0	全部 1	$F = A - 1$	減量
1	1	1	全部 1	$F = A$	轉移 A

$X_i = A_i$

$Y_i = B_i S_0 + \overline{B_i} S_i$，$i = 1, 2, \cdots, n$

　　在每一級 i 中，使用相同的選擇變數 S_1 與 S_0，若電路產生不同的算術運算，則其組合電路就不相同。

表 9-2　圖 9-8 所示算術電路中輸出進位的影響

功能選擇			算術函數	$C_{out} = 1$	註釋	功能
S_i	S_0	C_{in}				
0	0	0	$F = A$		C_{out} 常是 0	轉移
0	0	1	$F = A + 1$	$A = 2^n - 1$	若 $A = 2^n - 1$，則 $C_{out} = 1$ 及 $F = 0$	增量
0	1	0	$F = A + B$	$(A + B) \geq 2^n$	若 $C_{out} = 1$，則溢位發生	加法
0	1	1	$F = A + B + 1$	$(A + B) \geq (2^{nn} - 1)$	若 $C_{out} = 1$，則溢位發生	進位加法
1	0	0	$F = A - B - 1$	$A > B$	若 $C_{out} = 0$，$A \leq B$ 及 $F = (B - A)$ 的 1's 補數	借位加法
1	0	1	$F = A - B$	$A \geq B$	若 $C_{out} = 0$，則 $A < B$ 及 $F = (B - A)$ 的 2's 補數	減法
1	1	0	$F = A - 1$	$A \neq 0$	$C_{out} = 1$，當 $A = 0$ 時則除外	減量
1	1	1	$F = A$		C_{out} 常是 1	轉移

　　表 9-2 是圖 9-8 電路受輸出進位 C_{out} 影響的情況，若將圖 9-8 擴展為 n 個位元的運算，則當電路的輸出大於或等於 2^n 時，C_{out} 便等於 1。在表 9-2 中我們可看出：當進行加法及進位加法時，若 $C_{out} = 1$，則會產生溢位。當進行減法或借位減法運算時，若 $C_{out} = 0$，則可分別得到 (B − A) 的 1's 補數與 2's 補數之輸出。

　　以 $F = A + \overline{B}$ 為例，係將 B 的 1's 補數加於 A，而在前面曾介紹過 B 的補數在算術上可表示成 $2^n − 1 − B$。所以輸出的運算結果為：

$$F = A + 2^n − 1 − B = 2^n + A − B − 1$$

1. 若 A > B，則 (A − B) > 0，及 $F > 2^n − 1$，所 $C_{out} = 1$。從結果中除去 2^n，便可得到借位減法的算術函數。

$$F = A − B − 1$$

2. 若 A ≤ B，則 (A − B) ≤ 0 及 $F ≤ (2^n − 1)$，∴ $C_{out} = 0$，這種運算結果便可表示為 (B − A) 的 1's 的補數，即：

$$F = (2^n − 1) − (B − A)$$

3. 同理當 $F = A + \overline{B} + 1$ 時，一樣可推導出兩種結果：

$$F = A + 2^n − B = 2^n + A − B$$

4. 若 A ≥ B 時，則 (A − B) ≥ 0 及 $F ≥ 2^n$，∴ $C_{out} = 1$，除去輸出進位 2^n，可得減法運算：

$$F = A − B$$

5. 若 A < B，則 (A − B) < 0 及 $F < 2^n$，∴ $C_{out} = 0$，此種情況的運算結果

表示爲：

$$F = 2^n - (B - A)$$

相當於 $(B - A)$ 的 2's 補數。

例 2：設計一個加 / 減法器電路。以一個選擇變數 S 及二個輸入 A 與 B 來操作，當 S = 0 時，執行 A + B，當 S = 1 時，執行 A－B（引用 B 的 2's 補數）。

解　如圖 9-9 所示：圖 (a) 爲功能說明，當進行加法 $C_{in} = 0$，減法時，$C_{in} = 1$，且由圖 (b) 可知組合電路有三個輸入 (S, A_i, B_i)，兩條輸出送入全加器中，加法時，$X_i = A_i$，$Y_i = B_i$，$C_{in} = 0$；減法時，$X_i = A_i$，$Y_i = B_i'$，且 $C_{in} = 1$。所以其輸入進位 $C_{in} = S$。利用眞值表及化簡得圖 (c) 之結果：

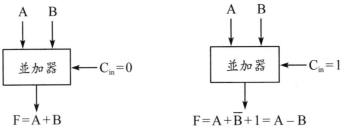

(a) 功能說明

S	X_i	Y_i	C_{in}
0	A_i	B_i	0
1	A_i	B_i'	1

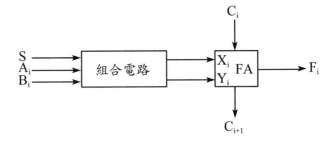

(b) 指定組合電路

S	A_i	B_i	X_i	Y_i
0	0	0	0	0
0	0	1	0	1
0	1	0	1	0
0	1	1	1	1
1	0	0	0	1
1	0	1	0	0
1	1	0	1	1
1	1	1	1	0

$X_i = A_i$
$Y_i = B \oplus S$
$C_{in} = S$

(c) 真值表與簡化的方程式

圖 9-9　加法器 / 減法器電路的推導

$X_i = A_i$
$Y_i = B \oplus S$
$C_{in} = S$

∴電路圖如下所示：

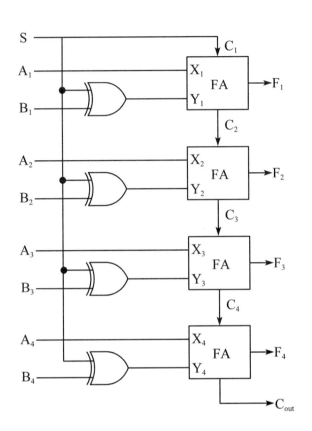

圖 9-10　一個 4-位元加法器 / 減法器電路

表 9-3　二進制數之邏輯運算

$F_0 = 0$		Null（零函數）	二進位常值0
$F_1 = XY$	$X \cdot Y$	AND（及）	X and Y
$F_2 = XY'$	X/Y	Inhibition（禁止）	X but not Y
$F_3 = X$		Transfer（轉移）	Y
$F_4 = X'Y$	Y/X	Inhibition（禁止）	Y but not X
$F_5 = Y$		Transfer（轉移）	Y
$F_6 = XY' + X'Y$	$X \oplus Y$	Exclusive-OR（互斥-或）	X or Y but not both
$F_7 = X + Y$	$X + Y$	OR（或）	X or Y
$F_8 = (X + Y)'$	$X \downarrow Y$	NOR（反或）	NOT-OR
$F_9 = XY + X'Y'$	$X \odot Y$	Equivalence*（互合）	X equals Y
$F_{10} = Y'$	Y'	Complement（變補）	Not Y

$F_{11} = X + Y'$	$X \subset Y$	Inplication（意含）	If X then Y
$F_{12} = X'$	X'	Complement（變補）	Not X
$F_{13} = X' + XY$	$X \supset Y$	Implication（意含）	If X then Y
$F_{14} = (XY)'$	$X \uparrow Y$	NAND（反及）	Not-AND
$F_{15} = 1$		Identity（單位函數）	（進位常值1）

*互合亦稱為相等（Equality），符合（Coincidence）及互斥-NOR（Exclusive-NOR）。

    下圖即為最簡單的邏輯電路設計，對 n 個位元的電路而言，此電路必須重複 n 次。

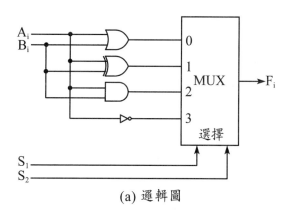

(a) 邏輯圖

S_1	S_0	輸出	運算
0	0	$F_i = A_i + B_i$	OR
0	1	$F_i = A_i \oplus B_i$	XOR
1	0	$F_i = A_i B_i$	AND
1	1	$F_i = A_i'$	NOT

(b) 函數表

圖 9-11   邏輯電中的一級

    邏輯電路也可與算術電路合併，產生一個算術邏輯單元（ALU），若我們使用第三個選擇變數 S_2 來區分這二個電路的話，則 $S_1 S_0$ 兩變數在這二部門中可以共用，其架構如圖 9-12 所示。

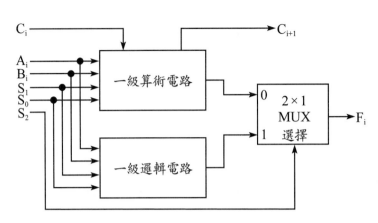

圖 9-12　合併邏輯與算術電路

$S_2 = 0$ 爲算術運算，$S_2 = 1$ 爲邏輯運算，透過一個 2×1 多工器來選定。
此外，若我們想以算術電路來產生邏輯運算功能，則如表 9-4 所示。

表 9-4　一級算術電路中的邏輯運算

S_2	S_1	S_0	X_i	Y_i	C_i	$F_i = X_i \oplus Y_i$	運算	所需要的運算
1	0	0	A_i	0	0	$F_i = A_i$	轉移 A	OR
1	0	1	A_i	B_i	0	$F_i = A_i \oplus B_i$	XOR	XOR
1	1	0	A_i	$\overline{B_i}$	0	$F_i = A_i \odot B_i$	互合	XNOR
1	1	1	A_i	1	0	$F_i = \overline{A_i}$	NOT	NOT

以全加器電路的和輸出而言：

$$F_i = S_i \oplus Y_i \oplus C_i$$

當 $S_2 = 1$ 時，可使每段中的進位 $(C_{in}) = 0$，其結果爲：

$$F_i = X_i \oplus Y_i$$

如此便產生了互斥或閘（XOR）運算。

再就圖 9-8 的算術電路來說，Y_i 值可藉二個選擇變數的選擇，使之等於
0、$\overline{B_i}$、B_i 或 1，而 $X_i = A_i$，所以在 $S_2 = 1$ 時，便得到四種邏輯運算（如表 9-4
所示）。

第三個爲互斥反或閘，其產生方式爲：

$$A_i \oplus \overline{B_i} = A_i B_i + \overline{A_i}\overline{B_i} = A_i \odot B_i$$

9-4 算術邏輯單元的設計

在本節我們結合前兩節所介紹的，利用八種算術運算及四種邏輯運算來設計一個 ALU。控制的方式為：

1. $S_2 = 0$ 時，選擇變數 S_1 及 S_0 連同 C_{in} 組成八種算術運算。

2. $S_2 = 1$ 時，變數 S_1 及 S_0 產生 OR、XOR、AND 及 NOT 四種邏輯運算。

ALU 的設計是一種組合邏輯的問題，每一個單元有一規則可循，每一級經過進位的連接，再按需要將級數複製即可。每一級有六個輸入：A_i，B_i，C_i，S_2，S_1 及 S_0；有兩個輸出 F_i 及 C_{i+1}（輸出進位），我們可以將這 6 種輸入及兩個輸出製成一個真值表，以簡化方式來得到二個輸出，然後以並加器表現出來。

ALU 的設計步驟如下：

1. 設計算術運算部分。

2. 決定在算術電路中所獲得邏輯運算部分（假設各級的 $C_{in} = 0$）。

3. 修正算術電路，以得到所需的邏輯運算。

第一個步驟的解答已在圖 9-8 中示出，第二個步驟的解答也在表 9-4 中列出，至於第三個步驟的解答如下：

1. 當 $S_2 = 1$ 時，每級的 $C_{in} = 0$，而在 $S_1 S_0 = 00$，由表 9-4 可知 $F_i = A_i$，我們變更每個全加器電路的輸入由 A_i 作 $A_i + B_i$，這情況在 $S_2 S_1 S_1 = 100$ 時，便可將 B_i 與 A_i 相 OR。

$$F_i = A_i + B_i$$

2. 當 $S_2 S_1 S_0 = 110$ 時，依表 9-4 可知 $F_i = A_i \odot B_i$，但我們想產生 AND 運算，即 $F_i = A_i B_i$。所以我們將每個 A_i 與某一布林函數 K_i 相 OR，來取代原來的 A_i，結果：

$$F = X_i \oplus Y_i = (A_i + K_i) \oplus \overline{B_i} = A_i B_i + K_i B_i + \overline{A_i}\overline{K_i}\overline{B_i}$$

若 $K_i = \overline{B_i}$ 時，則可得 $F = A_i B_i$（AND 功能）

所以當 $S_2S_1S_0 = 110$ 時，只要將 A_i 和 $\overline{B_i}$ 相 OR，即可得到 AND 運算。

最後的 ALU 電路如圖 9-13，圖中僅畫出兩級，每一級的全加器輸入爲：

$$X_i = A_i + S_2\overline{S_1}B_0B_i + S_2S_1\overline{S_0}\overline{B_i}$$

$$Y_i = S_0B_i + S_i\overline{B_i}$$

$$Z_i = \overline{S_2}C_i$$

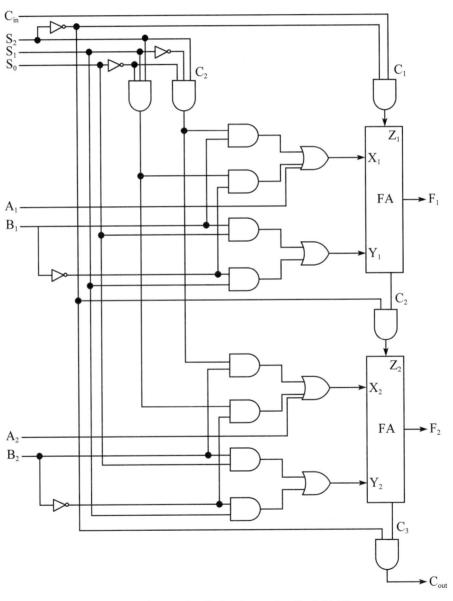

圖 9-13　算術邏輯單位（ALU）的邏輯圖

當 $S_2 = 0$ 時,這三個布林函數可簡化爲:

$X_i = A_i$

$Y = S_0B_i + S_1\overline{B_i}$

$Z_i = C_i$

此即圖 9-8 的算術電路函數。

當 $S_2 = 1$,其邏輯運算就產生,對於 $S_2S_1S_0 = 101$ 或 111,其函數可簡化爲:

$X_i = A_i$

$Y = S_0B_i + S_1\overline{B_i}$

$C_i = 0$

輸出 F_i 則等於 $X_i \oplus Y_i$,產生 XOR 與變補運算。當 $S_2S_1S_0 = 110$ 時,每個 A_i 和 $\overline{B_i}$ 相 OR 產生 AND 運算。最後 ALU 的 12 運算摘要如表 9-5 所示:

表 9-5　圖 9-8 所示 ALU 的函數表

選擇				輸出	功能
S_2	S_1	S_0	C_{in}		
0	0	0	0	F = A	轉移 A
0	0	0	1	F = A + 1	增量 A
0	0	1	0	F = A + B	加法
0	0	1	1	F = A + B + 1	具有進位的加法
0	1	0	0	F = A − B − 1	具有借位的減法
0	1	0	1	F = A − B	減法
0	1	1	0	F = A − 1	減量
0	1	1	1	F = A	轉移 A
1	0	0	X	F = A ∨ B	OR
1	0	1	X	F = A ⊕ B	XOR
1	1	0	X	F = A ∧ B	AND
1	1	1	X	F = $\overline{A}$	變補 A

9-5　狀態暫存器（Status Register）

　　狀態暫存器主要用來記錄兩數字運算後所產生的各種狀態，這些狀態包含進位（Carry）、符號位元（Sign）、零（Zero）、溢位（Overflow）等。不同的運算方式，所產生的狀態也就不太一樣。

　　如圖 9-14 所示為一具有 4 位元狀態暫存器的 8 位元 ALU 方塊圖。

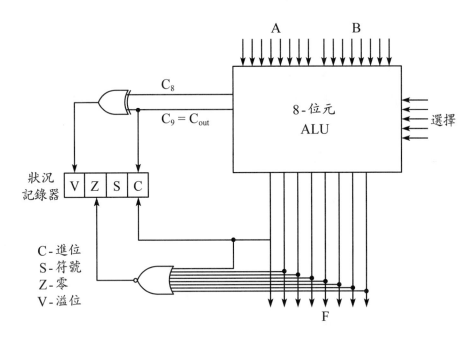

圖 9-14　狀態暫存器中的定置位元

這些位元被設定與否乃是依照 ALU 的運算結果而定：

1. 若 ALU 的 $C_{out} = 1$，則 C 被設定為 1，否則為 0。

2. 若 ALU 輸出中，其最高位元（即符號位元）為 1，代表 S 被設定，結果為負，否則 S = 0，結果為正。

3. 若 ALU 的輸出全部為 0，則 Z 被設定，否則 Z = 0。

4. 若進位 C_8 與 C_9 的互斥或閘為 1，則 V 被設定，否則 V = 0。一般溢位的產生代表運算結果超出範圍。

從圖 9-14 的方塊圖中可知：

$$V = C_8 \oplus C_9 \text{，} Z = \overline{F_0 + F_1 + \cdots + F_7} \text{，} S = F_7 \text{，} C = C_{out}$$

其中 F_i 代表輸出 F 的第 i 個位元，i = 0～7。

以不帶符號的數字減法（A – B）來說，由於 A 與 B 的關係有如表 9-6 中的六種情況，故所產生的狀態位元之設定情況也有六種。

表 9-6　不帶符號數字減法（A – B）之後的狀態位元

關係	狀態位元的情況	布林函數
A > B	C = 1 或 Z = 0	$C\overline{Z}$
A ≥ B	C = 1	C
A < B	C = 0	$\overline{C}$
A ≤ B	C = 0 或 Z = 1	$\overline{C} + Z$
A = B	Z = 1	Z
A ≠ B	Z = 0	$\overline{Z}$

當 A > B 時，會設定進位旗號（C = 1），且 Z = 0，若 A = B 時，則 A – B = 0，則會設定零旗號（Z = 1）；同理，當 A ≤ B 時，C = 0 或 Z = 1。有些計算機將 C 視爲借位位元。若 A ≥ B 時，端迴借位不會發生，但當 A < B 時，一個額外的位元必須被借位。

若 A – B 是以二個帶符號的二進制數及負數以 2's 補數來做，則 A 與 B 的相對大小可從產生的 Z、S 及 V 的狀態位元值而定。若 Z = 1，則 A = B，否則 A ≠ B。若 S = 0，則結果爲正，A 必大於 B。若沒有溢位（V = 0），則運算結果是正確的，否則（V = 1）將得到一個錯誤的結果。表 9-7 所列爲 A 與 B 間以符號－2's 補數方式來進行減法（A – B）後的狀態位元設定情形。

表 9-7　在符號－2′補數數字減法（A－B）之後的狀態位元

關係	狀態位元的情況	布林函數
A > B	Z = 0 及（S = 0，V = 1，V = 1 ）	$\bar{Z}(S \odot V)$
A ≥ B	S = 1，V = 0 或 S = 0，V = 1	$S \odot V$
A < B	S = 1，V = 0 或 S = 0，V = 1	$S \oplus V$
A ≤ B	S = 1，V = 0 或 S = 0，V = 1 或 Z = 1	$(S \oplus V) + Z$
A = B	Z = 1	Z
A ≠ B	Z = 0	$\bar{Z}$

9-6　移位器的設計

　　移位器（Shifter）主要的功能是將 ALU 的輸出轉移至輸出匯流排中。其操作方式除可將資訊左移、右移外，還可直接轉移資料，不必移位。

　　最常見的移位電路為其並行加載的雙向移位記錄器，其資訊可從 ALU 以並行轉移的方式移位暫存器中，而後向左或向右移。在這種架構中，通常至少需三個脈衝信號的控制，一個作為轉移動作的觸發；一個作為移位的觸發；另一個作為資料轉移至預定暫存器的觸發。

　　若移位器用一個組合電路來製作，則從來源暫存器至預定暫存器傳遞至輸出匯流排並不需脈衝，因此只需一個脈衝便可將輸出匯流排資料加載至預定暫存器中。

　　下圖即為一個組合邏輯移位器，二個選擇變數 H_1 與 H_0 用來作為四個 4×1 多工器的運算選擇。當 $H_1 H_0 = 00$ 時，不執行移位，信號直接由 F 送至 S；$H_1 H_0 = 01$，將 F 右移至 S；$H_1 H_0 = 10$，將 F 左移至 S；$H_1 H_0 = 11$ 時，轉移 0 至 S 中，如表 9-8 所示。

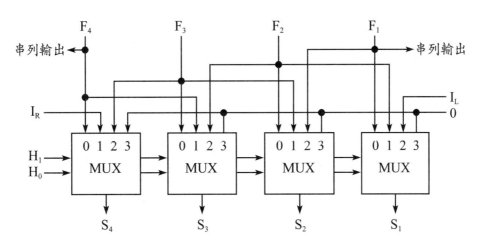

圖 9-15　4-位元組合邏輯移位器

表 9-8　有關移位器的函數表

H_1	H_0	運算	功能函數
0	0	$S \leftarrow F$	轉移F至S（無移位）
0	1	$S \leftarrow Shr\ F$	將F移右至S
1	0	$S \leftarrow Shl\ F$	將F移左至S
1	1	$S \leftarrow 0$	轉移0至S

　　圖 9-15 電路僅是四級移位器，在系統中移位器必須有 n 級，具有 n 條並行線。輸入 I_R 與 I_L 分別代表右移或左移期間最後一級，與第一級的串列輸入，一般需另一個控制變數來指定移位期間進入 I_R 或 I_L 的資料。

9-7　處理機單元（Processor Unit）的設計

　　在處理機單元中，選擇變數是在既定的時鐘脈衝間控制處理機內所執行的微運算，其可控制匯流排、ALU、移位器及預定的暫存器等。

　　處理機單元的方塊圖如下圖所示，它由七個暫存器 $R_1 \sim R_7$ 與一個狀態暫存器所組成，$R_1 \sim R_7$ 的輸出透過二個多工器來選擇到 ALU 的輸入。外界的來源資料亦可由相同的多工器來選擇。ALU 的輸出透過一移位器送至外界輸出端，從移位器也可取出輸出資料轉移至任一個暫存器中。

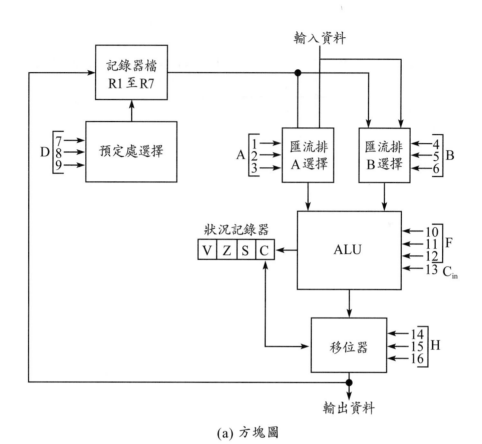

(a) 方塊圖

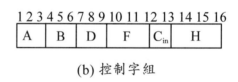

(b) 控制字組

圖 9-16　具有控制變數的處理機單元

　　在圖 9-16 中有 16 種選擇變數，它們的功能由控制字組來決定。控制字組分成六個欄位，每一欄由一字母代表，除 C_{in} 外，其餘各欄均為 3 個位元。A 欄用來選擇一來源暫存器作為 ALU 左邊輸入，B 欄用來選擇另一來源暫存器作為 ALU 的右邊輸入。D 欄則選擇一預定暫存器，用來儲存運算的結果。F 欄連同 C_{in} 來選擇一運算函數給 ALU，以決定 ALU 的運算方式。H 欄選擇移位器中移位的型別。所有的選擇變數功能如表 9-9 所示。

表 9-9 圖 9-16 所示處理機的控制變數功能

二進制			選擇變數的功能					
			A	B	C	F具有 $C_{in} = 0$	$C_{in} = 1$	H
0	0	0	輸入資料	輸入資料	無	$A, C \leftarrow 0$	$A + 1$	無移位
0	0	1	R1	R1	R1	$A + B$	$A + B$	右移，$I_R = 0$
0	1	0	R2	R2	R2	$A - B - 1$	$A + B + 1$	左移，$I_L = 0$
0	1	1	R3	R3	R3	$A - 1$	$A - B$	0 至輸出匯流排
1	0	0	R4	R4	R4	$A \lor B$	$A, C \leftarrow 0$	—
1	0	1	R5	R5	R5	$A \oplus B$	crc	帶 C 作循環右移
1	1	0	R6	R6	R6	$A \land B$	clc	帶 C 作循環左移
1	1	1	R7	R7	R7	$\overline{A}$	—	—

在 H 欄中第三個位元用來指定一個 0 給串列輸入 I_R 與 I_L，或者指定以進位位元（C_{in}）作循環移位。其中 crc 為右循環移位，clc 為左循環移位。

∴ 敘述：

$$R \leftarrow crcR$$

可表示成：

$$R \leftarrow Shr\ R，R_n \leftarrow C，C \leftarrow R_1$$

要產生這麼多位元的控制字組，最有效的方式是將它們儲存於 Memory 中，這個 Memory 稱為控制記憶體（Control Memory）。

控制字組的順序從控制記憶體讀出，每次一個字，起動所有想要的微運算，此種控制方式即稱為微程式控制（Microprogramming Control）。

對於一個既定的微運算，可由表 9-9 來轉成字組，例如：

$$R_1 \leftarrow R_1 - R_2$$

由表 9-9 所推導出的控制字組：

A	B	D	F	C_{in}	H
001	010	001	010	1	000

所以微運算與控制字組的關係如表 9-10 所示。

表 9-10　處理機的微運算範例

微運算	控制字						功能
	A	B	D	F	C_{in}	H	
R1 ← R2 ← R3	001	010	010	010	1	000	從R1中減去R2
R3 ← R4	011	001	000	010	1	000	比較R3與R4
R5 ← R4	100	000	101	000	0	000	轉移R4至R5
R6 ← 輸入	000	000	110	000	0	000	輸入資料至R6
輸出 ← R7	111	000	000	000	0	000	輸出資料由R7出來
R1 ← R1, C ← 0	001	000	001	000	0	000	清除進位位元C
R3 ← Shl R3	011	011	011	100	0	010	帶I_L = 0將R3左移
R1 ← crc R1	001	001	001	100	0	101	帶進位將R1循環右移
R2 ← 0	000	000	010	000	0	011	清除R2

說明：1. 比較運算類似減法，但不儲存結果，所以其預定記錄器爲000（D
欄），但其狀態位元會改變。

2. R_5 ← R_4，需 ALU 運算 F = A，所以來源處 A 爲 100，預定處 D 爲
101。ALU 並不使用 B，所以可爲任意值。

3. R_6 ← 輸入：必須 A = 000 來選擇外界輸入，而 D = 110，B 也可任
意設定，而 ALU 運算爲 F = A。

4. 在循環移位之前，有時需清除或設定進位位元，這可用 ALU 選擇
碼 0001 或 0111 來做。用第一個選擇碼清除 C 位元；用第二個選
擇碼設定 C 位元。

5. R_1 ← R_1，C ← 0：代表不變更 R_1 的內容，只清除 C 與 V 位元，若

$R_1 = 0$，則 Z 位元也會被設定。

6. $R_3 \leftarrow$ Shl R_3：指定移位器的選擇碼，依照 $R_3 \leftarrow R_3 \vee R_3$ 的 OR 運算，可將 R_3 的內容放置在移位器中。若 R_3 被指定爲預定暫存器，則所移位的資訊需返回 R_3，故此時 A、B 及 D 欄均爲 001，ALU 功能以 1000 作 OR 運算，移位選擇 H 以 010 作左移。

7. $R_1 \leftarrow$ crc R_1：循環右移也是指定移位器的選擇碼，其情況與上述差不多，但 C 位元不受 ALU 影響，移位選擇 H 以 010 作左移。

8. $R_2 \leftarrow 0$：係將 R_2 內容清除爲 0，輸出匯流排以 H = 011 而成爲全部 0。

9-8　累積器的設計

累積器也是暫存器的一種，其構造如下圖所示。基本上是一個具並行加載能力的雙向移位暫存器。因爲從暫存器的輸出回授至 ALU 的輸入端，與組合電路構成一序向電路，所以可藉序向電路技術來代替組合電路 ALU。

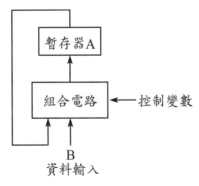

圖 9-17　累積器的方塊圖

累積器的外界輸入資料是由 B 輸入，控制變數則決定暫存器微運算的型式。暫存器 A 的下一狀態爲它的現在狀態與外界輸入的函數。

表 9-11　　有關累積器的微運算表

控制變數	微運算	名稱
P1	$A \leftarrow A + B$	加法
P2	$A \leftarrow 0$	清除
P3	$A \leftarrow \overline{A}$	變補
P4	$A \leftarrow A \wedge B$	AND
P5	$A \leftarrow A \vee B$	OR
P6	$A \leftarrow A \oplus B$	互斥-OR
P7	$A \leftarrow Shr\ A$	右移
P8	$A \leftarrow Shl\ A$	左移
P9	$A \leftarrow A + 1$	增量
若（$A = 0$）則（$Z = 1$）		核對是否為零

有關累積器的微運算如表 9-11 所示，控制變數 $P_1 \sim P_9$ 由控制邏輯電路所產生，而視為啟動對應的暫存器的控制函數。暫存器 A 為全部所列微運算的來源暫存器，在本質上它代表序向電路的現在狀態。所有微運算的預定暫存器為 A，轉移至 A 的新資訊構成序向電路的下一狀態。九個控制變數亦視作序向電路的輸入。但同一個時脈下，只能有一個動作。累積器的設計方法：

累積器由 n 級 n 個的正反器 A_1，A_2，...，A_n 組合而成，為方便起見，我們將累積器分割成 n 個相似的典型級表示，並以 A_i 來表示正反器，B_i 表示資料輸入。每級 A_i 與其右邊相鄰級 A_{i+1} 及左邊相鄰級 A_{i-1} 互相連接。假設每一級以 JK 正反器來設計。

從表 9-11，我們依序說明在各控制變數 P_i（$i = 1, 2, \cdots, 9$）下，所進行的微運算：

1. P_1：$A \leftarrow A + B$

當 $P_1 = 1$，進行加法微運算，累積器的部分可使用全加器電路組成一並加器，每級 i 的全加器輸入有 A_i、B_i 及前級進位 C_{i-1}。

全加器中所產生的和位元必須轉移至正反器 A_i，而其進位輸出 C_{i+1} 必須加至下一級的輸入進位處。

　　利用 JK 正反器來設定我們可以得到下列的眞值表與激勵表，並將之化簡後，得到正反器的輸入及輸出進位 C_{i+1}。

現在狀態	輸入		次一狀態	正反器輸入		輸出
A_i	B_i	C_i	A_i	JA_i	KA_i	C_{i+1}
0	0	0	0	0	×	0
0	0	1	1	1	×	0
0	1	0	1	1	×	0
0	1	1	0	0	×	1
1	0	0	1	×	×	0
1	0	1	0	×	×	1
1	1	0	0	×	×	1
1	1	1	1	×	×	1

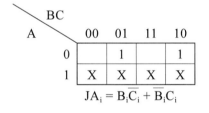

$$JA_i = B_i\overline{C_i} + \overline{B_i}C_i \qquad K_iA_i = B_i\overline{C_i} + \overline{B_i}C_i$$

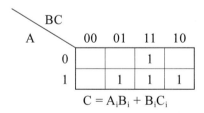

$$C = A_iB_i + B_iC_i$$

圖 9-18　有關加法微運算的激勵表

$$JA_i = B_i \overline{C_i} P_1 + \overline{B_i} C_i P_1$$
$$KA_i = B_i \overline{C_i} P_1 + \overline{B_i} C_i P_1$$
$$C_{i+1} = A_iB_i + A_iC_i + B_iC_i$$

2. P_2：$A \leftarrow 0$

控制變數 P_2 來清除 A 中的內容。為使 JK 正反器產生這種效果，可以下列方式來做：

$$JA_i = 0 \text{，} KA_i = P_2$$

3. P_3：$A \leftarrow \overline{A}$

控制變數 P_3 來將 A 暫存器的內容變補。為使 JK 正反器產生進位的結果，J 與 K 的輸入為：

$$JA_i = P_3 = KA_i$$

4. P_4：$A \leftarrow A \wedge B$

如圖 9-19(a) 所列，僅在 A_i 與 B_i 均為 1 時，A_i 的下一狀態才為 1，所以 JK 正反器的輸入分別為：

$$JA_i = 0 \text{，} KA_i = \overline{B_i} P_4$$

現狀 狀態		輸入	次一 狀態	正反器 輸入	
A_i	B_i		A_i	JA_i	KA_i
0	0		0	0	X
0	1		0	0	X
1	0		0	X	1
1	1		1	X	0

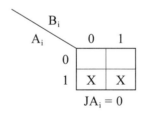

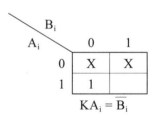

(a) AND

現狀狀態		輸入	次一狀態	正反器輸入	
A_i	B_i		A_i	JA_i	KA_i
0	0		0	0	X
0	1		1	1	X
1	0		1	X	0
1	1		1	X	0

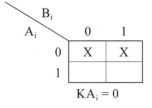

(b) OR

現狀狀態		輸入	次一狀態	正反器輸入	
A_i	B_i		A_i	JA_i	KA_i
0	0		0	0	0
0	1		1	1	0
1	0		1	X	1
1	1		0	X	1

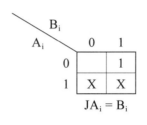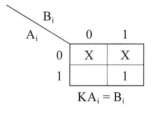

(c) 互斥-OR

圖 9-19 有關邏輯微運算的激勵表

5. $P_5 : A \leftarrow A \vee B$

將 A_i 與 B_i 進行 OR 運算後，再將結果存回 A_i 中，所以由圖 9-19(b) 可得到 JK 正反器的輸入分別為：

$$JA_i = B_i P_5 \cdot KA_i = 0$$

6. $P_6 : A \leftarrow A \oplus B$

A_i 與 B_i 進行互斥或閘運算，只要 $A_i \neq B_i$，則 $A \oplus B$ 即為 1 並存回 A_i 中，所以由圖 9-19(c) 可得 JK 正反器之輸入分別為：

$$JA_i = B_i P_6 = KA_i$$

7. P_7：$A \leftarrow Shr\ A$

　　將 A 暫存器的內容向右移一個位元。此即第 i 級左邊的正反器 A_{i+1} 的值必須轉移至正反器 A_i 中，所以可由下列的輸入函數表示為：

$$JA_i = A_{i+1}P_7 \text{，} KA_i = \overline{A_{i+1}}\ P_7$$

8. P_8：$A \leftarrow Shl\ A$

　　將 A 暫存器的內容向左移一個位元，亦即第 A_{i-1} 級正反器的值必須轉移至 A_i 中，所以其輸入函數為：

$$JA_i = A_{i-1}P_8 \text{，} KA_i = \overline{A_{i-1}}\ P_8$$

9. P_9：$A \leftarrow A + 1$

　　將 A 暫存器的內容加 1，這就像一同步二進制計數器，以 P_9 來啟動計數，所以由圖 9-20 可知每一級在其輸入進位 = 1 時，就變補，並且亦產生一輸出進位 C_{i+1} 至下一級中，所以可得 JK 正反器之輸入為：

$$JA_i = C_i \text{，} KA_i = C_i$$
$$C_{i+1} = C_iA_i \text{，} C_1 = P_9 \text{，} i = 1, 2, \cdots, n$$

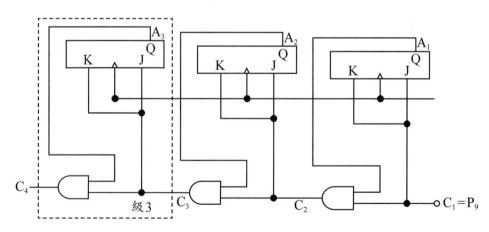

圖 9-20　3- 位元同步二進計數器

10. 核對零（Check Zero, Z）

變數 Z 為累積出來的輸出，用於說明 A 暫存器的內容是否為 0。當所有正反器均被清除時，Z = 1。當一個正反器被清除時，它的補數輸出 Q′ 便等於 1。如圖 9-21 即為累積器中前三級的核對零電路，布林函數表示式為：

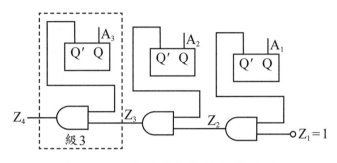

圖 9-21   累積器中的核對零電路

$$Z_{i+1} = Z_i \overline{A_i} \text{ , } i = 1, 2, \cdots, n$$
$$Z_1 = 1$$
$$Z_{n+1} = Z_n$$

組合以上的結果，我們可以得到累積器中的一個典型級之所有 JA_i 與 KA_i 為：

$$JA_i = B_i \overline{C_i} P_1 + \overline{B_i} C_i P_1 + P_3 + B_i P_5 + B_i P_6 + A_{i+1} P_7 + A_{i-1} P_8 + E_i$$
$$KA_i = B_i \overline{C_i} P_1 + \overline{B_i} C_i P_1 + P_2 + P_3 + \overline{B_i} P_4 + B_i P_6 + \overline{A_{i+1}} P_7 + \overline{A_{i-1}} P_8 + E_i$$

累積器中每級還需要產生進位給次一級：

$$C_{i+1} = A_i B_i + A_i C_i + B_i C_i$$
$$E_{i+1} = E_i A_i$$
$$Z_{i+1} = Z_i A_i$$

所以一個典型的累積器電路（一級）如下圖所示。

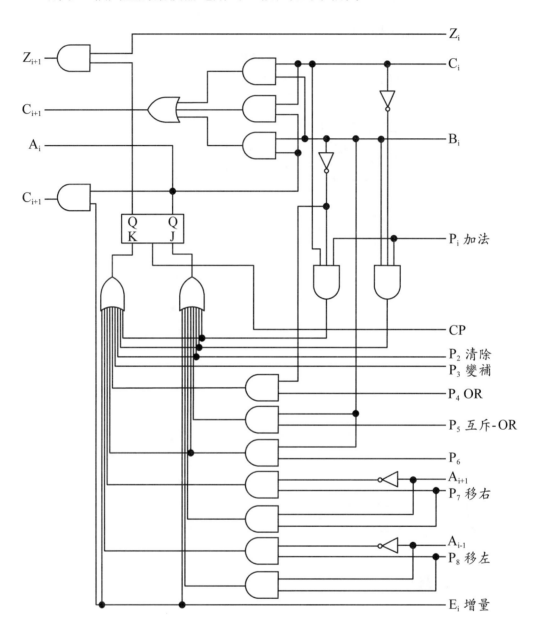

圖 9-22　累積器的一個典型級

9-9   習題

1. 如圖 9-1 所示的匯流排－組織處理機由 15 個記錄器組合。試問每個多工器與其預定解碼器各有多少選擇線？

2. 假定圖 9-1 中的每個記錄器是 8 個位元長。試將選擇記錄器 A 匯流排所標記 MUX 的方塊繪製詳細方塊圖。並指示出其選擇可用八個 4×1 線多工器來做。

3. 某處理機單位使用草稿記憶器如圖 9-2 所示。這處理機由 64 個記錄器組成，每個記錄器有八個位元。

   (1) 試問這草稿記憶器的大小為多少？

   (2) 需要多少條線當作位址？

   (3) 試問其資料輸入有多少條線？

   (4) 輸入資料與移位器輸出間選擇用的多工器大小是多少？

   當 B 輸入由：

   (a) 形成一匯流排系統的八個處理器，及

   (b) 用位址與緩衝記錄器的記憶器單位而得，試繪出圖 9-4 所示處理機單位的詳細方塊圖。

4. TTL IC 型 7487 為一真／補，一／零元件。這 IC 的一級如圖所示。

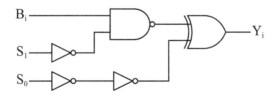

   (1) 試推導輸出 Y_i 的布林函數為輸入 B_i、S_1 及 S_0。

   (2) 試繪製這電路的真值表。

   (3) 試繪出一功能表（相似於圖所示者）及證明這電路的作用。

5. 試設計一種算術電路，具有一個選擇變數 S 與二個資料輸入 A 與 B。當 S

= 0 時，這電路執行加法運算 $F = A + B$。當 $S = 1$ 時，這電路執行增量運算 $F = A + 1$。

6. 直接的二進位減法 $F = A - B$，若 $A > B$，它產生一正確的差數。試問若 $A < B$，將會有什麼結果？試決定 F 中所得結果與最高效位置中的借位兩者間的關係。

7. 試設計一個算術電路，具有二個選擇變數 S_1 與 S_0，而產生下列算術運算。試繪製一典型級的邏輯圖。

S_1	S_0	$C_{in} = 0$	$C_{in} = 1$
0	0	$F = A + B$	$F = A + B + 1$
0	1	$F = A$	$F = A + 1$
1	0	$F = \overline{B}$	$F = \overline{B} + 1$
1	1	$F = A + \overline{B}$	$F = A + \overline{B} + 1$

8. 互斥-OR 運算的下列關係被使用於推導表 9-3 的邏輯運算。

   (a) $X \oplus 0 = X$

   (b) $X \oplus 1 = X'$

   (c) $X \oplus Y' = X \odot Y$

   試證明這些關係為正確有效。

9. 試修正圖 9-8 的算術電路進入 ALU 中，並具備模式選擇變數 S_2。當 $S_2 = 0$ 時，ALU 是相同於算術電路。當 $S_2 = 1$ 時，ALU 依照下表產生邏輯函數。

S_2	S_1	S_0	輸出	功能
1	0	0	$F = A \wedge B$	AND
1	0	1	$F = A \oplus B$	XOR
1	1	0	$F = A \vee B$	OR
1	1	1	$F = \overline{A}$	NOT

10. 某處理機單位有一種十個位元的狀況記錄器，每個位元當作表 9-5 與 9-6 中所列的每種情況（等於與不等於情況對二表共用）。試繪出一邏輯圖，示出 ALU 輸出至狀況記錄十個位元的電路。

二個帶符號數字在 ALU 中相加，它們的和被轉移至記錄器 R。狀況位元 S（符號）與 V（溢位）在轉移期間受影響。試證明依照陳述：

$$R \leftarrow Shr\ R，R_n \leftarrow S \oplus V$$

其和現在可除以 2，其中 R_n 為記錄器 R 的符號位元（在最左位置）。

11. 某算術邏輯單元是相似於圖 9-13 表示者，不過至每個全加器電路是依照下列布林函數：

$$X_1 = A_iB_i + (S_2S_1'S_0')'A_i + S_2S_1S_0'B_i$$

$$Y_1 = S_0B_i + S_1B_i'(S_2S_1S_0')'$$

$$Z_1 = S_2'C_i$$

試確定 ALU 的 12 個函數。

12. 用二個分開的選擇線 G_1 與 G_0 將另一個多工器加至圖 9-15 的移位器。這多工器以下列式樣用於指定移右運算期間的串列輸入 I_R。

G_1	G_0	功能
0	0	加入0至I_R中
0	1	執行循環移位
1	0	執行帶進位的循環移位
1	1	加S⊕V值作算術移位（見問題9-10）

試繪出狀況記錄器與移位器間多工器的連接。

13. 試指明必須加於圖 9-16 所示處理機的控制字，以完成下列微運算。

(a) R2 ← R1 + 1   (e) R1 ← Shr Rl

(b) R3 ← R4 + R5   (d) R2 ← clc R2

(c) R6 ← $\overline{R6}$ (g) R3 ← R4 ⊕ R5

(d) R7 ← R7－1   (h) R6 ← R7

14. 計算圖 9-16 所示定義處理機的記錄器 R1，R2，R3 及 R4 中所儲存的四個不帶符號二進制數字的平均值。其平均值是要儲存在記錄器 R5 中。在處理機中二個記錄器可使用來作中間結果。留心不要引起溢位。

(1) 試以符號形式列出一連串微運算。

(2) 試列出對應的二進控制字。

15. 照第 9-9 節中所定義的累積器執行下列一連串微運算：

$P_3 : A \leftarrow \overline{A}$

$P_9 : A \leftarrow A + 1$

$P_1 : A \leftarrow A + B$

(1) 若開始時 A = 1101 與 B 輸入為 0110，試決定每種微運算後的 A 內含。

(2) 以 A = 0110 與 B = 1101 開始，再作本題。

(3) 以 A = 0110 與 B = 0110 開始，再作本題。

(4) 試證明若 A ≥ B，上述一連串微運算執行（A − B）；若 A < B，則執行（B − A）的 2's 補數。

16. 使用 JK 正反器，試設計記錄器的一典型級，以執行下列邏輯微運算：

$P_{11} : A \leftarrow \overline{A \vee B}$ 　　　NOR

$P_{12} : A \leftarrow \overline{A \wedge B}$ 　　　NAND

$P_{13} : A \leftarrow A \odot B$ 　　　互合

17. 使用 T 型正反器，試設計一 4-位元記錄器，以執行 2 補數微運算：

$P : A \leftarrow A + 1$

從所得的結果，試證明典型可用下列布林函數表示：

$TA_i = PE_i$ 　　　　　　i = 1, 2, 3, …, n

$E_{i+1} = A_i + E_i$

$E = 0$

國家圖書館出版品預行編目資料

數位系統設計／吳毓恩著. ——初版.——臺
北市：五南, 2015.12
　　面；　公分
　ISBN 978-957-11-8410-4（平裝）

1.積體電路　2.系統設計

471.54　　　　　　　　104024580

5DJ6

數位系統設計

作　　者 — 吳毓恩（58.3）

發 行 人 — 楊榮川

總 編 輯 — 王翠華

主　　編 — 王者香

責任編輯 — 林亭君

封面設計 — 簡愷立

出 版 者 — 五南圖書出版股份有限公司

地　　址：106台北市大安區和平東路二段339號4樓

電　　話：(02)2705-5066　　傳　　真：(02)2706-6100

網　　址：http://www.wunan.com.tw

電子郵件：wunan@wunan.com.tw

劃撥帳號：01068953

戶　　名：五南圖書出版股份有限公司

法律顧問　林勝安律師事務所　林勝安律師

出版日期　2015年12月初版一刷

定　　價　新臺幣680元